“十三五”
国家重点图书出版规划项目

Apress®

实用而全面的树莓派（Raspberry Pi）实用指南

树莓派实战全攻略

Scratch、Python、Linux、Minecraft 应用与机器人智能制作

[英] 斯图尔特·沃特金斯（Stewart Watkiss）著 方可译

人民邮电出版社
北京

图书在版编目（C I P）数据

树莓派实战全攻略 ：Scratch、Python、Linux、Minecraft应用与机器人智能制作 /（英）斯图尔特·沃特金斯（Stewart Watkiss）著 ；方可译. -- 北京 ：人民邮电出版社，2018.7
（创客教育）
ISBN 978-7-115-48370-6

Ⅰ. ①树… Ⅱ. ①斯… ②方… Ⅲ. ①机器人一程序设计 Ⅳ. ①TP242

中国版本图书馆CIP数据核字(2018)第088020号

内容提要

本书在传统的电子制作领域内融合了时下流行的软件、系统和应用，如 Scratch、Python、Linux、Minecraft、机器人，以树莓派微型计算机为主线，每一章使用一种流行软件对其进行编程开发，制作出创意十足的智能项目，适合电子技术与编程控制初学者及电子制作爱好者作为参考书使用。

◆ 著　　[英]斯图尔特•沃特金斯（Stewart Watkiss）
译　　方　可
责任编辑　魏勇俊
责任印制　彭志环

◆ 人民邮电出版社出版发行　　北京市丰台区成寿寺路 11 号
邮编　100164　　电子邮件　315@ptpress.com.cn
网址　http://www.ptpress.com.cn
北京画中画印刷有限公司印刷

◆ 开本：800×1000　1/16
印张：17.5　　2018 年 7 月第 1 版
字数：387 千字　　2018 年 7 月北京第 1 次印刷
著作权合同登记号　图字：01-2017-4142 号

定价：120.00 元

读者服务热线：(010)81055339　印装质量热线：(010)81055316
反盗版热线：(010)81055315
广告经营许可证：京东工商广登字 20170147 号

前　言

计算机编程是一门充满魅力的学问，尤其是当计算机与传感器相连接，程序能够和真实的世界交互时，学习它就会变得更加有趣。控制计算机对物理世界的数据进行处理和运算，给电子制作带来了更多想象和发挥的空间。

我是一名实践型学习者，所以我坚定地认为通过实际动手参与案例制作要比单纯的理论学习和阅读其他人的经验更加高效，也更加令人印象深刻。既然如此，有趣的项目案例就至关重要。本书中的案例通过精心设计，涵盖了不同的难度等级，也涵盖了不同的应用方向，让读者在阅读的过程中保持盎然的兴趣。

Raspberry Pi 是一款充满创造性的单板计算机。它通过卡板上的 40 针接口（早期版本为 26 针接口）将处理器的基本输入输出功能引出，能够让使用者方便地连接外部电路，从而实现软件与物理世界的交互。本书就将基于 Raspberry Pi 的这个特性，为读者介绍多种不同的外部传感器电路，通过简单的编程，最终实现一些有趣的小功能。

在开始的章节中，我们会一起学习到一些简单的应用电路，简单到可以直接使用图形化编程工具 Scratch 进行控制。随后我们会逐步增加难度，编程语言也会使用更高阶的 Python。整个过程学习下来，读者将能够具备自己设计外部电路并进行编程控制的能力。

本书中的大部分案例都可以使用杜邦线和面包板来实现，最大程度地方便读者学习。对于动手能力较强的读者，书中也会涉及一些基本的焊接知识，为大家提供更多发挥的可能性。除此之外，我们还将会学习到一些常用的 Raspberry Pi 扩展板的使用以及如何设计出一块定制化的专用扩展板。

适合本书的读者人群

从广义上来讲，本书适合任何想要学习电子知识并从中获得乐趣的人。从本书的内容来说，它更适合于一些年龄稍大的儿童或者年龄稍小的成年人。我 8 岁的儿子在我写作的过程中参与了其中一些案例的设计，所以对于一些年龄不大的儿童，也完全可以在大人的帮助下学习本书内容。一言以蔽之，追求学习所带来的乐趣是不分年龄的，只要对 Raspberry Pi 充满兴趣，想要了解电子电路知识，本书都是一个不错的选择。

本书对于读者的定位是零基础的，也就是说在翻开这本书之前，有无电子方面的基础知识并不重要，但如果读者对计算机和编程有一定了解，那会对整个学习过程带来帮助。如果是完全零基础的读者也不用担心，随着我们内容的深入，所有的知识点都会有详细的讲解。编程语言方面，书中所选择的是 Scratch 和 Python，这两种语言的组合，有利于读者更快更生动地学习计算机编程。但请读者注意，这并不意味着 Raspberry Pi 只能通过这两种编程语言来控制外部电路。从实际应用的角度来说，Raspberry Pi 可以通过任何能够操作其 GPIO 接口的语言控制外部电路，如 Java 或 C 语言。

本书的使用方法

和所有的图书一样，大家可以逐个小节、章节地进行学习。对于有一定基础的读者，也可以直接跳转到你认为有用或者感兴趣的章节直接阅读。本书的内容组织从易到难，前几个章节可以算是入门内容，涉及不少重要的概念和基础知识，推荐读者仔细阅读。值得一提的是，本书中的案例大多都使用十分便宜的电子元器件构建而成，以此来保证大部分读者都能够负担得起学习过程中所必需的额外开销。

书中的大部分案例都会被包含在一个完整的章节中，但也难免会有一些涉及知识面较为广泛的案例，这些案例会根据所涉及内容的不同而被分割组织在不同的章节中。

虽然在设计本书案例时已经将电子元器件的成本加以控制，但在本书后面章节的部分案例中，还是使用到了一些相对而言比较昂贵的元器件和 Raspberry Pi 扩展板。对于这些元器件和扩展板，读者们大可将其作为一种参考，先看内容，觉得有对自己有用的再进行购买，或者考虑使用自己已经有的元器件代替它们。

认真学习本书的案例是值得鼓励的，但不应该将重复实现案例的内容作为最终的目标。读者最好能够从自己的实际角度出发，参考本书的知识和内容，产生灵感后对自己真正感兴趣的领域进行探索。

为了能够让读者在学习本书后方便查找案例中所使用过的电子元器件，我特别将这些内容整理出来，放在了附录中。通过附录，读者可以快速地找到本书所涉及的元器件及其简单的技术参数。

关于焊接的说明

当我与学生和老师们谈论起电子制作的时候，最经常被问到的问题就是“这个过程是否需要焊接”。很遗憾的是，因为这个原因，很多学生还没有了解就直接丧失了对电子制作的兴趣。

我首先想要强调的就是，对于学习大部分基础的入门知识来说，焊接并不是必须的。本书在开头的几个章节和后面的部分章节中的案例，在设计的时候充分考虑到这一点，所以不需要使用焊接。

在不涉及焊接的案例中，大部分使用了面包板和鳄鱼夹实现电路连接。对于少数电子元器件，如果想要使用面包板，我们首先需要给它们焊接一个适用于面包板的引脚，这是唯一要使用到焊接的部分。

再有一点我想强调，焊接并不像很多人想象的那样困难、昂贵和危险。在第十章中，我们将会重点学习一些关于焊接的知识。我希望读者们通过对这些内容的学习，能够打消一些对焊接的恐惧与顾虑。如果在学习该章节后，仍然感觉焊接是一件困难的事情，我建议这些读者可以找找当地的创客俱乐部或者熟悉焊接的朋友，向他们当面了解一些关于焊接的经验与知识。

购买 Raspberry Pi

在学习本书的内容时，有必要购买一块 Raspberry Pi，当然如果你已经有了，那是最好不过的。第一个版本的 Raspberry Pi 发布于 2012 年，在随后的几年中，Raspberry Pi 基金会还相继发布了几个不同版本的硬件。它们中的大多数只是在硬件参数上有所不同，但从 Raspberry Pi B+ 开始，一个最大的变化就是 GPIO 引脚从 26 个升级到了 40 个，而后续的所有硬件都继承了这样的设计。尽管本书中的大部分案例只会用到前 26 个引脚，但还是不能避免地有一些案例涉及了其余的引脚。所以如果读者还没有购买 Raspberry Pi，那么我建议你购买 Raspberry Pi 2，它拥有四核处理器。相比于 Raspberry Pi 2，Raspberry Pi 3 使用了更高级别的 64 位四核处理器，并且板载了蓝牙和 Wi-Fi。虽然说我们并不需要这么强大的功能，但是如果读者条件允许，还是建议购买最新版本，毕竟除了实现本书案例内容，它们还有更多后续使用和发挥的空间。

Raspberry Pi 的官方购买途径在其官方网站有所介绍，除此之外，读者其实还可以通过广大的电子元器件零售商或是创客商店购买。

购买电子元器件

为了跟进本书的案例学习，读者可能需要自行购买一些电子元器件。很遗憾的是，本书案例所涉及的电子元器件型号广泛，市面上截至目前并没有成品的“套件”可供选择。对于这种情况，我建议读者可以购买一些常用的“电阻包”，诸如附录中所提到的 E6 或 E12 系列。

除了电阻之外，本书还涉及许多其他类型的电子元件，它们中的大多数都非常容易购买。你可以选择在普通的电子零售商购买，也可以选择在一些专门兜售创客套件的零售商处购买。如果你在美国，Adafruit 和 Sparkfun 都是口碑非常好、面向创客的零售商。一些面向 Raspberry Pi 配件的零售商，诸如 Pimoroni，专注于设计 Raspberry Pi 的扩展板，当然除此之外，电子元器件零售也是他们的业务之一，并且支持全球配送。传统的电子元器件供应商诸如“欧时电子”和“易络盟”也是不错的选择，它们在大多数国家都有本地的零售业务，可以通过其本地官方网站购买。

市面上在售的电子元器件中，有一些元器件的型号十分相似，但是它们的实际特性是有所区别的，甚至相差很大。如果遇到此类元器件，在文中我会尽量详细地罗列出其电子特性参数，帮助读者找到正确的型号。

安装 Raspbian 操作系统

Raspberry Pi 的官方操作系统是 Raspbian。该系统基于 Debian Linux，为 Raspberry Pi 专门定制，默认安装了一些额外的软件。Raspberry Pi 的操作系统需要安装在 SD 卡上，最简单的方法就是使用官方的 NOOBs 操作系统安装器。

由于 Raspberry Pi 的硬件在不断更新，Raspbian 操作系统也在保持定期的更新。如果你已经有 Raspberry Pi 并长时间没有使用过，请首先更新操作系统。要想顺利运行本书中的大部分案例，Raspbian 至少应该是 2015 年 11 月以后的版本号。请注意，有一些在线的镜像文件的版本也不是最新的，所以请确保在安装好操作系统后也首先进行一次更新操作。具体操作命令如下：

```
sudo apt-get update
sudo apt-get dist-upgrade
```

如果你的系统版本过于老旧，或是已经很久没有使用，建议你直接在 Raspberry Pi 的官方网站下载 NOOBs，直接安装最新版本的操作系统。如果想要正确地将 NOOBs 文件存入 SD 卡中，需要将 SD 卡格式化，所以操作之前请备份好存储卡内原有的数据。

如果不确定当前的系统版本，可以在终端运行如下命令：

```
uname-a
```

结果中会显示当前系统的内核版本号。如果运行后什么都没有显示，就说明系统必须要重新安装了。重新安装也同样需要格式化 SD 卡，格式化的工具可以在 SD 卡组织的网站找到。完成格式化后，将 Raspberry Pi 官方网站下载的 NOOBs 文件解压到 SD 卡中即可。

所使用到的软件

本书所有案例使用的都是免费软件，其中还有一些开源软件。在使用软件的过程中，会涉及一些用户编写的模块，我会将这些代码的原始出处提供给读者。

在学习案例的过程中，读者可以自己敲入代码或者直接下载现成的代码文件。对于大多数短小的案例而言，建议读者可以通过自己输入的方式，加深印象，亲自实验，这样可以达到最好的学习效果。书中所有案例的源代码文件可以在 GitHub 网站中下载（进入 GitHub 网站，搜索 penguintutor/learnelectronics）。

在 Raspbian 下解压该代码压缩包所使用到的命令为：

```
unzip master.zip
mv learnelectronics-master learnelectronics
```

第一个命令用于解压，第二个命令将文件重新命名。经过这两步操作后，代码文件全部都包含在 learnelectronics 目录下。

以上下载的这些代码文件不含有版权问题，所以你可以放心地将它们在自己的电子制作中使用，但是伴随其中的，有一些开源库或开源代码，在使用时请遵守这些开源内容的授权规则。例如，其中一些代码文件遵守《知识共享许可协议》，其他的一些具体授权规则，读者可以参考其代码目录中的相应文件说明。

安全守则

本书中所介绍的所有电子线路的电压都非常低，在非常安全的范围内，读者可以用手触摸。但是如果读者想要将一些项目永久性地焊接在洞洞板上时，可能会使用到诸如电烙铁一类的带电工具，请务必参照标准的作业规范。

有一些案例用到了高亮 LED 光源，一些读者或者人群可能会对高频率的闪光非常敏感，在某种情况下甚至会引发危险。所以当尝试修改这类工程案例代码的时候，请注意频率问题，不要过高。如果在公共场合，应当考虑到周围人群的感受，小心操作，以避免不必要的伤害。另外，在实验此类案例的时候，不要使用肉眼长时间观察高亮光源，包括 LED 光源。

更多知识

本书中的所有案例都是为初学者所设计的，其根本的目标是让读者对电子知识有一个基本的了解。在每个章节的最后，我会总结出一些改进章节中案例的想法和一些可能不错的创意，尝试实现这个部分的提议对于想要深入学习的读者来说是非常好的练习。我希望在不久的将来，可以在创客社区或者手工制作网站上看到本书读者发布自己构思实现的作品。

鸣 谢

在本书的写作过程中，我的家庭对我提供了非常大的帮助。在此，我要首先感谢我的妻子 Sarah 对我的支持。其次，我还要特别感谢我的两个孩子 Amelia 和 Oliver，他们是我创意和灵感的源泉，本书中的很多小游戏正是受到他们的想法的启迪，他们对此浓厚的兴趣让我从始至终都能以极大的热情投入到本书的写作中。

在家庭之外，我还想感谢 Raspberry Pi 基金会团队以及他们所运营的 Raspberry Pi 全球社区。如果不是他们创造出如此功能强大的 Raspberry Pi，我也无法重燃对电子制作的浓厚兴趣，更不会把脑海中浮现的想法付诸实践。Raspberry Jams 和其社区所组织的活动让我能够有机会了解到他们背后的团队以及优秀的社区骨干，这让我能够不断地取得进步。

感谢科技评论员 Chaim Krause，他帮助我测试了本书中所有的项目案例；感谢 Michelle Lowman 的鼓励，今天才有了该书完整的呈现；感谢 Mark Powers 对我的督促，让我在写作过程中严格把握时间节点，按时完稿；感谢 Corbin Collins 对原始书稿的评价和建议，能够让我作出妥善的修改；还要感谢所有默默工作在 Apress 团队中的成员，是你们的辛勤工作，为广大爱好者带来了高品质的读物。

目　录

第一章

电路入门

本书中的绝大多数案例都涉及为 Raspberry Pi 连接外部电路，所以在正式内容开始之前，有必要首先学习一些电路的入门知识。如果你已经在这方面拥有比较丰富的经验，如可以设计一些简单的外部电路，也可以直接跳过本章，从第二章开始阅读本书。

电路的基本构成单位是电子元器件，不同的元器件在电路中用来实现不同的功能。最简单的例子就是手电筒中的开关电路，该电路只有两个元器件，开关用于控制电路，灯泡用于发光。复杂的例子比如我们的笔记本电脑，它的电路由数以千计甚至万计的电子元器件构成。但究其根本，不管是简单的电路还是复杂的电路，它们能正常工作都是建立在那些简单的基本原理之上。

在这些基本的电路原理中，首先需要认识到的就是：电路是一个物理概念，它们是一些实际的电子元器件通过真实的电路连接所构成的。例如一个包含电池的电路，它的基本构成方式就是一个完整的“回路”。该回路由电池的正极（+）引出，经过用电器（如开关、蜂鸣器等），最终回到电池的负极（-），如图 1-1 所示。

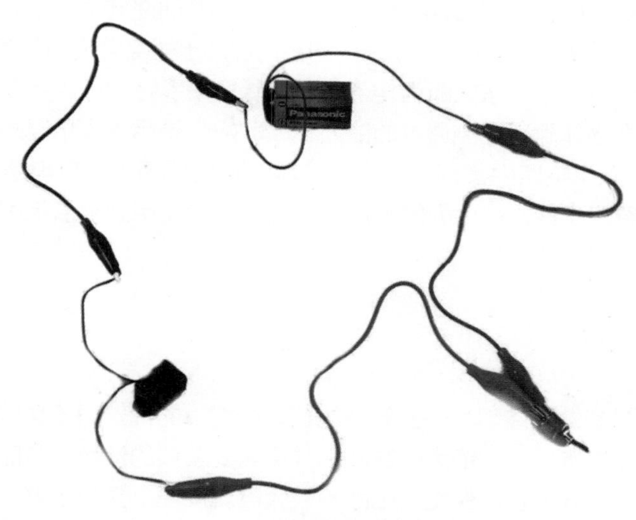

图 1-1　开关控制蜂鸣器电路

从上图中可以看出，该电路是采用导线和鳄鱼夹连接构成的。电路包含一个开关和一个蜂鸣器，通过开关的打开、关闭可以控制蜂鸣器的发声。当开关闭合后，整个电路构成完整的回路，电路中产生电流，蜂鸣器工作并发出声音；当开关弹开后，完整的电路回路被破坏，电流中断，蜂鸣器不再工作，停止发声。

很显然，以上只是一个非常简单的电路案例。本书中的大多数案例所涉及的电路，正是基于这样简单的原理。只不过我们将会使用更高级别的电子元器件替换这里的机械开关，通过丰富的传感器决定电路的开合，用更丰富的用电器替换蜂鸣器，如发光二极管 LED、电机等。

电压、电流和电阻

这里我会尽量简单地介绍理论性的东西，但是电压、电流和电阻的概念在本书的每一章都会涉及。理解电路的基本原理也意味着需要理解这三个电学名词以及它们之间的数学转换关系，随着内容的深入，我们会越来越多地使用到它们。在绝大多数案例中，我都尽量避免出现太多关于数学计算的内容，很多时候我们可以通过参考前面的案例解决问题。

电压，也称作电位差，是衡量单位电荷在静电场中由于电位不同所产生的能量差的物理量。“伏特”是用来表示电压大小的国际单位，使用英文字母 V 表示。例如在图 1-1 的电路中使用的电池型号为 9V PP3，这里 9V 的含义就是该电池正负极之间的电位差为 9 伏特。通常我们可以认为该电池的负极电位为 0V，正极电位为 9V，而 0V 的一端也可称之为“接地端”或“公共端”。即使该电池标称为 9V，但在实际的使用中，由于电池电量的差异和外部电路负载的不同，真实测得的电压也不一定是准确的 9V。

电流，指的是电荷的流动，它的大小被称之为电流强度。“安培”是用来表示电流强度的国际单位，使用英文字母 A 表示。电流与电压是相互关联的，一般来说，电压越高，其所产生的电流就越大，但在实际中，电流的大小还取决于负载电路的情况。在使用电池的电路中，电流的方向可以理解为从正极流出，经过用电器后，流入负极。本书中的案例都属于弱电电路的范畴，所以多使用“毫安（mA）”来表示电流的大小，毫安和标准电流单位的转换关系为：1mA = 0.001A。

电阻，指的是一个物体阻碍电流通过的能力。“欧姆”是用来表示电阻的国际单位，使用希腊字母 Ω 表示。任何一个电路中都存在电阻，这其中就包括用来连接电路的导线，只是导线的电阻一般很小，可以忽略不计。在后面的案例中，我们将会使用到阻值范围介于几百欧姆到几千欧姆（kΩ）的电阻。

欧姆定律

提到计算，大家想到的可能都是一些复杂的数学公式。的确，对于功能复杂的电路来说，复杂的计算是必须的。但是本书中的绝大多数案例并不需要繁琐的计算，有时我们只是需要确定一个电阻的阻值大小，使其既能够确保整个电路不被大电流烧坏，又有足够的电流用来驱动相应的元器件。

为了计算电阻值的大小，我们会使用到一个非常简单的公式，这个公式也是所有复杂计算的基础，称为欧姆定律。该物理定律由德国物理学家格奥尔格 · 欧姆命名。数学表达式如下：

$$I = V/R$$

很容易看出的，这里 V 表示电压，R 表示电阻，而 I 则用来表示电流。之所以用 I 表示电流，是因为在法语中“intensité de courant”[①] 表示电流强度。

以上表达式可以在已知电压和电阻的情况下计算出电流，经过移项后的公式也可以在已知电流和电阻的情况下计算电压：

$$V = I \times R$$

同样地，在已知电压和电流的情况下可以计算出电阻：

$$R = V/I$$

通过图 1-2 所示的三角形，可以方便记忆欧姆定律。

图 1-2

该三角形的使用方法是，遮住任何一个待求量，然后通过另外两个的位置关系就可以看出表达式。例如，遮住电压 V，则可以看出电流 I 和电阻 R 并列出现，将它们相乘即可求得电压 V；遮住电阻 R，则可以看出电压 V 和电流 I 上下排列，使用电压 V 除以电流 I 则可以求得电阻 R。

用电安全

电是一种非常危险的能源。本书中所涉及的案例全部使用 12V 以下的低电压，它在人体的安全范围内。但如果你是使用诸如手机充电器一类的需要插入到插座的电源适配器，还是应该注意用电安全，防范触电的风险。

我们通常可能认为，电路是否安全，只需要看它的电压值，这是错误的。真正对人体产生危险的，其实是流过人体的电流。举个例子，很多农场使用电子围栏来限制牲畜的活动范围，当牲畜触碰围栏后会被高压击中，但牲畜并不会死去，这是因为通过它们身体的电流是极低的（即使

---

① 法国物理学家André-Marie Ampère对早期的电流电磁学贡献卓著，今天的电流强度单位就是以他的名字命名的，常被简写为amps。

如此，对于儿童和患有心脏疾病的人来说，低电流还是会有危险，请不要轻易尝试）。在生活中，不同的国家和地区，家庭用电的电压在 100~250V 之间，由于这是交流电路，它所能提供的电流是致命的。所以在一般的情况下，建议还是使用小于或等于 24V 的电路，如果真的要直接使用家用电路，请务必小心。

触电的风险主要来源于高压电路，但这绝不意味着低压电路没有安全隐患，短路就是其中之一。如果使用汽车电瓶或者高能量的锂电池，即使它们的电压只有 12V，但是如果将正负极直接短接，常会引起火灾和爆炸。所以在使用到这些电源的时候，请尽量选择带有短路保护的，或者自行为其加装保险丝（关于保险丝的知识，在后续“迪厅舞灯”的案例中会有所介绍）。

■ **注意:** *在没有合适的电源适配器的情况下，请不要将本书案例中的电路直接连接到家用电源上。*

模拟和数字

我们生活在一个多样的世界中。为了说明这种多样性，我们以声音为例，当听到一个声音，我们就可以判断出它来自某一个物体还是某一个人，它是吵闹还是平缓。在这个 77 过程中，我们并没有准确地测量声音的大小和频率，但是我们依旧可以准确判断。但同样的过程对于计算机来说却是非常困难的，因为计算机需要明确地知道数量信息，比如个这个声音的音量、频率等。说得更准确一点，在计算机的实际工作过程中，它能够理解的仅仅是开或者关，也就是一个离散的，而不是连续的物理量。

模拟电路的一个最大特点就是，其中的信号是连续的。今天我们所使用的大部分电子设备都已经是数字信号了，但也不排除有一些音箱或者收音机，它们至今仍在使用模拟电路，而电视机、影碟机等都已经完全数字化了。感受一下它们的不同，当你在调节模拟音箱的音量时，转动音量旋钮，就可以直观地感受到音量的变化过程；而同样的例子放在电视机或者影碟机中，音量多以数字区段表示，比如 1~40，你只需要设置一个数字。在每一个区段上，音量并不是连续变化的。

数字电路和数字信号如今已经取代了大部分模拟电路，如我们使用的微处理器、计算机、Raspberry Pi、甚至是比较低阶的 ATMega 处理器，它们都是基于数字电路的。但毕竟在真实的世界中，信号是模拟的，所以仍然会有一些模拟传感器。能够将模拟信号转换为数字信号的元器件，称之为“模数转换器”，反之亦然。

面包板

面包板是用来搭建临时测试电路的不二之选，和焊接不同，在面包板上的连线方便插拔元器件，如果有错误可以快速修正，本书中的大多数案例都使用到了面包板。面包板由一个塑料底板和带有金属簧芯的小孔组成，每一排的小孔在内部是连接在一起的，所以可以将不同的元器件插进同一排，进而将它们连接到一起。

除了方便元器件连接，面包板的另一个好处就是可以保持元器件的完整性，使用过的或者替换下来的元器件还可以再次被使用。除了常规电子元器件之外，一些现有的芯片也可以直接插入面包板使用。连接面包板和一些外部元器件时，需要使用到“杜邦线”，也可以称之为“跳线”，这些线可以自己用漆包线剥去绝缘皮制作，也可以购买成品。

面包板有不同的尺寸可供选择，一般来说，比较小的有 170 孔型，大一点的可以由小的面包板组合而成。由于面包板的生产商各有不同，也没有关于面包板组合的标准，所以通常只有同一个厂家的面包板可以通过自带的卡槽连接在一起。图 1–3 所示的是几种不同型号的面包板。

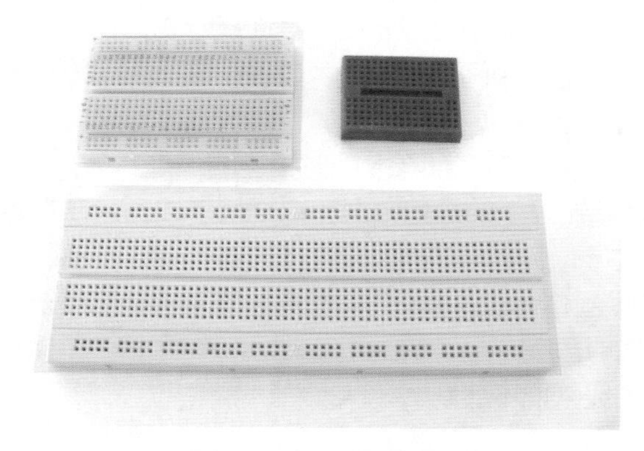

图 1–3　不同型号的面包板

不同尺寸的面包板通常被赋予不同的用途，如最小的面包板可以放进带有外壳的设备，而较大尺寸的面包板可以方便地改变电路连接。

对于本书中的绝大多数案例，中等型号的面包板是最好的选择。它的大小和 Raspberry Pi 几乎相当，尺寸适中，又拥有足够多的连接点。图 1–4 所示的就是一个中等型号的面包板。

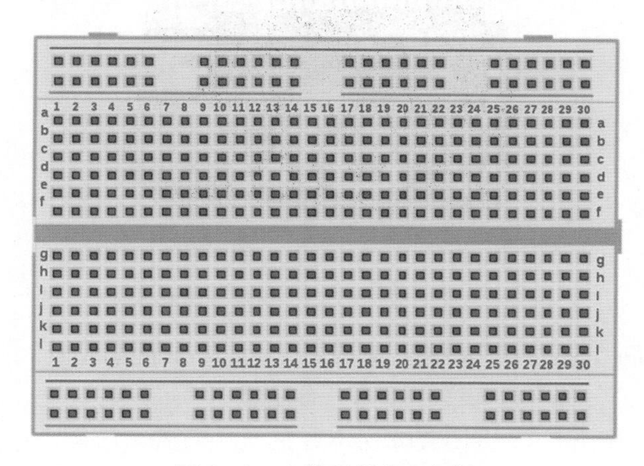

图 1–4　中等型号的面包板

如图所示，中间区域的连接点从左到右被分为30排，从上到下被分为a至l行。以第一排为例，a到f孔是连接在一起的，g到l孔是连接在一起的。可以看出，每一排被分为两个区域，中间有一个沟壑阻隔。面包板的上下区域还各有两行连接孔，这些孔不是标配，不同的生产厂商可能会有不同的排列方式，或者根本没有这两行连接。一般来说，这些孔是用作电源通道，对于上图这块板而言，红线所覆盖的12个孔可以用来连接正极电源，它们在内部是连接在一起的，而蓝线则用来连接公共端（接地）。请注意，蓝线是无间断覆盖24个孔的，而红线只覆盖12个孔，这说明蓝线所覆盖的24个孔是连接在一起的，而红线所覆盖的区域有所间隔，也就是两边各12个孔并不连接在一起，如果想要将其连接在一起，可以使用导线连接。由于不同生产商的连接方式可能有所不同，最好在使用之前用万用表检查其连接方式。在本书的案例中，我会假设面包板的上下电源线都是覆盖全部的，中间没有间隔。请确认这一点，等到电路连接完毕但不工作时再找问题，这一点可能会被忽略。

还有一些面包板上可能提供不了那么多同时相连的“排孔”，上面的是从a~l，而有一些可能只有a~j；有一些可能“排号”的标记方向和这个例子相反。在实际的使用过程中，不需要严格按照书中所指示的孔进行，只要能够确保该连接的部分能够连接到一起就可以了。

一个值得推荐的附件是Raspberry Pi实验平台安装板，它是一块亚克力塑料板，可以将面包板和Raspberry Pi同时放在一起，如图1-5所示。有了这个平板，即使在连接的过程中不小心将其掉落地面，连接的线依旧不会乱。

图1-5　Raspberry Pi实验平台安装板

由于Raspberry Pi上面的GPIO接口是排针（公口），而面包板上的则是插槽（母口），所以我们需要使用到“公－母”杜邦线，如图1-6所示。

将Raspberry Pi的GPIO接口整体引出是另一种方式。市面上可以买到一种现成的接口，只要将它们插在面包板上，然后再将接口与Raspberry Pi连接，即可将接口全部引出，并且在连接器上，每个接口都有清楚的标识。图1-7所示的就是一种型号的Raspberry Pi

GPIO 连接器。

面包板在使用过程中也不是完全没有缺点，比如由于连接方式简单，元器件容易在工作的过程中意外脱落。在后面章节的学习中，我们会介绍如何制作永久性更强的电路。

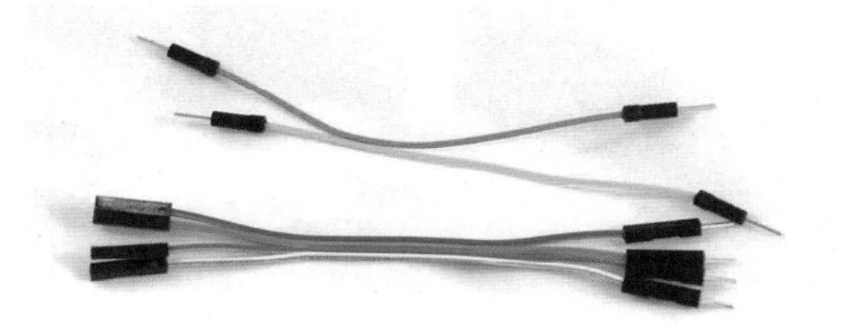

图 1-6 “公 - 母”杜邦线

图 1-7 Raspberry Pi GPIO 连接器（40Pin）

简单的面包板电路

该示意电路的组成非常简单，但就功能而言，它是一个完整的电路。面包板的电路布局如图 1-8 所示。

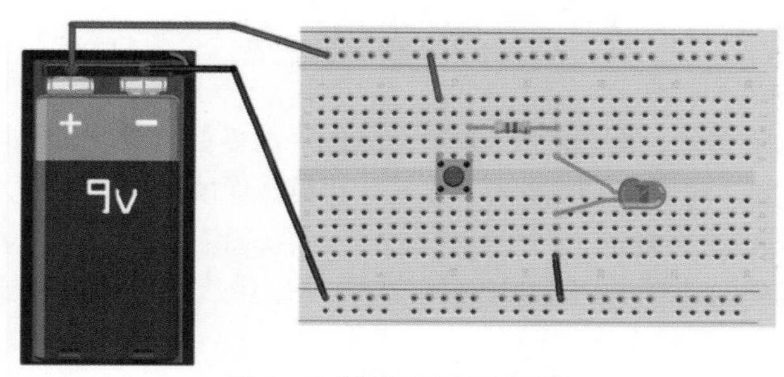

图 1-8 简单的 LED 电路

如图 1–8 所示，左边的就是 9V PP3 电池，它通过一个简易电池座将两极引出。一般而言，这种电池座的导线末端没有提供能够直接插入面包板的排针接口，实际使用过程中可以使用一端带有鳄鱼夹，另一端带有排针接口的杜邦线进行转接。

从左往右，接下来看到的元器件是轻触开关。从功能上来说，这是一个“单刀单掷”型开关，当按下开关时，电路接通，松开后电路断开。

既然该开关只能实现“开”和“关”两种状态，从理论上来说它应该只需要两个引脚。但对于该电路中的开关而言，我们常常将其称之为轻触开关，一般都有 4 个引脚，其中两两引脚在开关内部是连接在一起的，如图 1–9 所示。

在图 1–9 中，引脚 1 和引脚 2 相连，引脚 3 和引脚 4 相连。当按下按钮时，每一侧相连。在这个电路中，我们将正极电源连接到引脚 1，然后从引脚 3 输出。

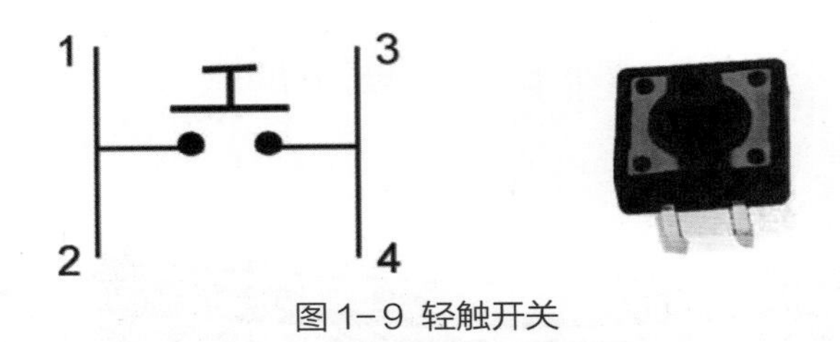

图 1–9　轻触开关

再向右边是一个 470Ω 的电阻。这种类型的电阻称为“色环电阻”，它身上的颜色标识了该电阻的阻值。该电路中电阻的作用是用来限制电路中的电流，以保护 LED 不会被大电流烧坏。

最右边是一个 LED，也称之为发光二极管。由于是“二极管”，所以它接入电路时是有方向性的，只有当二极管的阳极连接在电路的正极端、阴极连接在电路的负极端时，它才能正常工作。

一般而言，二极管中较长的引脚是阳极，较短的引脚为阴极。如果引脚体现不出来，那么在二极管的塑料外壳上底座边缘平直的一端是负极。对于没有直接标注极性的二极管，可以通过简单的电路测试，在不损坏二极管的条件下（电流电压参数适当）进行测试判断极性。

当完整地连接了以上电路后，按下轻触开关应该会点亮 LED，松开开关后 LED 也随之熄灭。

计算电阻值

在前文的示意电路中，有一个 470Ω 的限流电阻，但并未解释为何选择了这个数值，这里将介绍如何计算所需要的电阻值。

为了计算出合适的电阻值，首先需要知道 LED 的电流参数，这个通常可以在 LED 的数据表或者制造商的网站上查到。对于一般的发光二极管，正常工作所需要的电流为 15mA。除此之外，知道 LED 两端的电压差也是必要的，对于红色发光二极管来说，该电压一般为 2V。

因为使用了 9V 的电源供电，LED 将消耗 2V，所以最终加在电阻两端的电压为 7V，流过电阻的电流应该为 15mA。

通过欧姆定律，电阻可以通过 V/I 计算得出，即 7/0.015 = 467Ω。

与该阻值最为相近的成品电阻为 470Ω。

静电敏感元器件

静电在生活中很常见，比如用气球摩擦头发、用梳子梳头等都会产生静电，甚至在地毯上行走也会产生静电。静电对于我们来说是没有伤害的，但是对于精密的电子元器件而言却常常是致命的。对静电敏感的电子元器件一般放在一个能够隔离静电的袋子里，如图 1–10 所示。

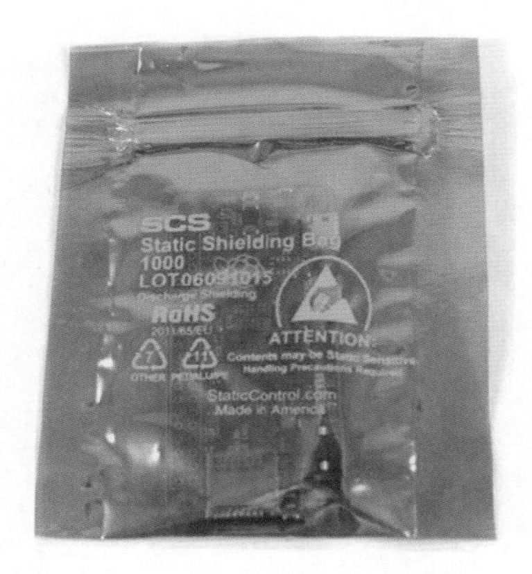

图 1–10　印有警示标识的静电袋

使用对静电敏感的电子元器件时，推荐购买一副防静电腕带。图 1–11 所示的就是一个腕带和接地端。在没有防静电腕带的情况下，可以在操作之前，用手触摸一些接地的金属结构，比如电器的外壳、金属管道等。显而易见，这里指的金属结构绝对不是那些处于电器内部的接地端。

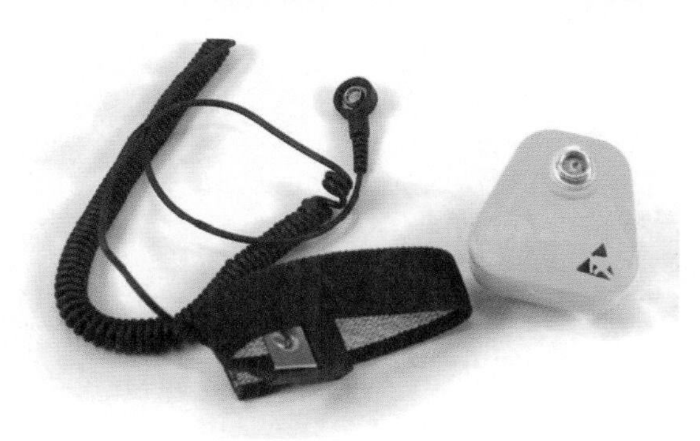

图 1–11　防静电腕带

本章小结

本章主要介绍了一些有关电路的基础知识，通过讲解一个简单的完整电路帮助读者对概念有更加感性的认识。

计算方面，我们简单了解了什么是“欧姆定律”，并在稍后面包板电路的实践中，使用它计算了 LED 限流电阻的阻值。

读者可以通过更换电路中的电阻（增大阻值）来观察 LED 亮度的变化，也可以将发光二极管更换为蜂鸣器，将亮度的变化转换为声音的变化。

下一章我们将学习关于 Raspberry Pi 的基础知识，了解什么是 GPIO 接口以及它们的作用。

第二章

Raspberry Pi 基础入门

学过电路的基础知识，本章将着重介绍与 Raspberry Pi 相关的知识。我们将从硬件和软件两个方面来认识和学习 Raspberry Pi，然后着重于 GPIO 功能的介绍。除此之外，我们还将学习一些关于编程工具的知识。总体上来说，本章的内容是比基础更高一个层次的，它将帮助你宏观地了解 Linux。理解与掌握本章的内容，对后面各章节内容的学习至关重要。

Raspberry Pi

Raspberry Pi 作为一款低成本的计算机，最初的设计目的是帮助人们学习计算机编程。在随后的应用中，很多电子爱好者将其作为电子项目中的计算机使用。价格固然是 Raspberry Pi 最大的吸引力之一，但除此之外，它所搭载的 GPIO 接口可以让用户直接通过 Linux 编程控制连接在其上的外部电路才是最大的亮点。这些 GPIO 接口能让用户电路和计算机系统直接连接，这一特性对于以往的微控制器（如 Arduino）来说是绝对不可能提供的。所以，Raspberry Pi 一经面世，功能就已经超越了设计它的初衷，被广大的电子爱好者所追捧。

截至目前，Raspberry Pi 有多个不同的版本。最初的 A 型和 B 型有 26 个 GPIO 接口（其中 17 个可以作为输入 / 输出使用），后来的型号（包括 Pi Zer、A+、B+、Raspbery Pi 2 和 3）都搭载了 40Pin 的 GPIO 接口（其中 28 个可以作为输入 / 输出使用）。更多的 GPIO 接口提升了 Raspberry Pi 连接复杂外部电路的能力，也为更多的 HAT（Raspberry Pi 扩展板）提供了可能。除了以上版本之外，Raspberry Pi 还有一个计算模块版本，该型号主要是让 Raspberry Pi 能够更好地被集成到现在主流的商用机器中，但不在本书的学习范围。

图 2-1 展示了 Raspberry Pi 的三个版本：Pi Zero、A+ 和 Raspberry Pi 2。Raspberry Pi 3 和 2 的外形保持一样，但是板载了 Wi-Fi 和蓝牙功能。

在图 2-1 中，不同的 Raspberry Pi 的左边都有 40Pin 的接口，这就是 GPIO 接口。在 Pi Zero 版本中，排针连接器默认是没有焊接的，这个可以根据项目的需要自行焊接或者直接将导线焊接到接口上。第十章将介绍更多关于焊接的知识。

本书推荐使用最新版本的 Raspberry Pi，但如果是旧版本的 Raspberry Pi，如 A 型或 B 型，也不要紧，它们对于前面的章节中的大部分案例来说是够用的，但对于部分案例，它们的 GPIO 接口不足。在交叉使用不同版本的 Raspberry Pi 时，也应当注意到，它们的 GPIO 接口功能布局不尽相同，区别在本章节的稍后会有所介绍。

图 2-1 不同版本的 Raspberry Pi，从左至右：Pi Zero、A+ 和 Raspberry Pi 2

GPIO 接口

如之前所提到的，GPIO 是 Raspberry Pi 的点睛之笔，它们使 Raspberry Pi 与外部电路交互变得简单。

GPIO 是指"通用输入 / 输出"的意思，这是一个微处理器上的概念，指的是微处理器的引脚既可以作为输入，也可以作为输出使用。Raspberry Pi 上面的 GPIO 接口是直接连接到它所使用的微控制器上的，由于处理器的接口电压为 3.3V，所以这里的 GPIO 接口也是 3.3V。而一般常用的外部电路和其他型号的处理器，常常会使用 5V 为工作电压，所以在连接外部电路前，务必注意电压的匹配，否则可能会烧坏 Raspberry Pi 的 GPIO 接口。另外，这里的 GPIO 接口在作为输出使用时，最多可以提供 16mA 的电流。

注意： Raspberry Pi 上的 GPIO 接口没有内部保护措施，施加超过 3.3V 的电压或者过大的电流都有可能造成 Raspberry Pi 的损坏。

Raspberry Pi 上的大部分 GPIO 接口都可以在输入和输出状态间转换，有一些还提供复用功能，如 I^2C、PWM 等。

Raspberry Pi 的 GPIO 接口在几个不同的版本中存在细微差异。在 2012 年 9 月发布的

PB 2 号版本中，有一些接口的位置发生了改变。在 B+ 和 A+ 版本（分别于 2014 年 7 月和 2014 年 11 月发布）中，GPIO 增加了 14 个，总数从 26 个增加到 40 个。后续的 Raspberry Pi 2 延续了 40Pin 的接口布局，Pi Zero 也是如此，只是没有焊接排针插座。

通过运行如下的指令，可以检查 Raspberry Pi 的版本：

```
cat /proc/cpuinfo
```

结果中的版本号以 16 进制的形式显示。0002 和 0003 表示 Pi B 的 1 版；0004 到 000f 表示 Pi A 和 Pi B；0010、0012、0013 表示 A+ 和 B+；a01041 以后的表示 Raspberry Pi 2 以及之后的版本。

不同版本的 Raspberry Pi GPIO 引脚的功能分布如图 2-2 所示。

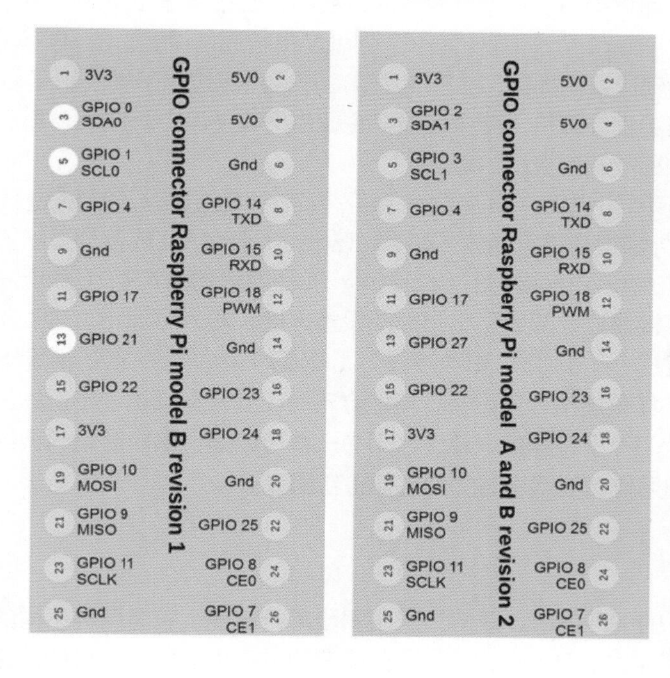

图 2-2 不同版本的 Raspberry Pi GPIO 引脚的功能分布

GPIO 连接器位于 Raspberry Pi 的一条边上，如果将它的 SD 卡槽对着正上方放置，如图 2-1 所示，那么 GPIO 的第 1 个接口则位于连接器的左上，编号的方向是从左至右，从上至下。在图 2-2 中，可以看到不同物理编号接口所对应的 GPIO 编号和其复用功能。在左 1 引脚分功能分布图中被高亮标出的引脚功能在后续的版本中有所修改。

关于 GPIO 引脚功能及其复用功能在附录 D 中有更为详细的说明。该附录中的表格是基于 Raspberry Pi B+ 版本，但对于 B 2 和 A 来说，前 26 个引脚是一样的。

我们将在本书后面的章节中探讨引脚的复用功能。

UART 和串口通信

串口是两个电子设备间的一种通信接口。在串行通信的过程中，数据被按位发送。串口通信的协议有很多种，这里主要介绍用 Raspberry Pi 作为一个 Linux 串行通信设备。在很多年以前，操作计算机的命令行通过串口连接到计算机本身（在 20 世纪 80 年代广泛应用于学校和图书馆），串口经过调制解调器也可用于连接远程计算机（至今在很多企业中仍在使用）。今天，串口已经成为微处理器、Arduino 等设备的标准通信接口。

Raspberry Pi 本身有两种不同的串口，其中之一就是 USB。在使用 USB 的过程中，Linux 调用其自带的 USB 驱动与外部设备进行通信（如 Arduino、micro:bit 或蓝牙适配器）。

另一个串口隐藏在 GPIO 接口中，它直接与 Raspberry Pi 处理器的 UART（异步发送接收机）接口相连接。该串口可以直接通过杜邦线引出和外部设备连接，如 Arduino。GPIO 接口中的 8 号和 10 号引脚分别为“发送”（TXD）和“接收”（RXD）功能。在默认情况下，这两个引脚为 Linux 的终端所使用，如果连接外部设备，可能会不时收到一些系统中出现的错误信息。这样的好处是，当 Raspberry Pi 没有连接屏幕时，用户一样可以通过串口登录到系统并获取系统的信息。但当想要将该引脚用作其他用途时，则需要重新配置。

I^{2}C

I^{2}C 总线是由飞利浦公司开发的一种简单、双向二线制同步串行总线。它有两种不同的工作模式：主机模式和从机模式。一般来说，Raspberry Pi 在通信的过程中会扮演主机的角色，与传感器或外部屏幕进行通信。

新版本的 Raspberry Pi 的 I^{2}C 使用的是 1 通道，GPIO 接口中的 3 号和 5 号口，在引脚功能图中被标注为 SDA1 和 SCL1。在 B1 版本中，这两个 GPIO 口使用的是 0 通道。

SPI：串行外围接口总线

SPI 是另一种串行通信协议，它具有比 I^{2}C 更高的数据带宽，常常用于与诸如 SD 卡的外设进行通信。I^{2}C 和 SPI 在物理接口上的不同体现在连线的数量上，I^{2}C 只需要 2 根线，而 SPI 需要至少 4 根线，根据应用的不同可能会更多。

一般情况下 SPI 的 4 根线分别是 SCLK（串行时钟）、MOSI（主机发送，从机接收）、

MISO（主机接收，从机发送）、SS（从机选择，也称之为片选信号）。它们在 GPIO 中物理接口的位置是 23、19、21 和 24。从机选择信号线被标记为 CE0，该信号用于选择激活当前主机希望与之通信的从机。26 号引脚被标记为 CE1，该引脚同样可以作为 SPI 通信的从机选择信号。

在最新的版本中，第 40、38、35 和 36 号引脚也可以被复用为 SPI 功能。

PWM：脉冲宽度调制信号

脉冲宽度调制是利用微处理器的数字输出对模拟电路进行控制的一种非常有效的技术。它的主要工作原理是通过调整周期信号中的开关比例来模拟不同的输出量。通常我们将该比例称为“占空比”，在一个周期的方波信号中，只要占空比确定，就可以计算其等效电压。PWM 信号常常被用来控制 LED 的亮度和电机的转速。

PWM 信号还可以用于通信，最典型的案例就是红外通信。遥控器通过其上的红外 LED 发射管发射不同“占空比”的 PWM 信号，电视机接受到后就可以将之转化为信息。在第五章中我们将一起制作一个红外发射接收机。

GPIO 接口中所有可以作为输入 / 输出使用的引脚都可以通过软件的方式模拟输出 PWM 信号，但是第 12 号引脚是连接在 Raspberry Pi 处理器中的硬件 PWM 模块上的，也就是说使用 12 号引脚可以输出更加准确的 PWM 信号，同时对系统的资源占用更少。在第四章中，我们将学习如何使用 PWM 信号控制 NeoPixels 模块。

Raspbian Linux 入门

Raspberry Pi 的官方操作系统是 Raspbian，它基于 Debian Linux 开发而来。在最新的版本中，系统会在启动后直接进入图形界面，如图 2-3 所示。这个桌面看起来和我们以往使用的操作系统可能会有些许不同，但总的来说，它们是相似的。

以下是该系统使用的一些小贴士：

- 应用菜单 Menu 在桌面的左上角，Raspberry Pi 的图标。
- 该系统包含了很多不同的应用程序，这里列举了其中一些：
  - “编程”菜单中包含了许多种不同的编程语言，其中的 Scratch 和 Python 是本书案例所使用到的编程语言。
  - “办公”菜单中包含 Libre Office 的系列软件。这是一款和微软 office 类似的软件，但它完全免费。
  - “互联网菜单”中包含了 Epiphany 网页浏览器，它是专门为 Raspberry Pi 优化过的，所以即便是使用单核心版本的 Raspberry Pi，依然可以流畅运行。
  - “游戏”菜单中有 Minecraft，它是一款开源游戏，这里的版本是 Raspberry Pi 特别版，Python Game 是用于该游戏的简易接口，我们会在第九章中学习如何使用它。
  - “首选项”菜单中包含了很多不同的功能配置。

    - Raspberry Pi　Configuration 是一个图形化的工具，它所能够配置的内容和 raspi-config 指令相同。
- “LX 终端”是一款可以在图形界面中使用的命令行工具，通过命令行与系统进行交互是 Linux 的特性之一。
- 桌面右上角的一系列图标可以用来做以下事情：
    - 配置网络连接（包括 Wi-Fi）。
    - 改变音量。
    - 监视处理器状态。
    - 查看时间。
    - 安全弹出 U 盘或者移动硬盘。

图 2-3　Raspbian 桌面截图

如果对以上的信息有任何一处不理解，可以亲自移动鼠标指针，使之悬浮在待查内容上，然后再分别用左键和右键单击，一般来说左键为确认，右键则弹出更多配置选项。比如，当鼠标指针悬浮在音量图标上时，音量的信息会出现，而当单击左键后，可以改变当前音量，而在右键单击后，则出现音频输出方式的选项，可以选择通过 HDMI 输出，也可以选择通过 3.5mm 音频接口输出。

通过网络连接 Raspberry Pi

尽管在大多数情况下，我们可以通过外接显示屏、键盘和鼠标的方式使用 Raspberry Pi，但在有些时候，如不具备这些外接设备的时候，通过网络访问 Raspberry Pi 就显得十分重要。网络连接 Raspberry Pi 的方式多种多样，可以通过你的个人 PC，也可以通过另一个 Raspberry Pi。但不论通过怎样的方式连接，最终的连接方式只有两种：SSH 和 VNC。

在使用网络连接到 Raspberry Pi 时，首先必须知道它的 IP 地址。在大多数情况下，局域网中的 IP 地址是通过路由器动态分发的，但在路由器的管理页面中可以设置固定 IP 地址。如果使用网线连接，那么 Raspberry Pi 会自动接入网络；如果使用 Wi-Fi 网卡访问，则需要在 Raspberry Pi 中配置 SSID 和密码等信息（桌面右上角）。

当 Raspberry Pi 接入局域网后，将鼠标移动到网络连接的图标上，可以查看 IP 地址，如图 2-4 所示。该 Raspberry Pi 的 IP 地址为 192.168.0.109。

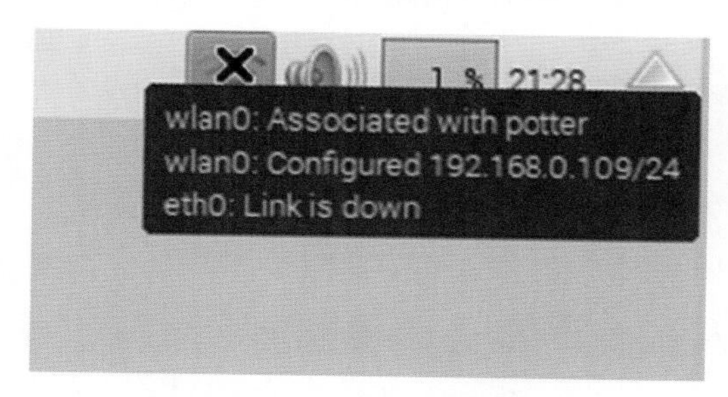

图 2-4　Wi-Fi 状态截图

除了在图形界面中查看，也可已在命令行中使用如下命令：

```
ip addr
```

SSH

SSH 是目前较为可靠，专为远程登录会话和其他网络服务提供安全性的协议。使用 SSH 可以远程登录到 Raspberry Pi，它没有图形化用户界面，所有的操作都是通过一个终端窗口进行的，在本地终端窗口输入命令，远程目标主机执行命令后，再将结果返回到本地终端窗口中。

Raspberry Pi 自带的操作系统中已经默认安装了 SSH 服务，只要知道它的 IP 地址，就可以在同一个网络中的其他主机上通过 SSH 工具连接，登录的用户名和密码不变（用户名 pi，密码 raspberry）。

在 Linux 和 Mac OS 操作系统中，不需要下载额外的 SSH 软件，命令行工具已经支持。如果想要使用非系统默认的 SSH 工具，也有很多可以下载。对于 Windows，系统没有默认的 SSH 工具，需要下载一个客户端，比如开源的 PuTTY。

在 Linux 或 Mac OS 的命令行中，使用如下指令登录到 Raspberry Pi：

```
ssh pi@192.168.0.109
```

如果使用 PuTTY，则只需要输入 IP 地址，然后单击打开，在接下来的终端窗口中按提示输入用户名和密码，如图 2-5 所示。

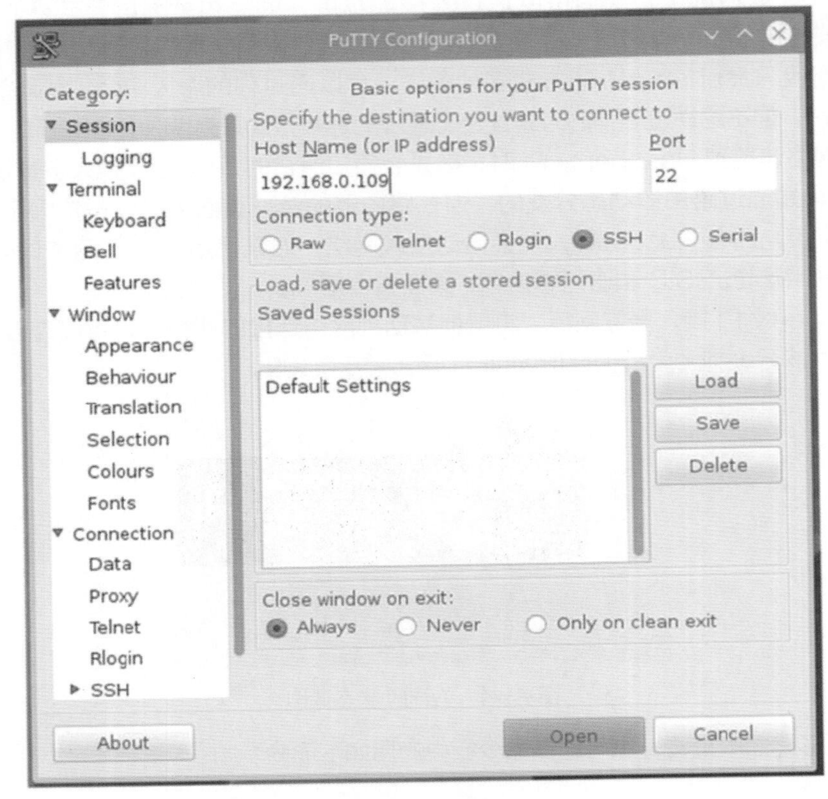

图 2-5 PuTTY

远程桌面 VNC

使用 SSH 虽然可以远程访问到 Raspberry Pi，但是它只能实现命令行的交互。如果想要打开远程桌面，则需要使用到 VNC 软件。本书中的绝大多数 Raspberry Pi 系统截图都是通过 VNC 软件远程截取到的。

为了使 Raspberry Pi 能够使用远程桌面连接，首先需要在它的系统中安装一个“TightVNC”软件。

使用如下指令安装：

```
sudo apt-get install tightvncserver
```

安装后，运行 tightvncserver 指令，首先它会提示你输入一个密码，这个密码是远程打开桌面时所需要的，接下来会询问是否设置“只读密码”（view only），该密码无需设置。

当服务启动后，提示信息会给出当前启动的虚拟桌面信息：

```
New 'X' desktop is raspberrypi:1
```

该信息主要说明当前创建的远程会话端口为 1，所以在客户端连接时，需要在相应的 IP 地址后加上“:1”。

运行多次 tightvncserver 指令可以创建多个远程会话，端口号一般会顺序分配，但大多数情况下一个远程会话就足够了。目前，只有当在 Raspberry Pi 上启动该 VNC 服务后，远程的客户端才可以连接。如果想要让 Raspberry Pi 开机默认启动它，可以参考 penguintor 官网的内容。

有了 VNC 服务，接下来就需要在你自己的本地计算机上安装一个 VNC 客户端，用来连接远程桌面。对于 Linux 操作系统，有一些已经预装了 VNC 客户端了；Windows 操作系统自带 VNC 客户端（远程桌面连接）；对于 Mac OS 操作系统，可以下载一个基于 Java 的客户端。在 VNC 的官方网站可以找到所需要的软件。图 2-6 所示的是在 Windows 8 下使用 TightVNC。

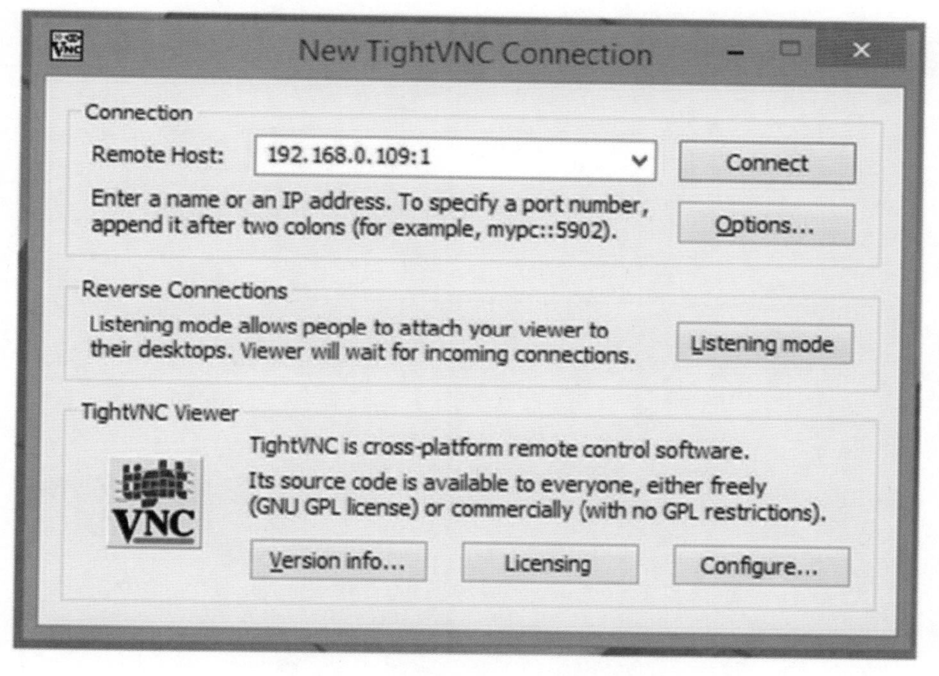

图 2-6　使用 TightVNC 远程连接

远程会话一经建立，就可直接在本地计算机使用 Raspberry Pi 桌面了。但有一点请注意，VNC 不支持远程运行诸如 Minecraft 一类的游戏。但对于大多数应用，VNC 是足够的。

本章小结

本章首先介绍了一些不同版本的 Raspberry Pi 以及它们的区别，随后介绍了一些有关 GPIO 接口的知识，最后是关于 Raspbian 操作系统的内容。

如果想要更加深入地学习这款基于 Debian Linux 的 Raspbian 操作系统，我推荐 Peter Membrey 和 David Hows 合著的《Learn Raspberry Pi with Linux》。

你还可以花一些时间研究一下 Raspbian 操作系统中预装的一些软件，如 Minecraft。

至此，本书的理论基础内容就告一段落了。下一章中，我们将开始着重学习一些外部电路。在第三章中，我们将亲手搭建第一个能够连接到 Raspberry Pi 的外部电路，然后学习如何使用 Scratch 编程语言操作 GPIO 接口实现交互。

第三章

Scratch 编程

Scratch 是一款由麻省理工学院（MIT）设计开发的少儿编程工具。它不仅限于少儿使用，有许多青年学生甚至是经验丰富的程序员都开始使用 Scratch。在美国的一些大学中，Scratch 甚至用来为新生上第一节编程课。

最新版本的 Scratch2 是一款基于网页的应用。遗憾的是，这是一款基于 Adobe Flash 的在线程序，所以在 Raspberry Pi 上无法运行。实际我们在 Raspberry Pi 上面看到的 Scratch 是基于 1.4 版本开发而来的。虽然在操作界面上和最新版本有所不同，但它们绝大多数的功能是相同的。

Scratch 简介

对于不熟悉 Scratch 的同学，本小节就对该编程语言进行快速介绍。Scratch 程序被包含在 Raspbian 系统的“编程”菜单中，如图 3-1 所示。如果你已经有过使用 Scratch2 编程的经验，这个界面看起来应该非常熟悉，但是对于 Raspberry Pi 版本来说，“舞台”位于程序窗口的右边，而最新的版本是在左边。

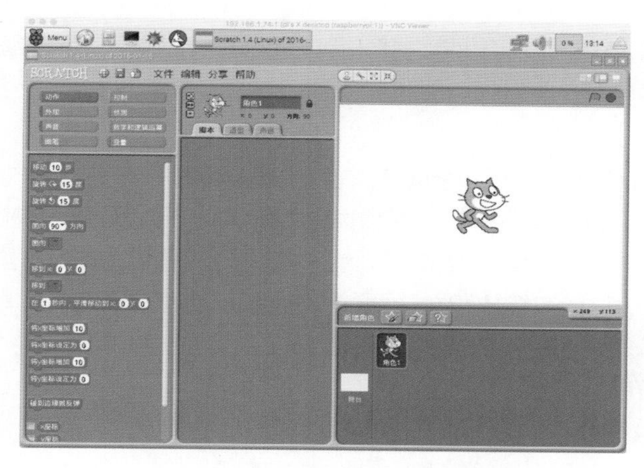

图 3-1　Raspberry Pi 系统中的 Scratch

该界面主要由 A，B，C，D4 个部分组成，如图 3-2 所示。

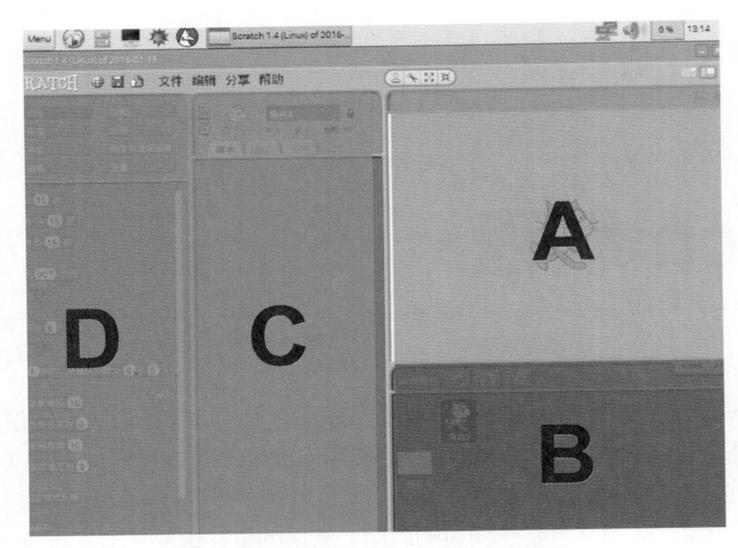

图 3-2　Scratch 窗口的 4 个部分

这 4 个部分中最重要的当属 A 区域，也就是“舞台区域”。该区域所显示的内容就是程序运行后主窗口中所显示的内容，所以在使用 Scratch 编程时，此区域用来设计程序的外观，也用来显示模拟运行的结果。舞台的右上角有一个绿色的小旗和一个红色的按钮，这两个图标分别用来启动程序和停止程序。

如果把屏幕当成舞台，那么它的灵魂就是其中的演员、道具和灯光了。这部分内容可以在 B 区域中找到，该区域也称为“角色区域”。在该区域的顶部，有 3 个按钮，它们都是用来创建新的角色的。用户可以选择直接绘制一个新的角色，或者是在文件夹中选择已经存在的角色，也可以选择随机角色，让 Scratch 为你创建。在 Scratch 中，每一个角色都可以拥有它自己的自定义脚本、造型和声音。“舞台”被认为是一种特殊的角色，所以它在该区域的左侧显示。

如果想要改变一个角色，则可以将之载入到 C 区域，也就是“角色编辑区域”。载入角色的过程非常简单，只需要在角色区域将其选中即可。在角色编辑区域有 3 个标签，即脚本、造型和声音。

在 Scratch 中，程序代码是通过脚本框中的“脚本标签”构成的。每一个不同的角色都可以拥有不同的标签组合，舞台也不例外，通常舞台的脚本用于更换背景等操作。

在“造型”中，用户可以给角色更换不同的“衣服”。进而言之，这里用于修改和创建角色的不同状态。如烟花筒，它就有绽放和默认两种“造型”。当编辑舞台时，取代造型标签的是“多个背景”标签，可以编辑舞台的不同背景。和以上两个标签的作用类似，“声音”标签用于创建和修改角色、舞台的声音。

最后一个区域，也就是“代码元素”的选择区域（D 区域）。不同的代码元素以不同的图形化标签展示，它们之间可以互相连接，就像是积木一样。

“代码元素”根据功能的不同被分为 8 个大类，不同的类别分别用不同的颜色表示。编程时只需要将所需要的元素拖动到“脚本”框中即可，如果有可以相互配合的元素，在拖动它们靠近时会像磁铁一样自动吸合。

为 Scratch 添加 GPIO 支持

Raspbian 中的 Scratch 版本是为 Raspberry Pi 的 GPIO 功能特别优化过的，它提供了一个内建的 GPIO 服务器。该特性是在 2015 年 9 月的更新中添加的，所以请查看 Scratch 程序窗口的标题栏（如图 3-1 所示），如果显示的日期在此日期之前，则首先需要将 Raspbian 更新到最新版本。

内建 GPIO 服务器的工作原理是通过监视 Scratch 的“广播信息”来调整 GPIO 接口的状态。但同时，它也可以通过监视 GPIO 的状态来发送“广播信息”给 Scratch，从而达到程序与硬件的双向交互。如果要启用内建的 GPIO 服务器，需要在工具栏的编辑菜单中选择“Start GPIO server”，如图 3-3 所示。

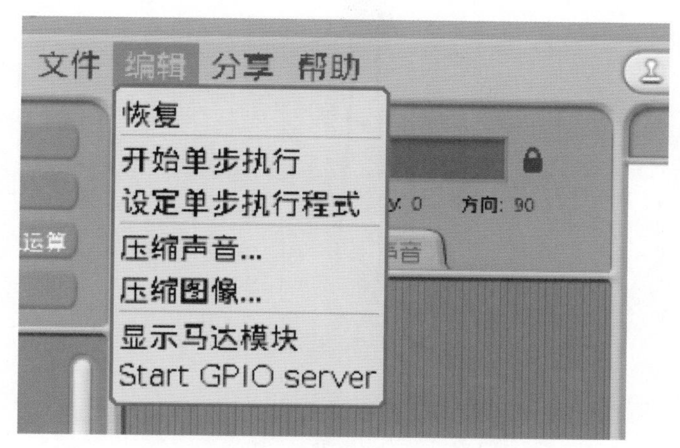

图 3-3　启动 Scratch 的内建 GPIO 服务器

使用 Scratch 控制 LED

为了完成这一任务，在创建 Scratch 程序之前，首先需要搭建我们的第一个 Raspberry Pi 外部电路。该电路是一个简单的LED 控制电路，通过 Scratch 程序中的事件来决定LED 的开关。你可以把此案例作为参考，创建一个自己的小游戏。

LED 控制电路的组成非常简单，只需要一个 LED 和一个电阻。我们在第二章中已经简单提到过相关的知识，但是为了更好地理解它地工作原理，这里我们分别对 LED 和电阻进行一些更细致的介绍。

发光二极管（LED）

发光二极管，顾名思义，就是该器件可以在电流流过时发出光来。LED 是一种非常节能和高效的光源，所以我们经常可以在电子玩具中见到。常见的 LED 工作电流很小，小到可以直接使用 Raspberry Pi 的 GPIO 驱动。如果使用大功率 LED，如那些闪光灯里面用到的，则相应地需要更大功率的驱动电路，若直接连接到 GPIO 接口，可能会烧坏 Raspberry Pi。

从发光二极管的名字可以看出，它有两个极，属于有极性元器件，所以其接入电路的方向十分重要。它最大的特性就是单向导电性，换而言之，电流只能从其阳极流入，阴极流出，反之则不工作。在连接电路时，阳极所接的应该为电源的正极，阴极则连接电源的负极。

一般的直插型 LED 都有两个金属引脚，通过判断两个引脚的长短就可以判断阴极和阳极，较长的引脚为阳极。如果引脚等长，则可以通过其塑料外壳判断，底座边缘平直的一端为阴极。如图 3-4 所示。

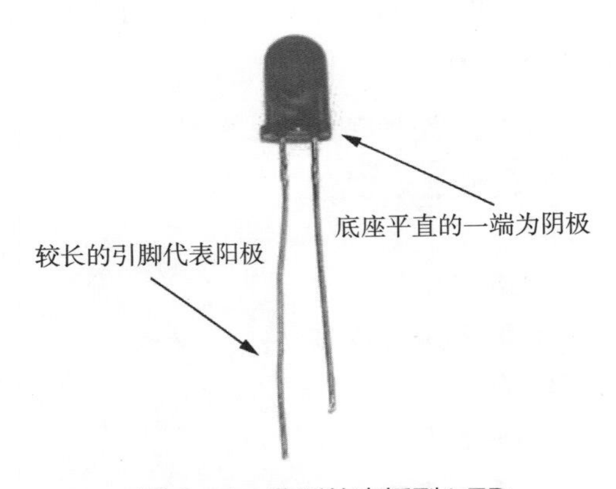

图 3-4 典型的直插型 LED

电阻

电阻在电路中的作用就是限制电流的大小，最为典型的应用场景就是与其他电子元器件串联，防止大电流烧坏元器件。

电阻的大小用欧姆（Ω）表示，色环电阻是电阻封装的一种，它使用电阻身上的颜色来标记电阻的大小。图 3-5 所示的就是一个典型的色环电阻。在附录 C 中有关于如何计算色环电阻阻值的知识。

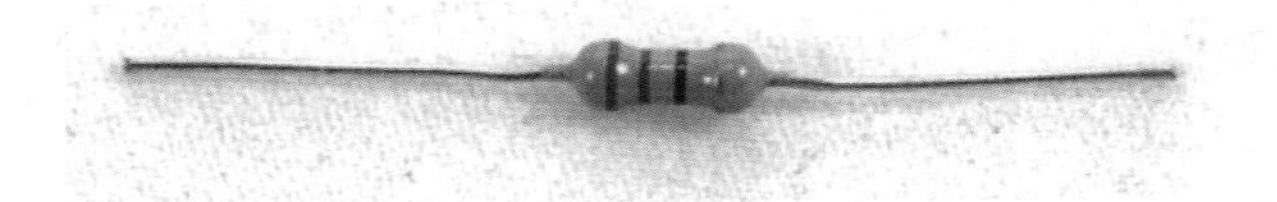

图 3-5 典型的 220Ω 色环电阻

在本案例中，电阻的作用主要是用来限制 GPIO 和 LED 的电流，防止它们被烧坏。根据欧姆定律，想要找到合适的电阻，就需要知道电阻两端的电压和电流。

GPIO 端口的电压为 3.3V，大概会有 2V 的电压加在 LED 两端，所以最终加在电阻两端的电压约为 1.3V。

前文我们提到过，一个 GPIO 接口所能提供的电流为 16mA，但实际点亮一个 LED 只需要大约 8mA 的电流。

有了电压和电流，就可以通过欧姆定律（见第一章），用电压除以电流求得电阻值。1.3/0.008 的结果大约为 162Ω。在实际的电阻产品中，阻值不是任意的，它们遵循一定的工业标准，阻值都是一些确定的数值。所以为了保险起见，我选择大于 162Ω 的标准阻值——220Ω。因为我只有 E6 系列电阻包，所以 162Ω 以后的最小阻值为 220Ω，但如果你有 E12 系列电阻包，可以选择 180Ω。

- 红色（2）
- 红色（2）
- 棕色（×10）
- 金色

即便是标注了同样色环的电阻也可能会有阻值的差异，而这样的差异在规定范围内是允许的。例如色环的最后一环是金色，该颜色表明当前电阻的精度为 5%，这也就意味着该 220Ω 电阻的实际阻值范围为 209~231Ω。

将 LED 连接到 Raspberry Pi

对于这个 LED 控制电路，我们将使用 GPIO 接口上物理编号为 22 号的端口控制，如果查看第二章中的 GPIO 功能对照表，可以看到该引脚实际连接在控制器的第 15 号 GPIO。LED 的一端通过电阻连接到 GPIO 引脚，另一端接地。面包板的电路布局图如图 3-6 所示。

连接时请注意确保 LED 的方向正确，在图 3-6 中，LED 较长的引脚是上面那一根，与电阻连接在一起。

现在可以在 Scratch 中设计小程序了。首先需要做的是开启内建的 GPIO 服务器，如图 3-3 所示。然后在一个空白的 Scratch 程序中，将所需要的代码元素标签拖动到默认角色（角色 1，一只猫）的脚本框中，如图 3-7 所示。

从颜色可以很直观地看出，脚本框中的全部元素标签均来自于控制类。这就意味着这些元素都是用来控制程序流程的，其中有一些还用来发送全局广播信息，与其他程序进行交互（GPIO 服务器）。这里的全局广播信息决定了当前 GPIO 端口的状态。

程序的开始是一个带有绿色小旗的标签，这个标签表明当按下该按钮后，程序开始运行。

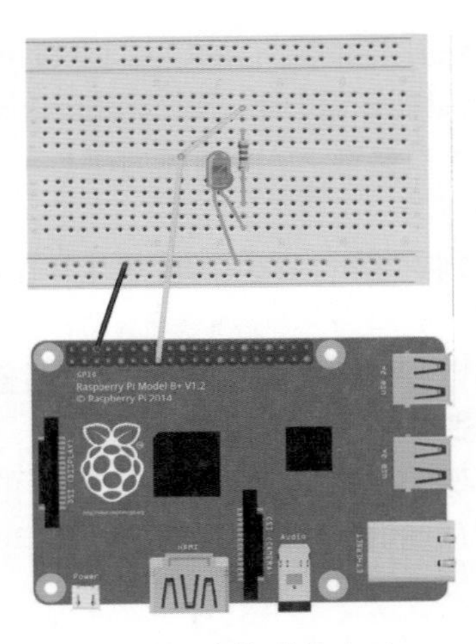

图 3-6 LED 连接到 Raspberry Pi

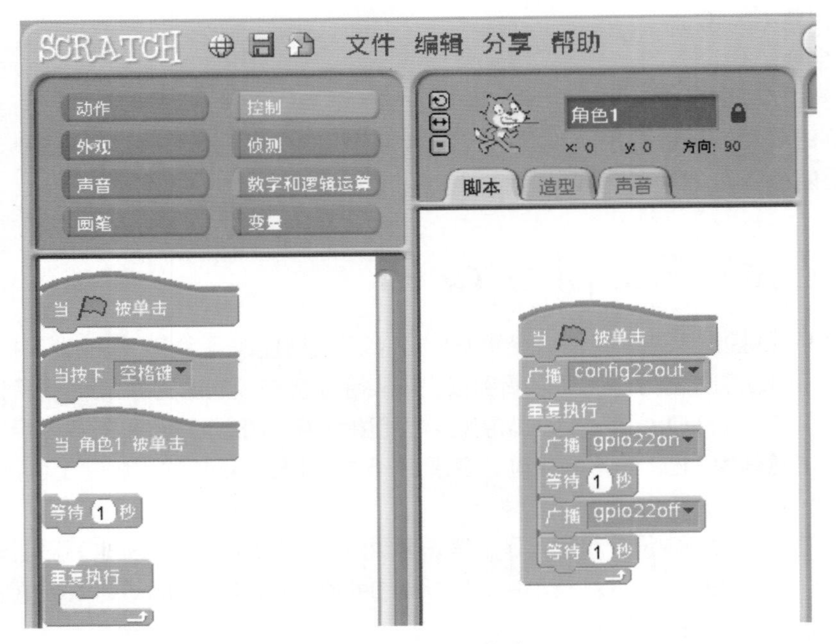

图 3-7 LED 程序

首先发送的广播信息是 config 命令。

该指令可以被拆分为 3 个部分：

- config 表明该指令是一个配置请求。
- 22 表明当前配置 GPIO 22。
- out 表明设置当前配置的 GPIO 接口为输出状态。

这里请注意，GPIO22 指的是处理器 GPIO 模块的 22 号接口，并非 Raspberry Pi GPIO 排针的物理编号 22 号，物理位置为 15 号。

接下来是一个“重复执行”标签，也就是一个死循环。在这个死循环中，有广播命令和等待命令，这样的组合是为了能够区分出 LED 状态的变化。

为了开启 LED，GPIO 口需要输出 3.3V 电压，广播命令“gpio22on”。

为了关闭 LED，GPIO 口需要输出 0V 电压，广播命令“gpio22off”。

这两个指令同样可以被拆分为 3 个部分来理解：

- gpio 表明当前在操作 GPIO 端口。
- 22 表示 GPIO22。
- on/off 分别表示输出 3.3V 和 0V。

现在可以单击舞台上绿色的小旗，开始执行程序。此时程序会将 GPIO22 配置为输出状态，并在输出 3.3V 和 0V 之间来回翻转，等待时间为 1 秒。体现在 LED 上，它应该亮灭各持续 1 秒，无限循环。

为 Scratch 程序添加输入

这部分内容以图 3-6 所示的电路为基础，为 Raspberry Pi 添加一个输入。输入的类型可以有很多种，本案例将使用一个轻触开关实现。

开关在电路中主要起到接通、断开两部分电路的作用。开关的类型根据其用途的不同可以分为很多种，这里我们使用的是“轻触开关”，也就是最为简单的开关类型。当按下开关时，开关内部的金属相互接触，电路的不同部分被接通。这类开关在生活中最常见的就是门铃，当被按下时，门铃响起，松开后门铃停止。

同样类型的开关根据组装需要有不同的封装类型。这里我们将要使用到的是一个为印制电路板而设计的“直插型”，它最大的好处就是可以直接插入面包板。从外观上来看，该开关有 4 个引脚，但在内部结构上，其中的引脚是两两连接在一起的，最终构成一个单开关。在写本书时，我所使用的这个开关除了开关体本身外，还有一个开关帽可以套在开关柄上，但这在实际实验的过程中并不是必须的。

图 3-8 所示的是这种类型开关的原理图与实物图。

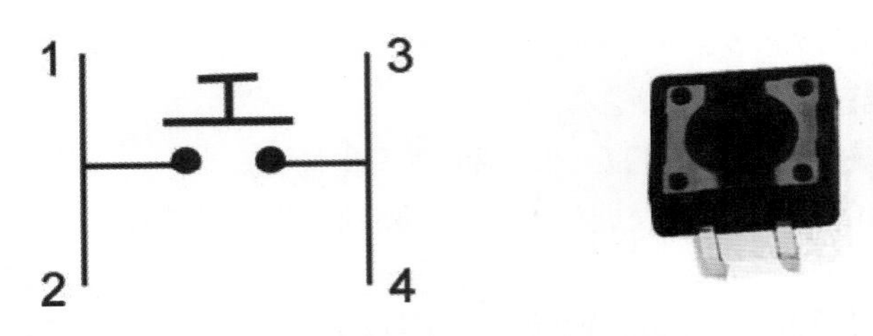

图 3-8　轻触开关原理图（左）和实物图（右）

将开关作为数字输入

在输入状态时，GPIO 接口需要被施加 0V 或者 3.3V 电压用来表示关闭和开启两种状态。千万不要想当然地认为只要把相应的 GPIO 接口连接到 3.3V 电源就可以代表开，将其断开就可以代表关。因为当 GPIO 输入断开后，实际的状态为“浮空”，该状态表示，既可能是 3.3V 也可能是 0V，而且具体是哪一种状态不可预测，通常会在这两个电压之间跳转。

正确的做法是，在开关没有接通时，保证 GPIO 连接在 3.3V 的电压，而在开关接通时，GPIO 接地（0V）。由于开关按下时要能够让 GPIO 接地，而之前的 GPIO 连接在 3.3V 电源，所以有必要在 3.3V 电源和 GPIO 直接加一个阻值相对较大的电阻，保证开关接通后正负极间不会发生短路。幸运的是，Raspberry Pi 的 GPIO 接口内建了“上拉电阻”，该电阻正是起到了防止短路的功能，所以我们不需要额外外接电阻。上拉电阻的配置通过广播命令“config<GPIOport>inpullup”的形式进行，其中的“<GPIOport>”表示 GPIO 接口号。

将开关添加到电路

图 3-9 所示的是将开关添加到原 LED 电路后的面包板布局图。开关连接的是 GPIO10（接口物理位号为 19 号），另一端接 Raspberry Pi 的 GND（0V）。

■ **注意：**其实将开关的接法反过来也可以，即将开关所连接的 GPIO 口默认接地，而开关的另一端接 3.3V，但此时需要将上拉电阻（pull-up）修改为下拉电阻（pull-down）。但在一般的 Raspberry Pi 使用过程中，大多选择使用上拉电阻。

接下来需要将 Scratch 程序修改，让其能够配置开关的 GPIO 端口并能够实现检测，最新的程序如图 3-10 所示。

和之前的程序比起来，在开始的地方多了一个广播标签，它用来开启 GPIO 服务器，这样就不用每次运行时再通过菜单手动开启了。

在重复执行标签中，“传感器的值”标签用来检测 GPIO 接口的输入状态。如果该值为 1，则表明开关没有被按下，内部的上拉电阻将输入置为高电平。当开关被按下后，端口被接地，所以输入值会变成 0。

“传感器的值”标签在“侦测”类中，在配置相应的 GPIO 接口之前使用该标签，无法显示 GPIO 状态。所以在使用此标签之前，首先看到的是广播命令“config10inpullup”。执行程序的方法依旧是单击绿色的小旗，单击红色的圆圈停止。但除此之外，还可以直接双击程序标签。

图 3-9　LED 开关电路

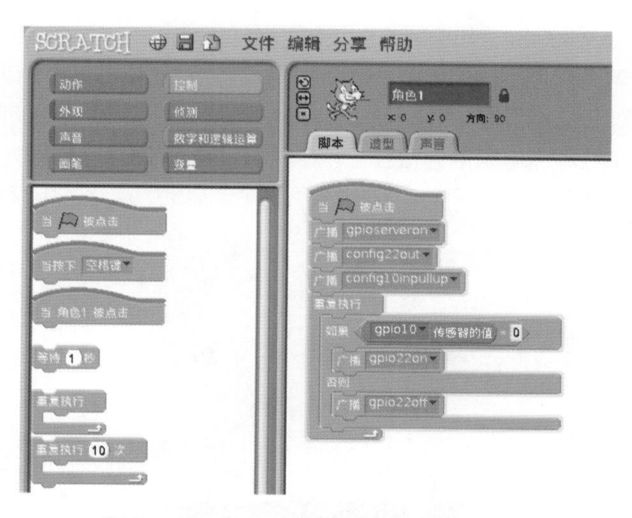

图 3-10　LED 开关电路 Scratch 程序

当程序运行后，LED 的初始状态应该是关闭，当按下开关后，LED 点亮，松开开关后，LED 关闭。这个电路的效果和第一章节中的示意电路非常相似，但是这里的开关和 LED 都独立地连接在一个“计算机”上，以各自的功能与 Raspberry Pi 交互，而不再是一个电路。

以上这个案例主要是帮助大家了解到如何在 Scratch 中使用 GPIO 的输入和输出功能。有了这部分知识，读者们可以自己发挥想象力，编写出更加有趣的 Scratch 程序甚至是小游戏。

机器人守门员

该案例的主要目的是让大家了解如何使用 Scratch 编写小游戏，在这个小节中我们就一起来学习如何编写一个“机器人守门员”的小游戏。在游戏中，机器人守门员可以在画面中左右移动来接球。由于这是一本主要致力于学习电子知识的书籍，所以在编程方面，我都尽量保持简短，读者可以根据自己的喜好，在此基础上修改出自己的小游戏。游戏的规则是当机器人碰到足球后，守门成功；如果没碰到球，则守门失败。完成后的游戏界面如图 3–11 所示。

图 3－11 “机器人守门员”小游戏

为了能够让机器人左右移动，我们需要在上文中提到的“LED- 开关”电路中加入更多元器件，实际上就是在复制一个与原电路相同的电路，代替原1开关，1LED，最终得到一个 2LED，2 开关的电路。原有电路使用的是红色 LED，可以用来表示进球，新的电路中的 LED 可以使用绿色，用来表示“守门成功”。绿色 LED 串联限流电阻后连接在 GPIO23 接口（接口物理位号为 16 号），第二个开关连接到 GPIO9（接口物理位号为 21 号 ），剩余的引脚全部接地。最终的电路如图 3–12 所示。

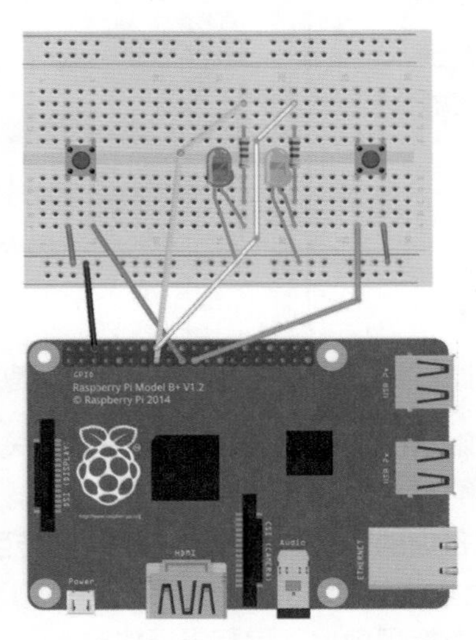

图 3－12 “机器人守门员”电路示意图

为了该案例，我们需要新建一个 Scratch 程序而不是用之前的程序修改，通过单击文件 -> 新建，即可创建新的程序。右击角色栏中默认的“猫”，将其删除。然后单击新增角色中的“从文件夹中选择新的角色”按钮，在 Background 文件夹中找到 Sport 文件夹，如图 3-13 所示。

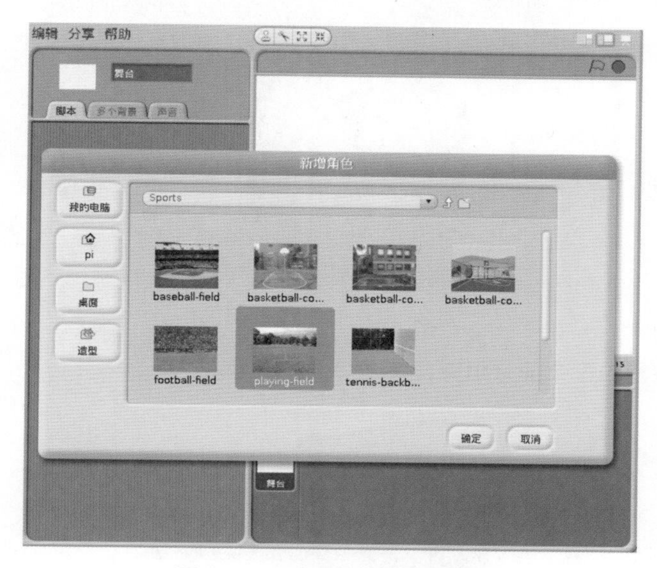

图 3-13　为小游戏添加背景

接下来在脚本框中为舞台添加如图 3-14 所示的脚本标签组合。基本的配置命令和之前的程序一样，只不过增加了新引脚的配置。命令中还包括了“gpioserveron”用来自动开启 GPIO 服务器。

图 3-14　小游戏中，舞台的脚本

有了舞台背景，现在需要创建一个机器人角色。在新增角色选项中单击“从文件夹中选择新的角色”按钮。然后从 Fantasy 文件夹中选择 robot3，如图 3-15 所示。接下来需要重新命名该角色，通过脚本框区域上面将该角色的名字修改为“robot”。

图 3-15　添加新的角色

该角色的脚本主要由三个部分组成，如图 3-16 所示。

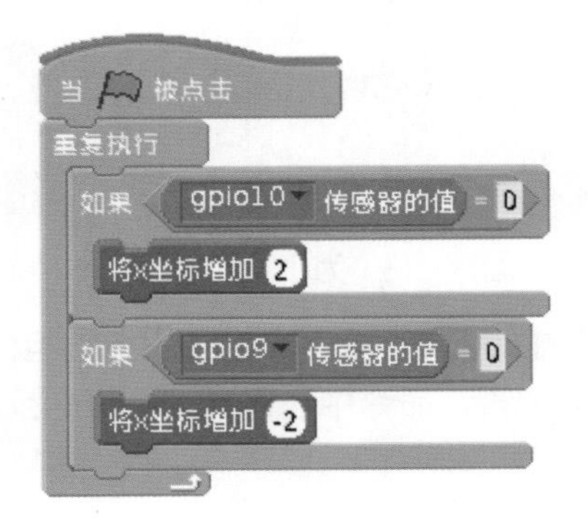

图 3-16　机器人的脚本标签

程序的主要部分在“重复执行”标签中，它们用来检测 GPIO9 和 GPIO10 的输入状态。当分别按下两个不同的按键时，机器人的 X 坐标会增大或减小，从而机器人可以在球场上移动。如果按照图 3-12 中所示的方向，两个开关的功能和物理位置正好是相反的，所以在实际操作过程中，需要把电路旋转 180° 。主循环外的两个部分用来检测广播信息，当接收到不同的广播信息时，分别在屏幕上显示不同的内容，即胜或负。而这个广播信息则由另一个角色发送。

除了上面的舞台和机器人外，我们还需要一个角色，那就是足球。该元素可以在 Things 文件夹中找到，文件名为 soccer1。如图 3-17 所示。

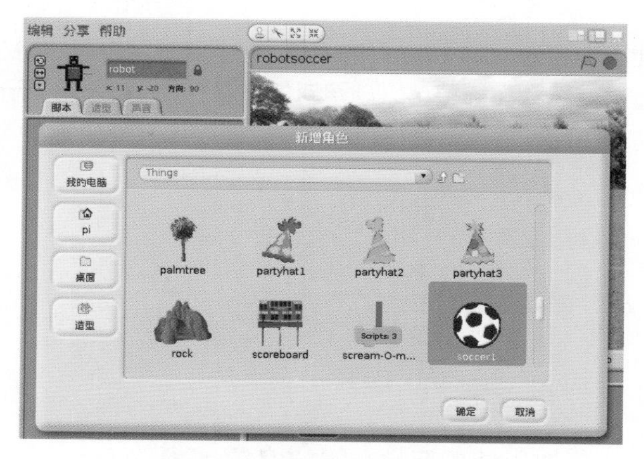

图 3-17 添加“足球”角色

为该角色添加如图 3-18 所示的脚本。

图 3-18 足球角色的脚本

这段脚本代码的构成和之前的比起来更为复杂，我们将更加注重细节的介绍。首先出现的元素标签将角色的大小设置为 1，然后将其移动到屏幕的中间。这个操作的主要目的是让足球的大小看起来和场地更加匹配。设置角色大小的模块来自于“外观”类，而设置位置的模块来自于“动作”类。

现在我们需要创建一个名为“direction”的变量，这个变量用来存储向左（负数）或是向右（正数）移动的数值。通过“变量”类标签可以创建新的变量，如图 3-19 所示。在添加该变量时，需要选择“只适用于这个角色”。

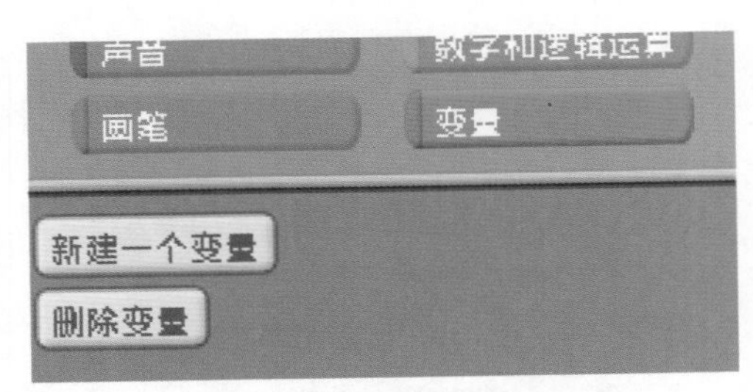

图 3-19　在 Scratch 中创建一个新的变量

接下来我们将该变量的值设定为 0~20 之间的一个随机数，该操作通过“数字逻辑运算”类中的“在 x 到 x 间随机选一个数”标签实现。

接下来的标签是重复执行，它将会改变 10 次足球的位置和大小。X 轴坐标的变化是基于变量 direction 的。如果随机取得的是一个较大的正数（比如 20），球会一直移动到屏幕的右边；而如果是一个较小的负数如（-20），则球会移动到屏幕的左边；如果是一个较小的正数或者较大的负数，则球会比较接近屏幕的中心。在这个过程中，y 轴坐标也会发生相应的变化，它用来改变足球的高度，使之看起来更加逼真。同样我们还改变了足球的大小，让它在接近守门员和远离守门员时看起来有所不同。

在重复执行标签中的最后，是一个“等待”标签，它属于“控制”类标签，用来放慢游戏的节奏，否则足球就会像卡农炮炮弹一样射向守门员。

当重复执行完成 10 次后，接下来的是一个“如果……否则……”条件控制标签，这个条件用来判断当前的足球是否触碰到守门员。如果在创建“机器人守门员”角色时，将它命名为了 robot，那么在“碰到”标签的下拉菜单中会出现 robot 的名字，否则出现的将是“机器人守门员”角色的默认名字。

无论条件判断的结果如何，程序都将会发出两条广播命令。如果足球碰到了守门员，则意味着守门员守门成功，广播信息为“gpio23on”和“win”，分别用于开启绿色 LED（GPIO23）和触发提示“You won!”（你赢了）；反之，如果机器人没有接到球，广播信息则将用于开启红色 LED（GPIO22），然后触发提示“You missed!（你输了）”。

当 LED 开启后，程序会等待 2 秒，然后将其关闭。请注意，在关闭 LED 时，所执行的操作是将两个 LED 同时关闭。很显然，如果一个 LED 已经是关闭状态，那么它将不会有任何改变。如果想要只关闭特定的 LED，则需要额外添加一个变量和条件判断标签，这样就可以通过判断变量状态将已经呈现开启状态的 LED 关闭。这两种程序都是正确的，不同的用户可以选择自己喜欢的方式来实现。

测试游戏

现在“机器人守门员”小游戏的软硬件都已经搭建完成。如前文所提到的，要想获得正确的输入，面包板需要旋转 180°，如图 3-20 所示。这里的 Raspberry Pi 使用了一个实验平台安装板，是亚克力材质的，如果没有的话读者可以自行找合适的材料替代。

图 3-20 “机器人守门员”小游戏的完整硬件

在 Scratch 中单击舞台界面的绿色小旗，就可以通过按下左右按键来控制机器人的移动了。如果守门成功，绿色 LED 会点亮；如果守门失败，红色 LED 会点亮。游戏结束后，通过绿色小旗重新开始游戏。

街机模拟火星登陆

这个游戏通过使用街机上的摇杆操纵一个太空舱来模拟火星登陆的过程，这个案例将通过使用摇杆作为输入来让大家更全面地了解 Scratch 和 GPIO 交互的方式。

制作街机模拟器

在这个案例中，我们将使用摇杆和按键开关自制一个街机模拟器。这个模拟器介于掌机和真正的街机游戏机之间。从电子技术的角度来看，我们需要能够让玩家以传统的街机形式与游戏交互。在市面上有专门为 Raspberry Pi 设计的此类附件，但是它们都非常昂贵。在这个案例一中，我们将自行制作这个附件，使其最终能够完全模拟街机的操作方式并且可以通过 HDMI 连接到显示设备。

这个案例基本原理非常简单，以上所提到的所有元器件都可以通过一个塑料盒组装到一起。

我选择的是一个非常实用的塑料收纳盒，大家可以根据实际的情况自行决定使用何种材质的盒子，但请务必保证它不能太软。如果能够使用塑料盒，在上面为开关和 Raspberry Pi 的连线开口会非常容易。钻孔可以使用与开关、线缆直径相当的钻头，一次性搞定。最终完成后的实物如图 3-21 所示。

图 3-21 街机模拟器

在这个“模拟器”的内部，Raspberry Pi 放置在盒子的一边，电源、HDMI 和音频接口与塑料盒的开口相对应，而 USB 接口则在盒子内部，可以用来连接无线设备的适配器。如果想引出 USB 接口，可以在盒子的外壁安装一个 USB 面板，内部连接到 Raspberry Pi 的 USB 接口，外部就可以用它来连接设备了。

图 3-22 所示的是“模拟器”的内部构造。和图 3-21 比起来，这个图中的盒子旋转了 180°，因为开关线长的问题，无法从另一个角度打开盒子。这里的开关和 Raspberry Pi 是通过面包板连接在一起的，当然也可以直接将开关的线和对应的 GPIO 接口连接在一起。

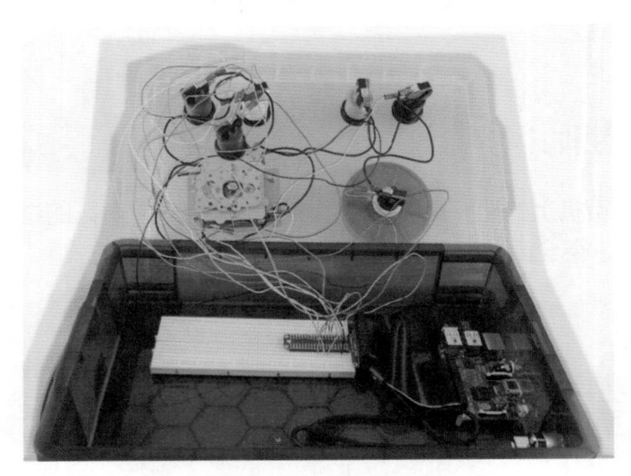

图 3-22 街机模拟器内部构造

请注意，这张图中的布线非常凌乱，主要因为它还是原型机版本，为了在调试过程中方便开启盒子，所有的线长都有意地冗余了，长一点的连线也让插入和拔出面包板的过程更加容易。如果想要让连接更加专业、稳固，可以将图中的简易跳线换成品质更高的线缆，或将它们分门别类用束线带扎好。

添加开关和摇杆

为了实现游戏的控制逻辑，我们需要一个四向的操纵摇杆。一般来说，摇杆有数字和模拟两种类型：数字摇杆内部只是简单的 4 个微动开关，输出信号指示当前摇杆的方向；模拟摇杆内部则是由电阻构成的，随着摇杆的移动，电阻值发生变化，可以准确检测摇杆的力度。本案例所使用的是比较简单的数字型摇杆，在一般的电子供应商或者电子商店都可以买到。

微动开关和轻触开关的原理类似，但是它的设计并不是直接让人与这个开关交互，而是通过其他机械元件触发。它常常被安置于机器内部，作为安全急停开关，或者一些其他元器件内部，如这个数字摇杆。

开关方面，我使用了 1 个超大按钮，5 个街机风格的按钮。它们的内部也是通过微动开关实现的，只不过外壳上增大了按钮的面积。对于这个“模拟火星登陆”的小游戏，实际上只需要使用到 1 个按钮，但是在后面的第九章中，我们将重复使用这个模拟器来操作 Minecraft，这时候其他的按钮就会派上用场。

连接开关

这个案例的电路连接相对简单，每一个按钮开关都被连接在相应的 GPIO 和地之间，连接方式和前一个案例相同，最终也会使用到 Raspberry Pi GPIO 接口内建的上拉电阻。

为了日后调试时方便连接和断开这些开关，我使用了 GPIO 线缆将它们转接到了面包板上。然后使用普通漆包线（跳线），剥去接头的绝缘层后，将裸露的铜线对折压入冷压端子连接器（母端），这样就可以连接按钮了。可以使用压线钳连接冷压端子，图 3-23 所示的是一种兼具压线和剥线功能的钳具。这样的连接方式可以不用焊接，也方便其他被连接元器件的日后重复使用。

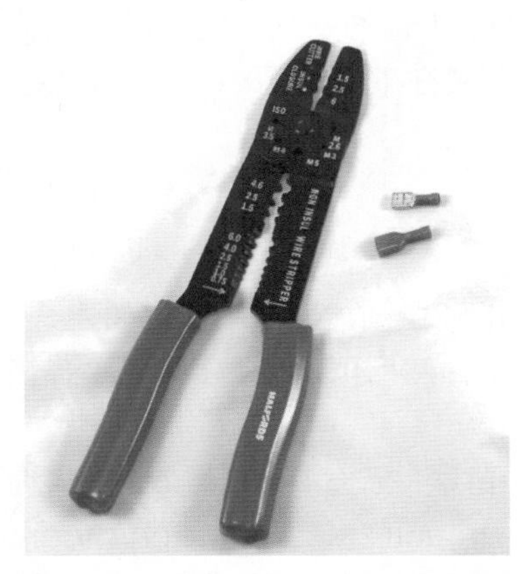

图 3-23　压线剥线钳和冷压端子连接器

所有按钮开关的一端引脚都需要接地（GPIO 的 Pin 6），另一端则连接到相应的 GPIO 接口。这些接口和开关的对应关系，如图 3-24 所示，括号中所标注的颜色是连接该开关和相应 GPIO 接口导线的颜色，这样做的目的是让它们之间更容易区分。

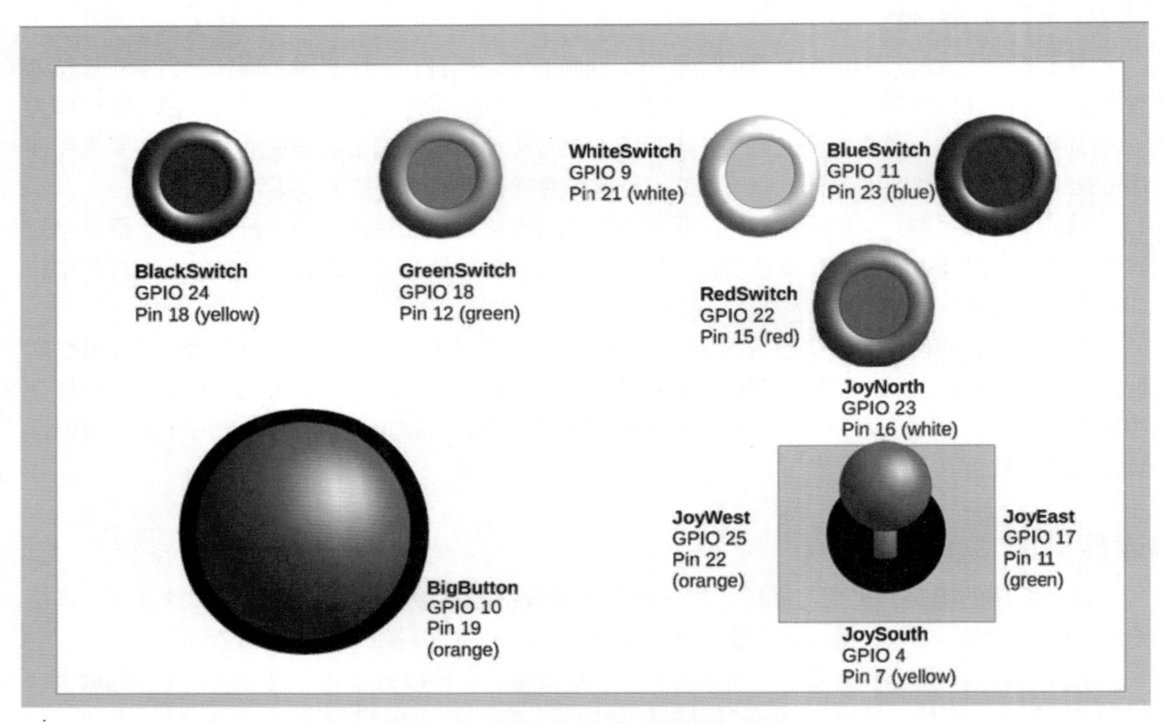

图 3-24　摇杆和不同按钮与 GPIO 的对应关系

有一点值得注意，摇杆的开关在物理上是对调的。也就是说当摇杆向左移动时，触发右边的开关，反之亦然；向下移动时，触发上边的开关，反之亦然。而上图中，摇杆的标注方式没有对调，也就说 JoyNorth 所对应的开关在下方，而 JoySouth 所对应的开关在上方，joyWest 和 JoyEast 同理。

创建游戏

现在我们来讲解如何在 Scratch 中创建这个游戏。创建一个新的 Scratch 作品，删除默认角色（右键单击角色，选择删除），然后再从创建舞台开始，在舞台的脚本中，所有使用到的 GPIO 接口都需要初始化。

选中当前默认舞台，在“多个背景”标签中单击导入。如果你下载了本书前言中所提到的“支持文件包”，选择 /home/pi/learnelectronics/ scratch/media/mars.jpg 文件。加载过程如图 3-25 所示，如果没有下载上述文件包，也可以选择 Scratch 默认素材目录 Nature 中的 Moon 背景。

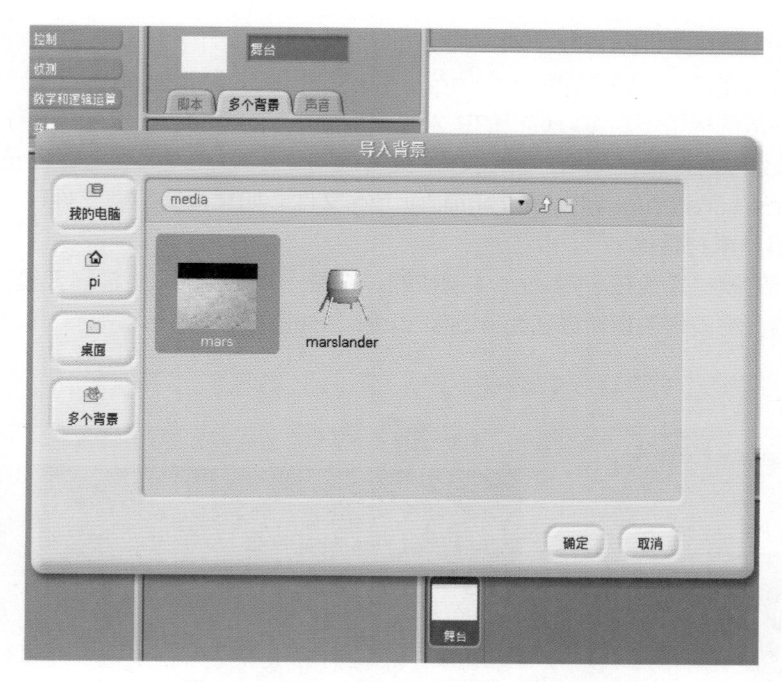

图 3-25　在 Scratch 中添加火星背景

设置完背景图片后，按图 3-26 所示的为舞台添加脚本。

图 3-26　舞台脚本

广播中的 config 命令用来将对应的 GPIO 设置为输入状态，首先是大红按钮，然后是摇杆的 North、East、South 和 West。

接下来脚本会等待大红按钮按下，按下按钮后，GPIO10 的输入值会变为 0，所以程序继续执行，发送广播信息 startlander，开始游戏。

舞台脚本添加完成后，单击绿色小旗运行。现在的程序并不完整，但是运行一次后，能让其他需要 GPIO 参数的标签更新可以选择的输入源在后面更加容易操作。

接下来添加太空舱，单击“从文件夹中选择新的角色”，然后选择 /home/pi/learnelectronics/scratch/media/marslander.jpg 文件，如果没有下载文件包，则可以选择合适的 Scratch 默认素材替代。

这个太空舱的素材是我在 Blender 中制作的，它是一款免费的 3D 建模工具。

添加完成后，将该角色重新命名为 marslander，如图 3-27 所示。

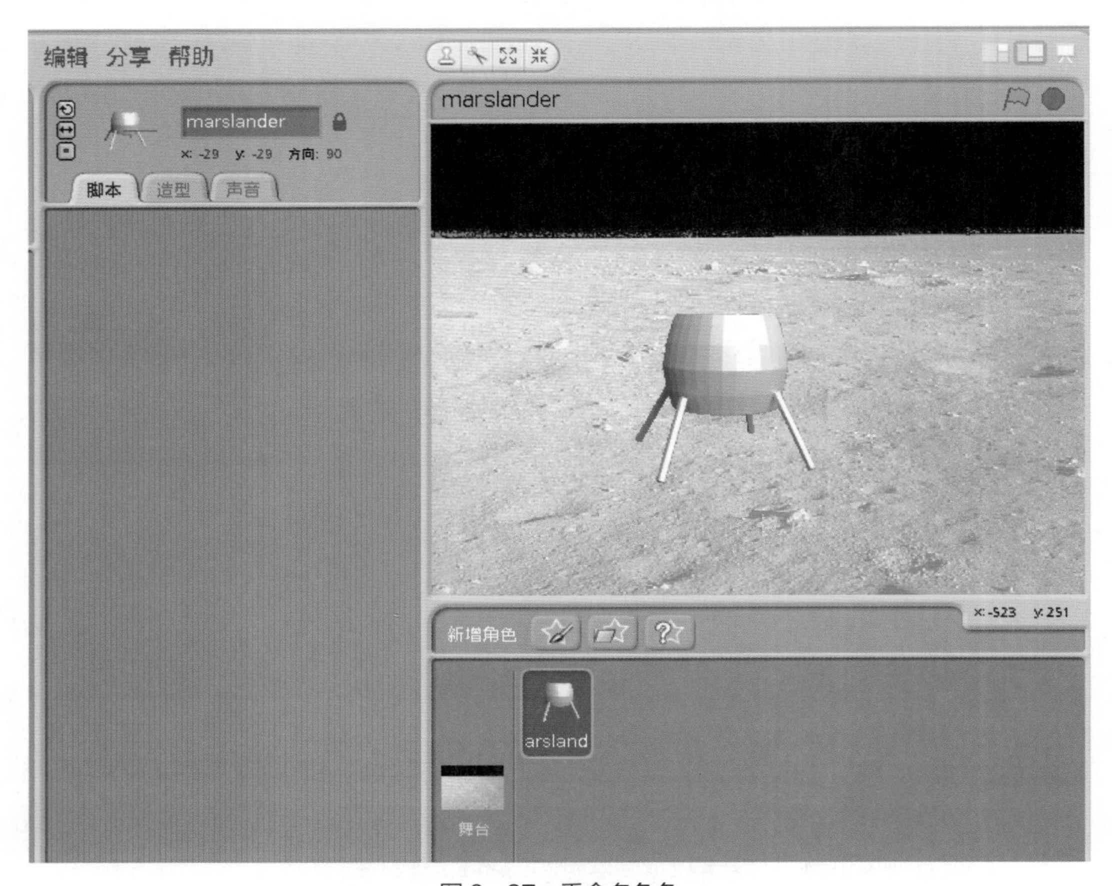

图 3-27　重命名角色

为角色 marslander 添加如图 3-28 所示的脚本。

这段脚本看起来很长，但是应该不难理解。脚本的第一部分由三个元素标签构成，当检测到绿色小旗被单击后，首先将太空舱移动到屏幕的正上方，然后显示一条提示语，提示用户按下红色按钮开始游戏。

接下来的元素标签是“当接收到……”，这个标签的作用是用来检测广播信息的，如果没有检测到所期望的广播信息，程序会锁定在该标签，直到用户按下红色按钮，相应广播信息出现，程序继续执行。该标签后面的内容大部分包含在一个重复执行标签内，其中的内容会重复运行，直到 marslander（太空舱）运动到屏幕的底部。

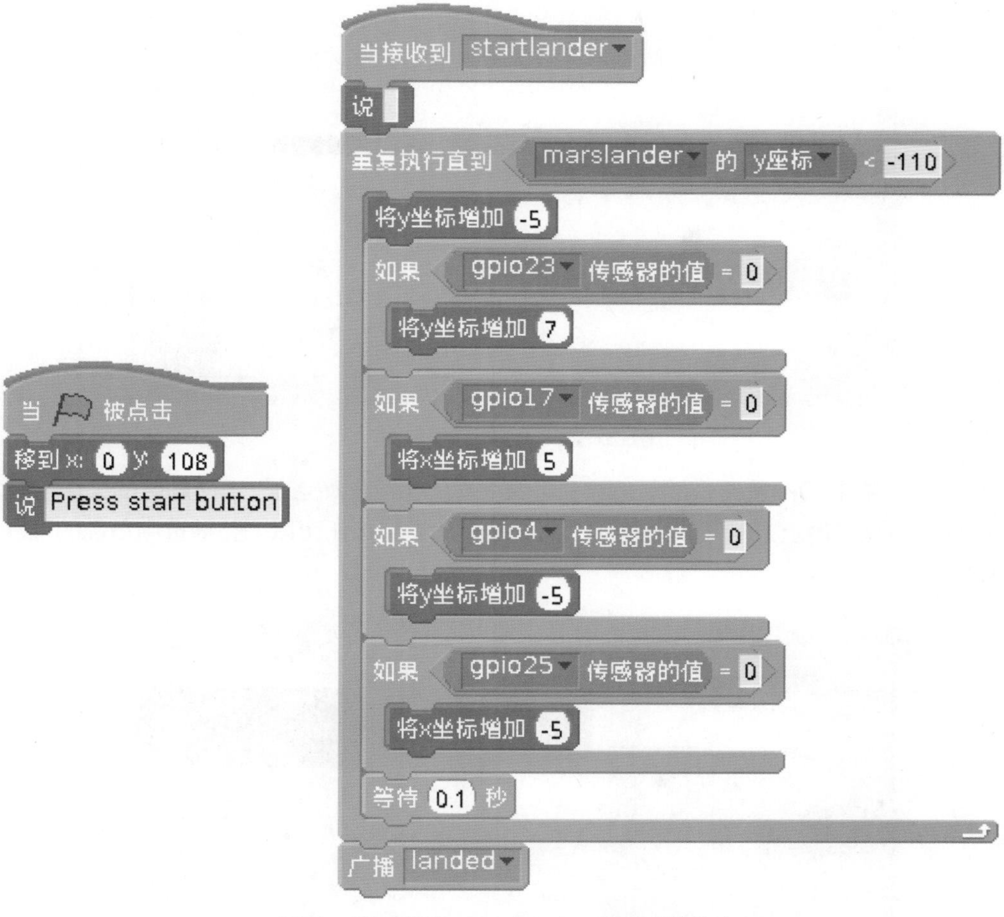

图 3-28　角色 marslander 所对应的脚本

在循环中，每执行一次，太空舱的高度下降 5 个像素，然后逐次检测数字摇杆各个开关的状态，根据当前被触发的开关，改变太空舱的运动方向。如当摇杆处于左上方时，程序会将太空舱向左移动 5 个像素，向上移动 7 个像素。最终当太空舱到达屏幕底部时，该循环结束并发送广播信息。

至此，我们还需要再创建一个角色，那就是太空舱的“着陆板”。和之前创建角色的方式不同，这个角色非常简单，可以自己绘制。在角色框单击“绘制一个新的角色”即可打开角色编辑窗口，如图 3-29 所示，我绘制了一个纯黑色的矩形框，但我相信，你会比我画得更好看。

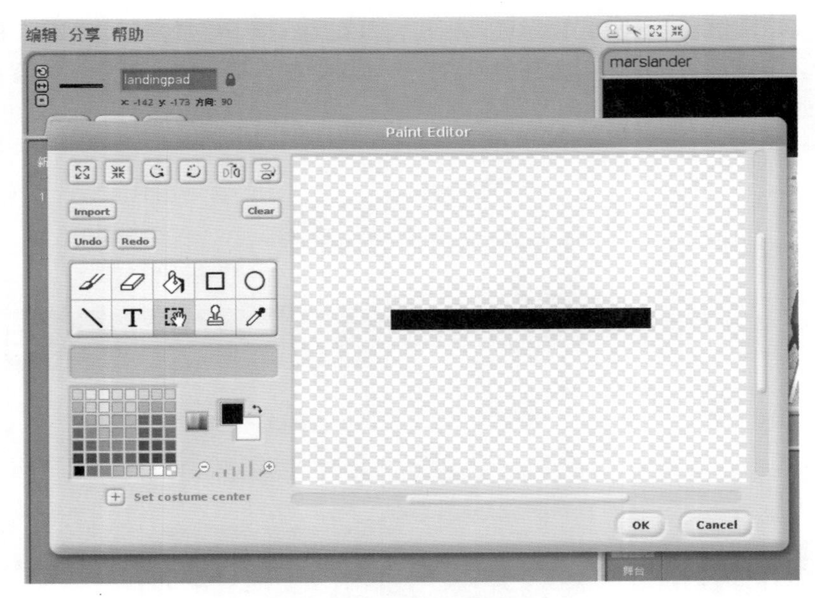

图 3-29　绘制“着陆板”

绘制完成后单击 OK 按钮，然后将该角色命名为“landingpad”，该角色的大小应当和太空舱相匹配，通过舞台上方的“放大角色”和“缩小角色”按钮可以调整被选中角色的尺寸，如图 3-30 所示。

图 3-30　调整“着陆板”的尺寸

有了着陆板角色，我们需要为它添加相应的脚本。脚本的第一部分是设置该着陆板的初始位置，第二部分就是检测太空舱的位置。第一部分如图 3-31 所示。

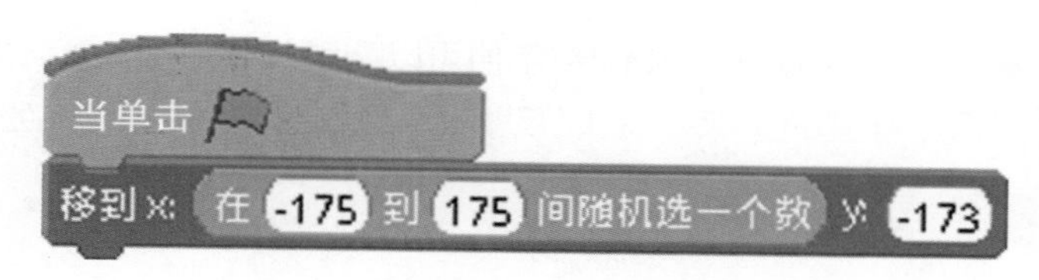

图 3-31　landingpad 脚本的第一部分

该段脚本会在用户单击绿色小旗后开始运行，它会在屏幕底部设置一个随机位置，所以 y 的坐标是固定在 −173 的，而 x 的坐标则在 −175~175 之间随机选择，这个范围相比于屏幕的宽度是略小的，这是为了保证能让着陆板完整地在屏幕内显示。第二部分的脚本内容如图 3-32 所示。

图 3-32　landingpad 脚本的第二部分

第一眼看去可能会觉得该程序有点奇怪，在“如果……”的条件框中有很多个不同的检测目标，所以它看起来很长，但如果仔细观察，应该不难理解。

这段脚本需要太空舱角色所发送的广播信息来触发，也就是说只有当广播信息“landed”发送后，这里才开始执行条件判断，条件判断的内容是太空舱的位置和着陆板的位置。介于要想让两者精确地重合是不太容易的，所以检测条件是判断它们是否重合在一个给定的范围内。用于判断该范围的表达式如下：

```
太空舱 marslander 的 x 坐标 < 着陆板 landingpad 的 x 坐标 + 15
和
太空舱 marslander 的 x 坐标 < 着陆板 landingpad 的 x 坐标 - 15
```

第一个条件用于判断太空舱是否在着陆板左边 15 个像素内，反之，第二个条件用于判断太空舱是否在着陆板右边 15 个像素内。如果两个条件同时满足，说明太空舱在着陆板中心 +/−15 个像素的范围内，可以理解为重合。

接下来将显示“safe landing”（安全着陆）；如果以上检测条件不符合设定范围，则显示“Missed the landing pad”（着陆失败）。

测试游戏

单击绿色的小旗，然后按下最大的红色按钮开始游戏。操纵摇杆移动太空舱，向上推动能够使其缓慢向上移动，而向下则会加速下落。最终只有将太空舱降落在着陆板上，游戏才算成功。

游戏的难度取决于移动速度和降落范围的设定。通过改变循环中“等待”标签的值可以改变游戏速度，改变“如果……”条件判断框中的数字值可以调整降落范围，默认范围是 +/−15 之间，缩小该范围会提高对降落准确度的要求，增加游戏难度，反之则会让游戏更加简单。

本章小结

这一章我们以一个最基本的“开关 -LED”电路为基础，以游戏为载体，学习了如何使用 Raspberry Pi 与外部电路交互。

所有的这些游戏案例都是非常基础的，读者可以根据自己的喜好，将它们扩展为自己所设想的样子。比如机器人守门员游戏，可以被延伸为其他球类游戏；太空舱登陆火星的游戏，又可以被延伸为在公园降落的热气球等。

除了修改主题，还可以将游戏做得更加逼真，比如修改下降速度来模拟不同的重力加速度，添加风速等干扰元素等。

下一章，我们将使用 Python 语言替代 Scratch，以此可以控制功能更为强大的外部电路。在第九章中，我们还将重复使用到本章所制作的“街机模拟器”来与 Minecraft 进行交互。

第四章

使用 Python 控制交互：GPIO Zero 模块入门

本章我们将会集中讲解一些与灯光相关的应用，但这里的灯光应用不会像只有一个开关的台灯那样无聊，我们是要通过这一系列的应用，学习如何通过 Raspberry Pi 对灯光进行控制。在这个过程中，我们会学习到一个非常重要的电子元器件——三极管。本章会介绍一些不同型号的三极管，这些三极管将取代 GPIO 来控制更大功率的发光元器件。

在第三章中，案例都使用了图形化编程语言 Scratch，但是从本章开始，我们将使用传统的文本编程语言 Python。虽然文本编程语言会有一些语法，但对于 Python 而言，只要有一个基本的了解就可以很快上手，不会比图形化编程语言难得太多。在后面的章节中，我们将使用 Python 创建一个图形化的程序。

在本章中，我们将会使用到 Python 的 GPIO Zero 模块，通过该模块中的函数，可以非常简单地操作 GPIO 接口。为了保证学习过程的顺利进行，请将 Raspbian 操作系统更新到最新版本，具体步骤请见本书前言部分。

电源

在接下来的灯光相关案例中，电源是至关重要的。在前面的例子中，GPIO 端口直接充当了电源，为 LED 提供发光所需的电流，这在元器件对电流要求较低的情况下是没有问题的，但是对于本章中将会使用到的功率较大的发光二极管，GPIO 端口的输出功率则是远远不够的。

下面我们介绍几款不同的电源方案，它们可以为功率较大的 LED 和连接在 Raspberry Pi 的外部电路供电。在我们所制作的电路中，共同特点是它们都是 DC 电路，而对于供电电源而言，它们则都是 AC 电路。DC 的含义是直流电，也就是前面章节中所介绍的，电路中有正极和负极，电流是从电源的正极流出，最终经过用电器回到电源的负极，构成完整回路。AC 的含义是交流电，电流的方向在不断改变，在给定的时间内，电流有一半的时间在向一个方向流动，而另一半的时间电流则向反方向流动。大多数的交流电源的频率是 50Hz 或 60Hz，这个参数表明该电流方向在 1 秒内改变 50~60 次。本书中所介绍的电路基本都是直流电路，而问题在于，家庭用电都是交流电源。以下的内容都假设我们需要用直流电流为电路供电。

Raspberry Pi +5V

如果仔细观察 Raspberry Pi GPIO 引脚的功能分布图会发现其中有一些引脚被标注为 5V。之前我们提到过，GPIO 的输出高电平为 3.3V，那么这个 5V 意味着什么？实际上这个 5V 的引脚是一个恒压电源，它可以用来驱动一些功率较小的外部电路。该引脚还有一个用途，用户可以从这个 5V 引脚给 Raspberry Pi 供电，取代 USB 供电。虽然该引脚可以提供一个 5V 电源，但本章所涉及的案例不会使用该电源，尤其是针对版本比较老旧的 Raspberry Pi。但在本书后面的章节中，我们会使用该电源驱动一些功率较小的外部电路。

USB 电源适配器

使用一个独立于 Raspberry Pi 供电电源的 USB 电源是一个不错的方案。例如使用智能手机的 USB 充电器，它们随处可见，价格也十分便宜。在使用这种电源时，需要额外购买一个可以将 Micro-USB 接口转换为 2.54mm 排针的接口转换器，图 4-1 所示的就是这类转换器中的一种。除了这种 Micro-USB 接口转换器，也可以选择直接转接标准 USB 接口的转换器。

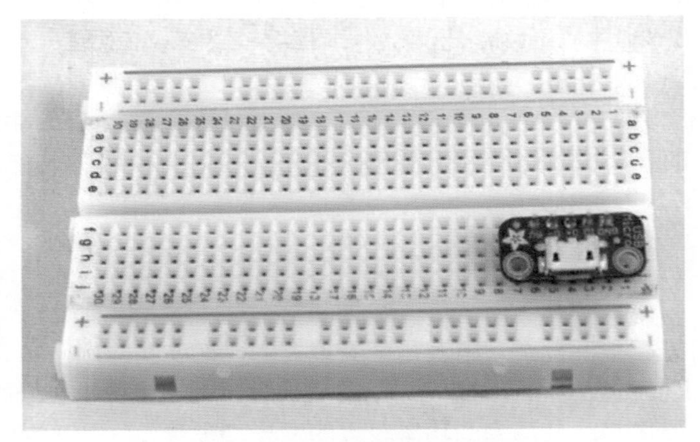

图 4-1　Micro-USB 接口转换器

在使用这类电源适配器之前，请首先查看它的标识参数，确保能提供足够的电流。一款质量过硬的手机充电器，应该在 5V 的情况下至少能够提供 1~1.5A 的电流。由于手机电源适配器市场鱼龙混杂，而其质量好坏直接关系到使用者的安全和电路的稳定，所以我以我个人的名义推荐大家尽量在一些口碑较好的电子供应商购买这类电源适配器，把风险降至最低。官方版本的

Raspberry Pi 电源适配器（如图 4-2 所示）是值得推荐的一款，它由 Stontronics 公司设计制造，带有多个适合不同国家的电源转换插头，最大提供 5V、2A 的输出能力。

图 4-2　USB 电源适配器

其他外置电源

在外部电路电压要求为 5V，电流要求又不高的情况下，USB 电源适配器无疑是最好和最便捷的选择。但如果电路同时存在多个不同的电压需求或者需要的电压高过 USB 电源适配器所能提供的电压，这时就需要选择其他类型的电源为电路供电。

这类电源适配器的形式有很多种，常见的就是类似于手机充电器的充电头，或者类似于笔记本电脑电源的“电源砖”。这些电源适配器的输出电压大多是恒定的，有少数集成了电压选择开关。我个人使用一个能够选择多种输出电压的电源适配器，而本书中的大部分案例只使用到 5V 和 12V 电压，所以为了保证顺利学习接下来的案例，读者最好能够准备一个 5V 的电源适配器。图 4-3 所示的是一种型号的 5V 直流电源适配器。

图 4-3　5V 直流电源适配器

“电源砖”一般由三个部分组成：连接至墙壁插座的输入电源线、电源适配器本体和电源输出线。大多数情况下，电源输出线的接口型号是 DC5.5*2.1，这类接口通常是由一个中心针和套筒组成的，以上参数中的 5.5 是指接口套筒的直径为 5.5mm，而 2.1 则表示中心针的直径。对于这个型号的接口，中心针所连接的是电源的正极，而套筒则连接电源负极。这是一个普遍的规律，但不一定适用于所有情况，所以在使用之前，请务必检查适配器上的参数标识。图 4–4 所示的标识表示该电源输出接口为“中心正极”型。

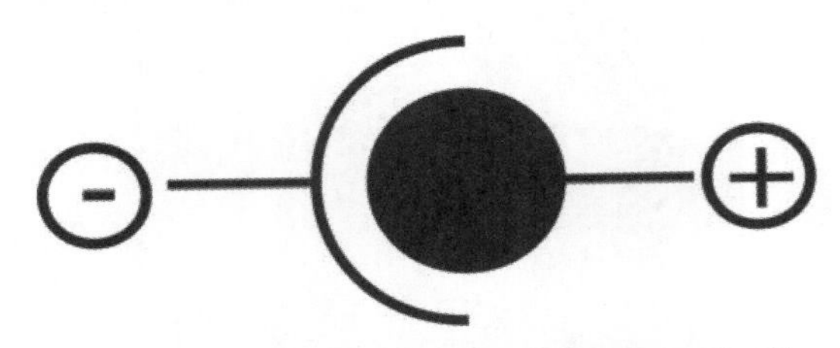

图 4–4　“中心正极”型直流电源适配器标识

在使用这类电源适配器时，还需要注意直流和交流标识，我们所需要的是 DC（直流）型，有一些电源适配器虽然输出电压为 5V 或 12V，但它们是 AC（交流）型。在使用电源时，不仅需要确保它的输出电压符合要求，还要确保它的最大电流输出能力能够支撑整个电路的需求。一般情况下不要使用高于电路需求电压的电源，除非这个高出来的电压在电路允许的输入范围内。

为了将此类电源连接进入通用的电路，可能需要使用到一个母口转接器，它能将电源适配器的输出接头转换为电源端子，更方便连接使用面包板构建的电路。图 4–5 所示的是一种型号的 DC 接口转换器。

图 4–5　DC 接口转电源端子

安全的 USB 电源适配器可以通过可靠的电子供应商购买，而其他类型的电源适配器（如 5V 或 12V）由于电压较低，所以它们在通常情况下也是安全的。质量较好的电源适配器内部含有短路和过载保护，但即便如此，最安全的用法还是不要使它们短路或者过载。所以请务必确保电源适配器的参数是能够支持其适配电路参数的。作为对电路的保护，可以在电路中加入保险丝。本书后面的“迪斯科雾灯”案例将会对保险丝的相关知识进行讲解。

家用电

对于能力较强的读者而言，他们可能会选择自己制作电源适配器，直接从家用电电源转换出自己需要的低压电。但是除非你是专业的电源设计人员，否则不推荐这么做。

家用电是非常危险的，如果连接出现问题，很容易触电，严重的甚至引起火灾。在自己缺乏专业知识和专业能力的情况下，请使用产品级的电源适配器，避免直接接触高压电源。

■ **小心：**非专业人员请不要将自己制作的电路直接连接到家用电源。

电池

在第八章中，我们使用了电池为 Raspberry Pi 供电。如果外部电路的功率较小（电流极低），可以选择使用电池对其供电。使用电池的好处是电路可以移动，不再受电源线长度的限制。而在使用电池时请确保电池的电量充足，如果连接电池后电路不工作或工作不正常，可能需要对电池进行充电或者更换一个新的电池。

使用三极管让 LED 更亮

在第三章中，我们制作了一个简易的 LED 电路，直接将其连接在 Raspberry Pi 的 GPIO 接口上。这种情况在 LED 的功率较小时（工作电流在 10mA 左右）是没有问题的，但是当 LED 功率有所提高后，它的工作电流也会增大。而 Raspberry Pi 的 GPIO 接口最大只能提供 16mA 的电流输出，如果同时有多个消耗电流的元器件连接在 GPIO 接口上，其能提供的电流输出会更小。

同样的 LED 在极限范围内通过的电流越大，亮度越高。本案例继续使用前面使用过的 10mm 灯珠，但将赋予其 20mA 左右的电流，使其亮度更大，显然 20mA 的电流需求已经超过了 Raspberry Pi GPIO 接口的输出能力。为了能够给 LED 提供更大的电流，这里将会使用到三极管，读者们可以将其理解为一个“电流放大”元器件。

■ **注意：**在数字电路中，电压的高低并不是考虑的重点，因为它因元器件的种类和电路的电源不同而不尽相同。取而代之，数字电路使用“高电平”和“低电平”描述信号特征，这是一种逻辑特征。“高电平”一般表示电压接近该电路的正级输入电压，而“低电平”则表示电压接近参考电压，或者说是 0V。有时，“高电平”和“低电平”也被简化描述为“开”和“关”。

晶体管和三极管

晶体管是一种半导体元器件，所谓半导体，就是在一定的条件下它具有导体的特性，允许电流通过，而在其他的情况下，它又能有效阻止电流通过，展现出一些绝缘体的特性。这个“半导通”的特性对于电路来说十分重要，计算机处理的高效率工作就是基于这样的特性。

一般来说，晶体管可以分为两大类——双极结型晶体管（BJT）和场效应晶体管（FET）。其中前者也被称为三极管，是本小结关注的重点；后者也被称为 MOS 管，将会在本章的稍后介绍。

晶体管中最基本的就是双极结型晶体管，也就是电子工程师们常说的 NPN 型三极管（NPN 是指双极结的类型，与之类似的还有 PNP 型）。三极管，顾名思义拥有三个端口，它们分别被称为集电极、基极和发射极（分别使用字母 C、B 和 E 表示，C 取自英文 Collector，收集；B 取自英文 Base，基本；E 取自英文 Emitter，发射）。当在三极管的基极上加一个微小的电流时，在集电极上可以得到一个是注入电流 β 倍的电流，即集电极电流。集电极电流随基极电流的变化而变化，并且基极电流很小的变化可以引起集电极电流很大的变化，这就是三极管的放大作用。在给基极施加特定的信号时，三极管可以被理解为一个“电子开关”。这种特定信号主要是将三极管置于两种不同的工作模式，一种模式被称为“截止”，此时集电极没有电流；另一种则被称为“饱和”，此时集电极电流达到最大。图 4-6 所示的是一种使用三极管控制 LED 的电路。

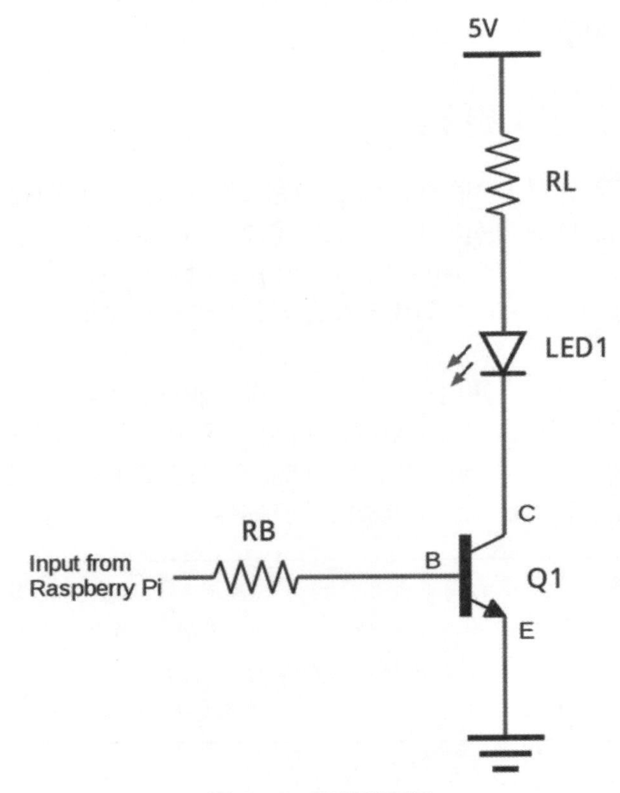

图 4-6　三极管开关

图 4-6 所示的电路和之前章节中的电路大有不同，在前面的章节中，电路都是以面包板实物图的形式呈现，而上图则是以符号的形式呈现，这种形式的电路图一般被称为“电路原理图”。在本章稍后的内容中，我们将对此电路图进行分析，而现在，只需要大家对各元器件的连接关系

有一个基本的了解。

在该图中，有两个电阻，分别被标记为 RB 和 RL；LED 被标记为 LED1；三极管被标记为 Q1。Raspberry Pi 的 GPIO 接口通过电阻 RB 连接到三极管的基极。当 GPIO 被置为高电平时，电流从 GPIO 流出，经过电阻，流入三极管的基极，从发射极流出。这个电流将三极管置于开启状态，从而有电流经过电阻 RL 后流经 LED 珠，然后从三极管的集电极流入，发射极流出。这个电路中的 5V 电源是独立于 Raspberry Pi 供电电源的，但它们的地（0V）是连接在一起的。

当把一个三极管当做电子开关使用时，需要关心的参数就是它的最大允许通过电流值，该电流值称为集电极电流（一般在数据手册中使用 I_C 表示），而同时，另外一个比较重要的参数就是“放大倍数”，使用 h_{FE} 表示。除此之外，要想给出正确的基极电流，还需要知道集电极和发射极之间的电压，但在决定选用哪一款三极管时，该参数不是非常必要。每一种不同的三极管都有它自己的数据手册，参考数据手册可以看到所有关于该元器件的重要参数。关于这些，本书的第十一章将会有更加详细的解释。

对于本章的这个示例电路而言，有很多不同的三极管可供选择。而在实验的过程中，我只对两种型号的三极管比较感兴趣：2N2222（更具体一点来说是 P2N222A）和 BC548，这两种型号是电子爱好者们比较常用的。在计算本电路所需要使用的电阻时，只需要用这两种型号中的一种即可。如果两种都可以购买到，也不妨尝试一下交叉使用，这样可以直观地感受不同型号三极管的不同之处，为未来自己设计电路提供可以参考的经验。

选择三极管的时候，首先需要考量的是“适配性”。如 2N2222 能够允许通过最大的电流是 600mA，而 BC548 则只允许 100mA 通过，但显然这两者对于只需要 20mA 的 LED 而言都是足够的。

“放大倍数”所表示的是三极管“集电极 – 发射极”之间的电流相对于“基极 – 发射极”之间的电流的倍数，该参数的大小取决于许多不同的因素，同样取决于不同的制造工艺。在这里以 2N2222 为例，它的电流放大倍数是 75，而 BC548 为 110。如果取最低值，那么也意味着，流经集电极的电流将会是流经基极电流的 75 倍。在接下来的内容中，我们将以 2N2222 为例进行相关计算，但是实际上两个三极管都可以应用于本案例。

计算电阻值

这里主要讨论如何确定该电路中两个电阻的阻值。电阻 RL 用来限制 LED 和三极管的电流，这里的限制不仅是为了控制 LED 的功率，主要是用来防止过大的电流对三极管和 LED 造成不可逆的损害。

要想知道合适于 RL 的电阻值，首先需要知道它所分担的电压。该电压应该由电源电压减去 LED 和三极管所分担的电压。三极管上的电压取决于其制造工艺和流经的电流，在三极管的数据手册中可以找到“集电极 – 发射极电压”$V_{CE(sat)}$。通过查表，可以看到这个电压约为 250mV，接下来将会用到该值。

总结一下，现在已知的参数如下：

- 电源电压：5V
- LED 分压：3.3V
- 三极管分压：250mV

由此可得电阻 RL 两端的电压为 5V − 3.55V = 1.45V。

接下来使用第一章中所介绍的欧姆定律，通过 V/I 计算电阻值：

$$1.45V/0.02A = 72.5\Omega$$

在 E12 电阻包中，找到刚好大于 72.5Ω 的标准电阻，所以最终选择 82Ω。

现在已知了电阻值，可以反向再次计算一次电流，确保万无一失。使用欧姆定律 V/R，可以得出电流为 1.45/82 = 18mA。

如果没有 82Ω 的电阻，也可以选择 68Ω，这样的话工作电流为 21mA。这个 LED 所能承受的最大电流为 30mA，所以电阻值只要能将电流保证在这个范围内，都不会损坏 LED。在数字电路中，大部分时候不需要精确地满足某个参数条件，只要最终能够保证目标值在允许范围内即可。

接下来计算 RB 的阻值。RB 串联在三极管的基极，所以首先需要知道的就是流入基极的电流大小。由于上一个步骤已经知道了流经三极管“集电极 − 发射极”的电流，即 I_C，所以可以通过三极管数据手册中的“放大倍数”（h_{FE}）计算出基极电流，这里使用的三极管是 2N2222A，20mA/75 = 0.3mA。

一般情况下，为了确保三极管能够工作在饱和状态，需要将理论计算得出的基极电流值乘以 10。以上则需要将 0.3mA X 10，所以最终需要给基极施加的电流为 3mA。

现在已知的参数如下：

- GPIO 高电平电压：3.3V
- 三极管“基极 − 发射极”电压：0.7V

电阻 RB 两端的电压值为 GPIO 高电平电压减去三极管“基极 − 发射极”间的电压，3.3V−0.7V = 2.6V。

根据欧姆定律，2.6V/0.003A = 866Ω，在电阻包中找到 1kΩ 或 820Ω 即可。我使用了 1kΩ，最终得到的基极电流为 2.6mA。尽管需求的电流为 3mA，但这是乘以系数 10 以后的结果，所以 2.6mA 也应该能够将三极管置于饱和状态。

最终两个电阻的阻值分别为：

- RL = 82Ω
- RB = 1kΩ

最终电路的面包板布局图如图 4−7 所示。

从图中可以看出，有一个 DC 电源插座连接在面包板上，读者在制作电路的过程中可以根据自己的实际情况，选择方便找到的电源适配器（参考本章的电源部分）。接入电源适配器的时候请注意极性，红色的线连接在正极。三极管的方向也需要注意，图 4−7 中三极管扁平的一方对着前方。对于三极管 2N2222 和 BC548 而言，电路布局相同，但如果使用其他型号的三极管，电路布局可能需要作出相应的改变。LED 的方向也非常重要，请确保它的极性连接正确。

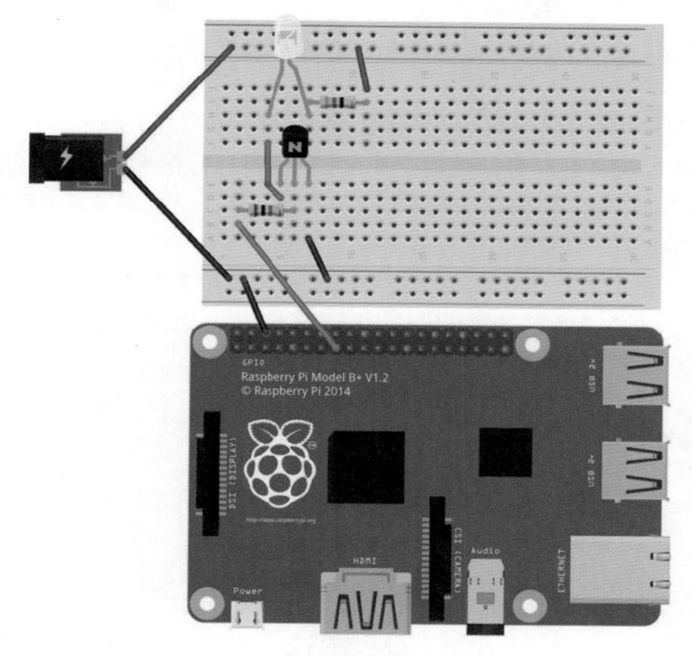

图 4-7 LED 电路的面包板布局图

GPIO 方面，这个电路使用了与前一个案例中一样的引脚，GPIO22（物理位置 15 号引脚）。如果想要测试这个电路，可以直接使用第三章案例的 Scratch 程序（见图 3-7）。接下来我们将学习如何使用功能更为强大的 Python 语言编写程序。

Python 入门

Python 是款非常流行和易用的文本编程语言，从工业应用到编程教育，它的身影无处不在。从语言的类型来说，Python 是一种面向对象的解释型计算机程序设计语言，它的代码由 Python 解释器运行。本章的案例是基于命令行形式的，但在稍后的第六章中，我们将使用 Python 编写带有图形用户界面（GUI）的程序。

由于本书篇幅有限，不可能对 Python 进行全面而详细的介绍，本章只对接下来将使用到的基础知识进行讨论。对于一些 Python 编程零基础的读者而言，市面上有很多可供选择的讲解 Python 编程的图书，比如《Python 编程基础》，作者 Kent D.Lee（出版年份：2015）。

Raspberry Pi 上面默认安装了 2 个不同版本的 Python：一个是 Python 2.7，这是老一代的 Python 中的最新版本；另一个是 Python 3，这是一个与老版本不兼容的全新 Python。目前有不少的程序代码都可以同时支持这两种 Python 版本的运行，但是也有一些只能运行在其所设计的版本下。我推荐大家使用最新的 Python 3，因为很显然，尽管现在一些程序还是运行在 Python 2.7 下，但未来会有越来越多的程序开始全面支持 Python 3，学习 Python 2.7 会有一些过时。本书中的案例代码都是基于 Python 3 的，在我编写本书调试程序时，所使用的 Python 版本为 3.4.2。但不用担心，未来 Python 的更新仍将会兼容所有基于 Python 3 编写的程序。

如前面所提到的，Python是一款基于文本的编程语言。如果在之前只有一些关于图形化编程，诸如 Scratch 的编程经验，在一开始使用文本编程语言时会有一段时间的过渡期，但是这个时间不会太久。对于文本编程语言来说，一旦入门了基础内容，后面的学习会变得非常轻松。

既然是文本编程语言，编写程序就需要使用到编辑器，我推荐使用 Python 官方的集成开发环境 IDLE，但使用其他的文本编辑器来创建 Python 代码也是完全可行的，只是官方的编辑器更加便捷，比如可以直接运行编写完成的代码。IDLE 包含在主菜单中的“编程”菜单中，如图 4-8 所示。

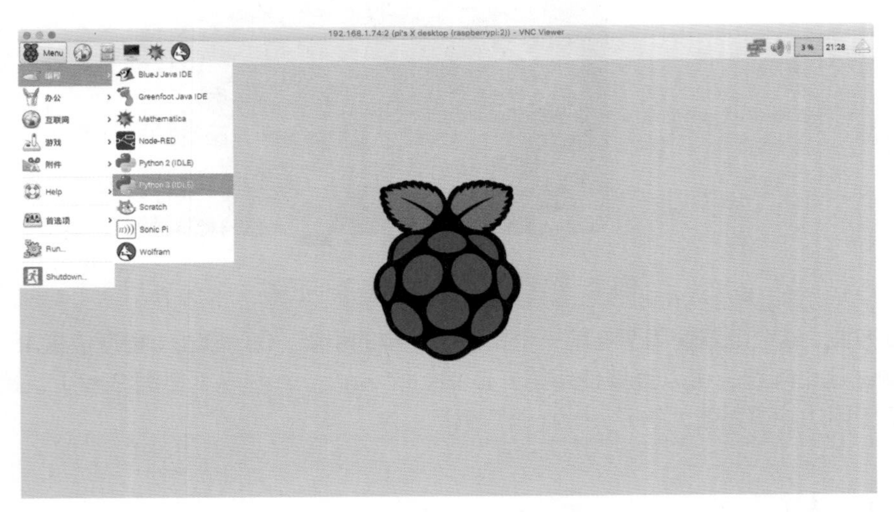

图 4-8 启动 Python 3 IDLE

运行 Python 3 IDLE 后，弹出的窗口叫做 Python Shell。这是一个交互命令行，在这里可以直接运行 Python 指令。对于一些比较短小的程序来说，这个窗口可以用来快速地验证它们，或验证某个函数的功能，但对于大篇幅的程序代码，还是需要使用到 IDLE 的文本编辑器。单击菜单栏中的 File->New 会创建一个新的文本编辑窗口，我推荐在编写程序的过程中将两个窗口并排放置，这样 Python Shell 窗口可以随时对目标程序进行测试。如图 4-9 所示，左边的窗口是 Python Shell，右边的窗口是文本编辑器。

同时拥有两个窗口会让编程过程更加高效，当文本编辑器中的代码完成后，首先保存，然后可以在 Run 菜单中选择 Run Module 运行当前程序，此时 Python Shell 窗口将会显示程序的运行结果或者给出相应的错误信息。

在文本编辑器中写程序代码的过程和使用 Scratch 编程的过程还是有些许相似之处的，它们都需要遵守一些确定的规则。

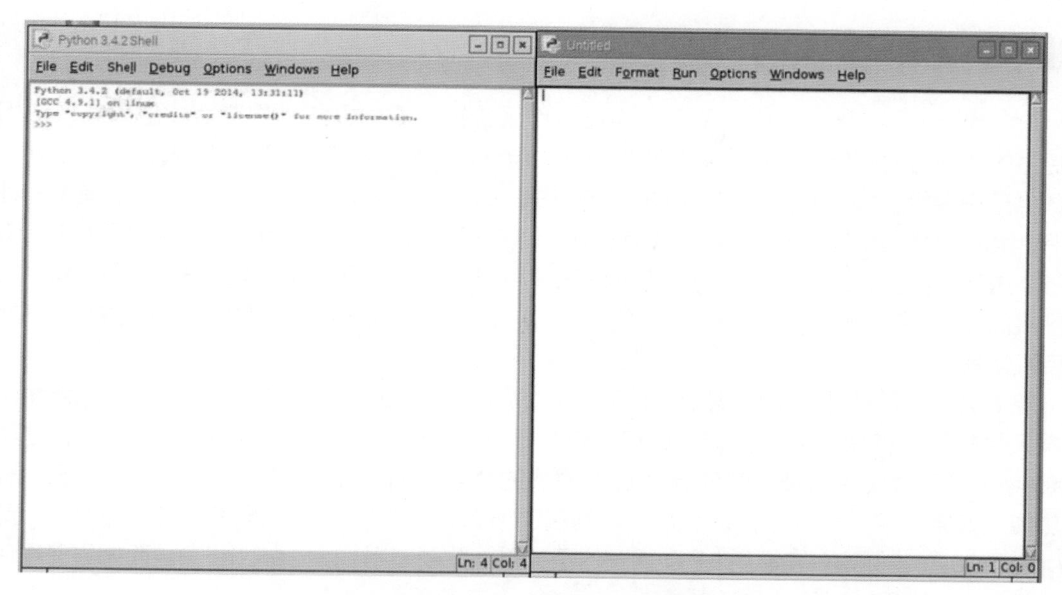

图 4－9　Python Shell 和文本编辑器

在 Python 中，“缩进”是非常重要的，而它的衡量标准是空格的数量。在其他的编程语言中，很少有对缩进如此严格的要求。例如 C 语言和 Java 语言，在每行代码中，正式内容前的空格都是被编译器忽略的。但在 Python 中，缩进用来表示语句间的相互关系，如该段代码是否包含在一个 if 条件判断、循环或者函数中。Python 对于空格键和制表符的理解是不相同的，默认情况下，IDLE 会将 1 个制表符替换成为 4 个空格符，所以用制表符来缩进语句是非常好用的。在解释代码的过程中，Python 会自动忽略空白行（没有任何字符只有空格的行）。

对于 Python 和其他编程语言来说，在代码中，大小写是敏感的。这就意味着比如在程序中定义了一个名叫 MyVariable 的变量，而在后面的代码中调用的是 myvariable，由于大小写敏感，这两个变量不是一致的，所以程序会报错。

在任何一行的结尾加入“\”都意味着这一行的程序将在下一行继续执行，比如这个例子：

```
sum = value1 + \
value2 + \
value3
```

该程序虽然有三行，但是在实际执行的过程中它们是一行语句。在本书案例的代码中，我很少使用这样的方式。但如果有时一行不足以表达整个语句时，这个写法就非常有用了。

最后一个比较重要的语法是“#”，该符号用来为程序书写注释，在代码运行的过程中，“#”后面的内容会被解释器忽略。除了添加注释，该符号可以用来调试代码，比如在编写代码的过程中，对于同一个目标，可以尝试不同的方式，这时就可以将其中的一些部分注释用来参考，又不用删除代码，还可以改变注释的语句用来分开调试。

关于 Python 编程的更多知识，将在第六章中进行讨论。

GPIO Zero 入门

Raspberry Pi 最大的优点是可以通过操作系统控制 GPIO 与外界交互，但如果只使用系统提供的控制方式，那控制程序将会非常复杂。但幸运的是，有一些已经将底层控制组织好的库函数供用户使用，极大方便了 GPIO 的控制过程，GPIO Zero 就是这些库函数中的其中一种，在 Python 中我们将其称为 GPIO Zero 模块。这个模块基于原有 Raspberry Pi 系统模块 RPI.GPIO 进行了再次封装，让用户更容易理解和使用。使用 GPIO Zero 的过程就是调用其“应用程序接口”（API）的过程，本书不会对所有的 API 都做详尽的介绍，只在下文进行简短的总结，以启发读者。

在 Python 代码中使用模块的时候，首先需要将它加载，使用语句 import gpiozero，如果只是想加载模块的部分内容，则可以使用语句 from gpiozero import <name>，这里的 <name> 需要替换成为被加载的具体功能模块的名字（如 LED）或者一个 * 号，表示加载全部功能。如果使用前一种方式加载模块，则后面所有关于该模块中函数的调用都需要加上前缀“gpiozero.”。例如，在调用 LED 相关的函数时，需要使用 gpiozero.LED。而如果使用后一种加载方式，调用功能函数时不需要“gpiozero.”的前缀。

关于 GPIO Zero 的更多介绍，欢迎参考 python 官网。

下面是一个简单的使用 GPIO Zero 创建的程序，它的功能是用来闪烁 LED。请注意，虽然程序中的函数是以 LED 命名的，但控制 LED 的过程其实很简单，就是将 GPIO 端口置于高电平或者低电平即可（也就是“开”或“关”）。所以对于其他只需要 GPIO 做开关变换的应用而言，LED 函数也是可以直接使用的，如用这个函数来控制三极管的开关。如果不想使用 LED 函数实现非 LED 的 GPIO 开关操作，可以使用函数 OutputDevice 或者 GenericOutputDevice，但是很显然，使用 LED 函数会让程序看起来简洁很多。

```
from gpiozero import LED
import time

LED_PIN = 22
led = LED(LED_PIN)

print ("on")
led.on()
time.sleep(1)
print ("off")
led.off()
time.sleep(1)
print ("on")
led.on()
time.sleep(1)
print ("off")
led.off()
```

```
time.sleep(1)
```

在 IDLE 中新建一个文件，输入以上代码，然后将该文件保存为 flashled.py，然后在 Run 菜单中选择 Run Module。这个过程如图 4-10 所示。

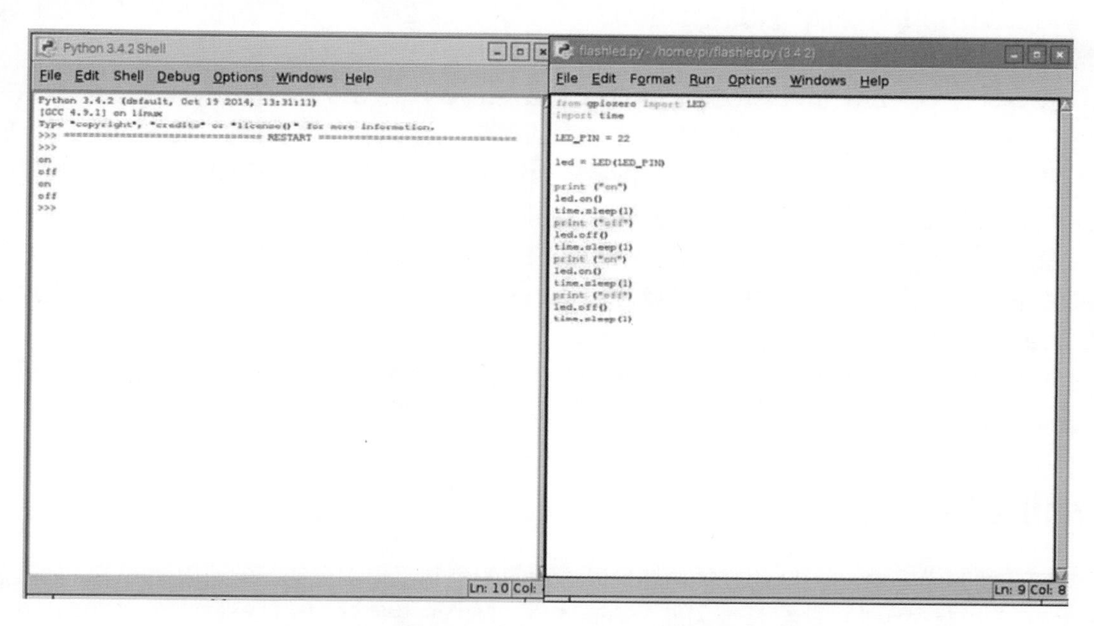

图 4-10　运行基于 GPIO Zero 的 LED 控制代码

这段代码也可以在本书的支持文件包的 gpiozero 文件夹中找到，它同样被命名为 flashled.py。

在图 4-10 中，代码显示在右侧的文本编辑器窗口中，运行结果则显示在左侧的 Python Shell 窗口中。很显然，代码中主要的功能部分是 led.on 和 led.off，但是除此之外还有 print，这是为了让程序能够在命令行窗口显示出当前的运行状态。整段代码会使 LED 闪烁两次，每一次开启和关闭的时间各为 1 秒。如果程序运行后，LED 没有如预期的方式闪烁，则再次按照图 4-7 检查电路连接，尤其是三极管和 LED 的极性是否正确。

代码的开始是加载模块，首先加载了 gpiozero 模块中的 LED 类子模块，然后加载了 time 模块，这个模块中包含了延迟函数。在加载 gpiozero 模块时，采用的是 from 的加载方式，这就意味着在后续的代码中，调用 LED 函数的时候可以直接使用 LED 函数名。而在加载 time 模块时，使用了 import 的加载方式，所以后文中每次调用 delay 函数都需要加上“time.”的前缀用来说明该函数包含在 time 模块中。

相应的模块加载完成后，代码声明了一个名为 LED_PIN 的变量，并将其赋值 22，该变量用来存储接下来将会使用到的 GPIO 口编号。在程序的开头使用变量来存储主程序中使用到的引脚编号是一个很好的习惯，这样在以后调整程序时可以非常方便地修改物理引脚，而不用修改整个程序。在后面的程序代码中，LED_PIN 将用来代替物理引脚的实体参数，而用其值表示相应的 GPIO 引脚。该变量的命名全部为大写字母，这样的命名方式通常表明该变量在后面程序运行的过程中，变量值不会被程序所修改。即便使用小写字母命名此变量程序依旧可以运行，但使用大写字母为值恒定的变量命名是一个值得推荐的编程习惯，方便在日后代码传播的过程中，让其他的代码使用者也明白，无论如何修改程序，该变量的值都不应该被程序所修改。

接下来的代码使用 gpiozero 模块中的 LED 函数创建并实例化了一个 LED 对象，该对象被命名为 led（小写字母），该对象名用来在后面的程序中继续调用其内部的方法来实现 LED 的开启和关闭。在初始化时，LED 函数内的参数为该 LED 所对应的 GPIO 引脚编号，该对象中的 on 和 off 方法会对这个 GPIO 端口实施相应的控制。

接下来的代码用来改变 LED 的开关状态。在正式对 LED 进行操作之前，首先调用 print 函数在 Python shell 窗口中输出一些状态信息，这样的信息可以指示当前程序运行到了哪里和 LED 应该有的状态，方便观察调试。

led.on() 和 led.off() 用来打开和关闭 LED，其后的 time.sleep(1) 使程序延迟 1 秒（程序不执行任何操作，等待 1 秒后继续执行）。

while 循环

在前面的代码中，LED 的开关功能是通过逐句的控制语句实现的。但是设想一下，如果想要让 LED 以某个固定的频率持续闪烁，前面逐句控制的方法显然不是一个好的办法，那将产生大量的代码。在之前的 Scratch 程序中，使用“重复执行”元素标签可以实现代码的无限次重复执行，而在 Python 中同样有类似的操作，那就是 while 循环。将 while 循环的条件设置为 true，那么这就是一个能够重复之前内部代码的死循环了，更新后的代码如下所示：

```
from gpiozero import LED
import time

LED_PIN = 22

led = LED(LED_PIN)

while True:
    print ("on")
    led.on()
    time.sleep(1)
    print ("off")
    led.off()
    time.sleep(1)
```

可以看出，while 循环后的代码被缩进了，这表示该段代码包含在循环之内。如果这些代码不被缩进，则程序会先运行 while 循环，而后执行与其并列的代码，但由于该循环为死循环，所永远不会执行以后面的代码。终止运行中的程序可以使用组合键 Ctrl+C。该段代码可以在配套的支持文件包中找到，文件名为 flashled2.py。

电路原理图

在前面的大多数示例中，电路多以面包板布局的形式展现。这样的电路再现方式非常有利于读者理解电子元器件实物间的连线关系，但是它的缺点在于无法明确表示出电路的工作原理。例如，在图 4-7 中，面包板上有一个三极管，但是三极管的基极、发射极和集电极并没有清楚地标出，它的工作原理也就无从谈起了。面包板布局图的另一个缺点就是，它只能展现一些比较简单的电路连接，如果电路规模稍大，连线错综复杂时，布局图中的连线就会像一碗“意大利面”一样交织在一起。

既然如此，另一种形式的电路图就派上了用场，这就是“电路原理图”，它不直接展现电路的实物连接方式。在电路原理图中，电子元器件不以实物的形式出现，而是以它们各自的符号展现。不同的电路符号被直线连接在一起，就形成了一个完整的电路原理图，这些直线取代了实物图中的电路连线。

理解原理图的最好方式还是多看、多观察。图 4-11 所示的是第一章中用作示例的 LED 电路的原理图和它的面包板布局图。

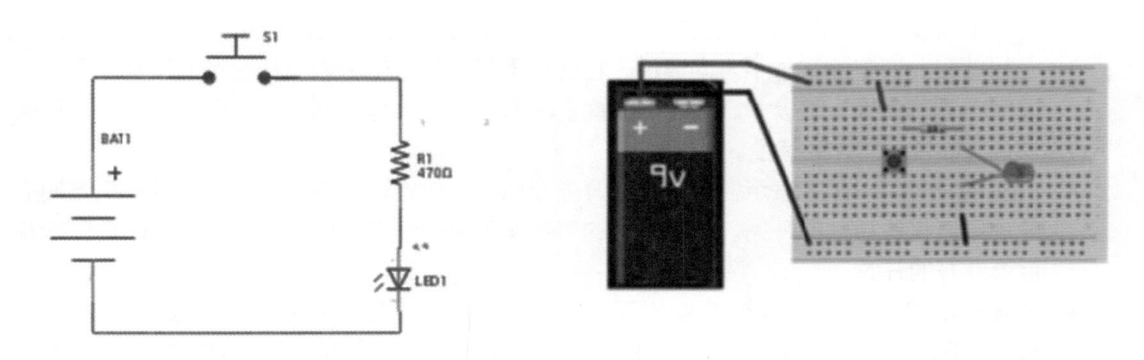

图 4-11　简单的 LED 控制电路的原理图和面板布局图

可以看出，这两个电路图的展现形式非常不同。但是如果仔细观察，就会发现它们含有相同的电子元器件，并且这些元器件的连接顺序完全相同。

对于同样的电路，不同的人绘制出的原理图不尽相同，主要的区别体现在元器件的符号可能会不一样。造成这个问题的主要原因是，电路原理图的绘制有不同的标准，而不同的标准对于元器件符号的规定也不尽相同。国际上常用的有两套标准，在欧洲使用 IEC 60617 国际标准，而美国则多使用他们自己的 ANSI Y32.2 标准。两套标准最大的区别是电阻的表示方式不同，图 4-12 所示的是两种不同形式的表示方式，左边是在美国使用的 ANSI Y32.2 标准的形式，右边是在欧洲使用的 IEC 60617 国际标准的形式。

图 4－12 美国标准和国际标准中的电阻符号

LED 也存在许多不同的表示方式，如图 4-13 所示。和电阻比起来，LED 符号之间的差异不是很大。

图 4－13 不同的 LED 符号

可以看出，LED 符号基本相同，差异主要体现在是否填充，是否有外框线等。

在编写本书时，所有电路图都是使用 Fritzing 软件绘制的，Fritzing 的电路符号是基于美国标准的，所以电阻的符号会是美国标准中的样子。但在一些电路符号上，我稍微做了修改，比如轻触开关的符号会和 Fritzing 中一般形式的开关符号有所不同。图 4-14 所示的是本书中最常使用到的一些电路符号。

以下是对这些电路符号的简单介绍，更详细的内容请参考附录 B。

- 电阻的符号在前面的电路原理图中已经出现。可变电阻的符号是在电阻的基础上加入了第三个连接点，它可以在电阻的两个端点间移动以改变电阻的值（联想一下滑动变阻器）。
- 二极管只允许电流从一个方向通过，它的符号显示的是电流流向从左边的正极（阳极）流向右边的负极（阴极）。发光二极管（LED）是一种特殊形式的二极管，它的符号展现该元器件可发光的特性。
- 开关的符号可以用来表示各种形式的开关或按钮，但也可以用一些特别的符号来更加形象地展示某些特殊的开关。轻触开关的符号多用来表示那些只有在按下时才闭合，松开后就断开的开关。
- 三极管的符号已经在图 4-6 中出现过，但这里展示了另一种形式的三极管，PNP 三极管。PNP 的工作方式和 NPN 相似，只是电流的流向相反，如 NPN 的基极电流流入三极管，而 PNP 的基极电流则是流出三极管。在上图中标出了三极管的基极（B）、发射极（E）和集电极（C），但正常情况下，电路原理图是不标出的。
- MOS 管会在后面的章节涉及。它也有三个极，分别是漏极（D）、门极（G）和源极（S），和三极管相似，正常情况下不会标出这三个极。
- 电池也有其专属的符号，在电路中和电源相似。所以有一些电路中，电池的符号并不直接给出，取而代之的是标出电池电压。电池由两组长短竖线构成，长线一端为电池的正极，有一些电池符号也会用 + 标出正极，但不是全部。如果原理图中包含电池符号，通常将正极端的方向朝上。

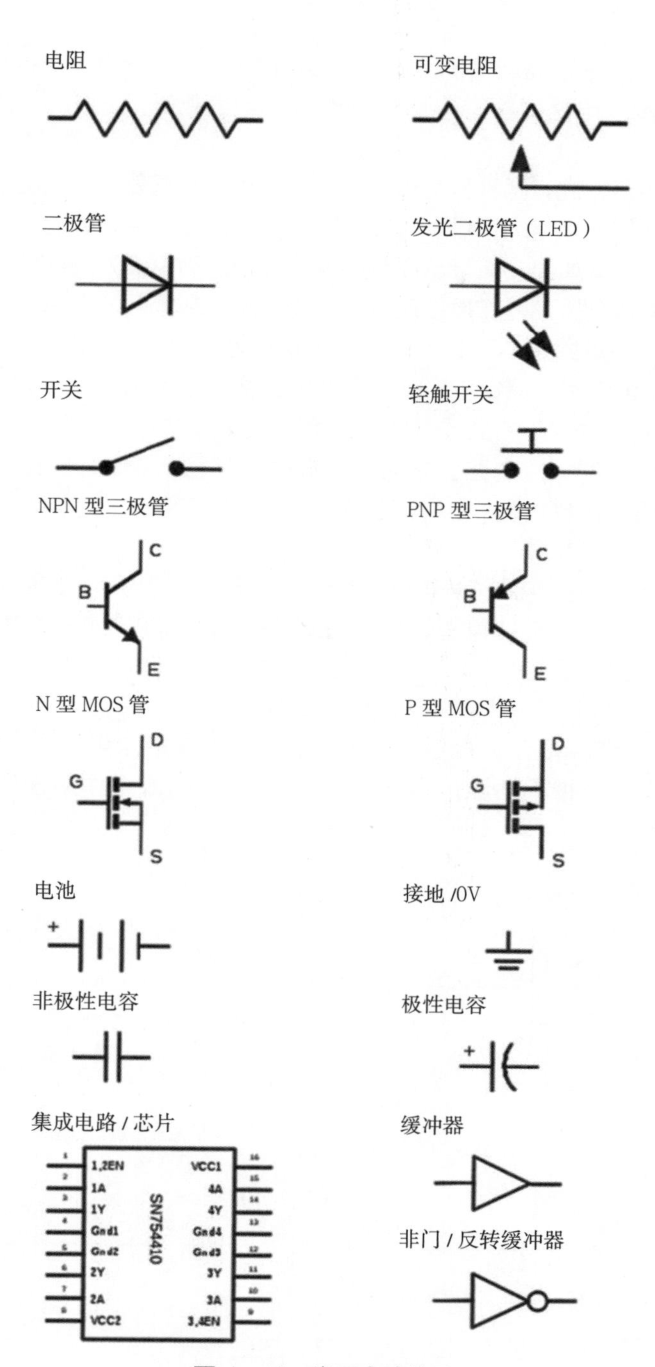

图 4-14　常用电路符号

- 接地符号用来表示电源的共同参考点，也就是 0V。该符号在一个电路原理图中会被使用多次用来减少连线的数量。

- 电容是电路中用来存储电荷的元器件，它有两种不同的类型，非极性电容和极性电容。非极性电容接入电路时没有方向性，而极性电容则必须遵守极性方向，否则会发生爆炸。
- 集成电路的表示方式有两种，第一种方式是用矩形方框表示，标出不同的引脚功能，方框的中心标明集成电路的型号。一般情况下引脚是按顺序排列的，但也有一些特殊情况的特殊排列方式。如果没有标出引脚的编号，则说明引脚为顺序排列，而如果标出，则需要注意它的排列顺序是否发生改变。引脚的功能在其后方以缩写或简写的形式标出。一个常见的缩写形式是“EN”，它标识使能（enable）用于开启电路的某个部分。对于不清楚含义的缩写，请参考相应的说明文档或数据手册。
- 集成电路的另一种表示方式是基于其电路功能。如“缓冲器”和“反转缓冲器”就是两个以功能表示的集成电路。这种表示方式没有显示电源，但其实电源也是必要的，这是因为侧重展现其功能。如“反转缓冲器”的功能就是在高电平输入时，输出低电平，反之亦然。

类似于 Raspberry Pi 的电路符号可以归类为集成电路，使用矩形方框的形式表示。

在电路原理图中，连线也非常有讲究。在过去手工绘制电路原理图时，为了表示两条连线交叉而不连接的方式是在交叉点使用一个小的弧形。但对于早期的 CAD 软件来说，这不容易实现。所以规则变为如果两条线仅仅是交叉而不连接时，那么将它们绘制成为相互垂直的形式，而如果需要表示两条线连接在一起，则在连接点用一个小黑点表示。图 4-15 所示的是以上所描述的两种不同连接导线方式的绘制方式，本书中所使用的规则是第一种。

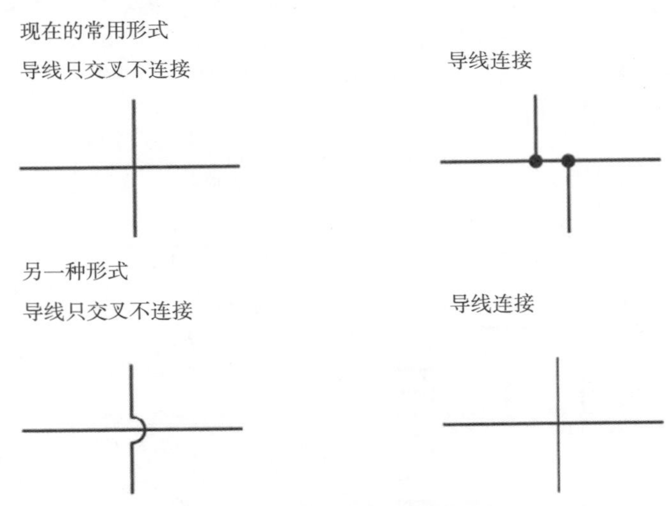

图 4-15 导线交叉和连接的表示方式

请注意在两种形式的表示方式中，导线垂直交叉在一起的意义完全相反，所以对于具体的电路原理图，请以交叉点是否有黑点或者弧形来判断其连线的表示方式。

图 4-16 所示的是机器人守门员的电路原理图。Raspberry Pi 的符号被放置在了原理图的

中心，而其他的元器件则围绕其放置。开关的位置和其将要连接的 GPIO 接口在同一侧，LED 虽然也被置于同一侧，但其中的一个需要连接另一侧的 GPIO 接口。这样的放置方式是为了能够清楚地展现左边是电路的输入部分，右边是电路的输出部分。原理图上方的连线相互穿过但没有黑点，这表明它们只是在空间上交叉而不是连接在一起的。电源的正极符号放置在电路原理图上方，而负极则放置在下方，这是一个通用法则。

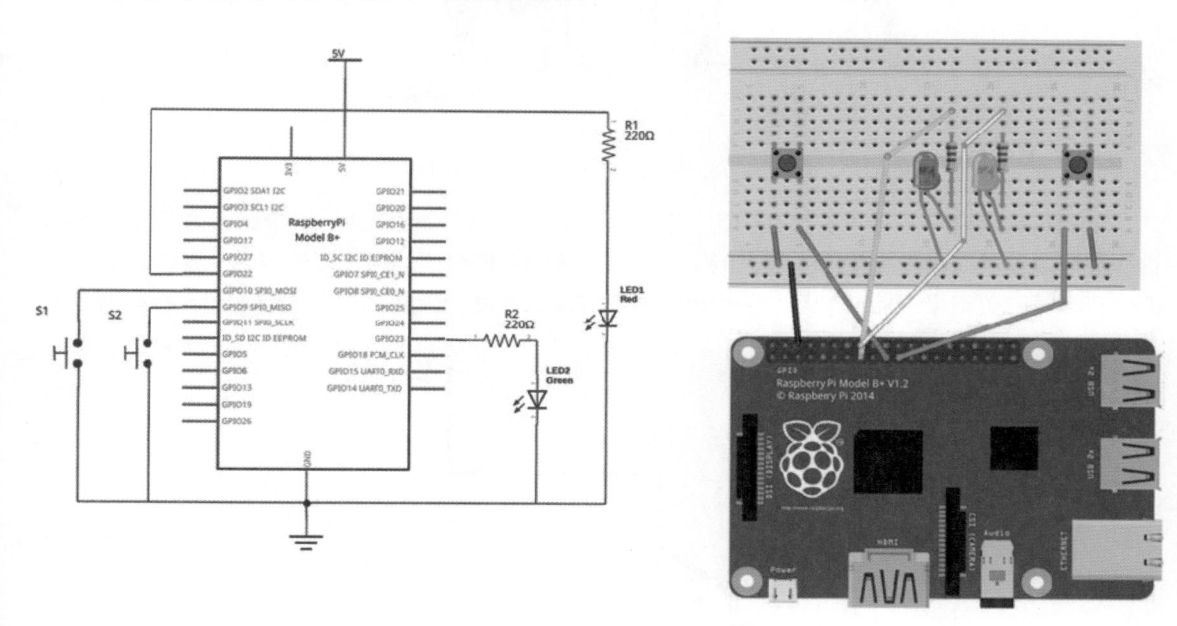

图 4-16　机器人守门员的电路原理图

使用达林顿管增加 LED 亮度

前文所提到的三极管可以作为电子开关，它可以提供比 GPIO 更大的驱动电流，但在一些情况下，这样的输出功率仍然不能够满足需求。比如现在想要驱动多个 LED 同时工作，那么电流的需求将会成倍增加。图 4-17 所示的是市面上常见的 USB 灯，它的内部有 10 颗 LED。

这个灯购买于一个日用品杂货铺而不是电子供应商，所以没有详细的技术参数。连接到 5V 的 USB 接口后，电流大约为 500mA，而此时的实际电压下降到约为 4V。

前文中提到的两款三极管 BC548 和 2N2222，前者显然不具备这样的电流通过能力，而似乎 2N2222 是可以的。但如果仔细计算，要想达到 500mA 的驱动能力，基极的控制电流也会很大。

在前面的 LED 电路案例中，三极管使用了 3mA 的基极电流来产生 20mA，而如果想要产生 500mA 的电流，基极电流则会增加 25 倍，达到 75mA，这对于电流输出能力只有 16mA 的 Rasoberry Pi GPIO 来说是不可能的。

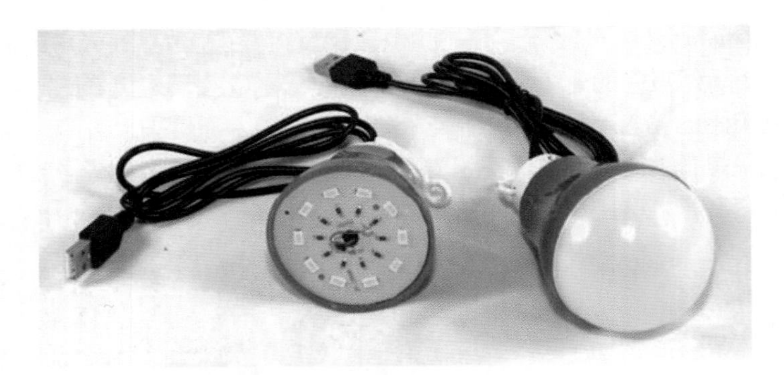

图 4-17　带有灯罩和无灯罩的 USB 灯

如果能够将两个三极管叠加在一起，前一个三极管的放大输出作为后一个三极管的控制输入，这样就可以让第二个三极管产生较大的输出电流，实践中将这样的连接方式称为“达林顿接法”，两个三极管的集电极连接在一起，前一级的发射极连接在后一极的基极，如图 4-18 所示。

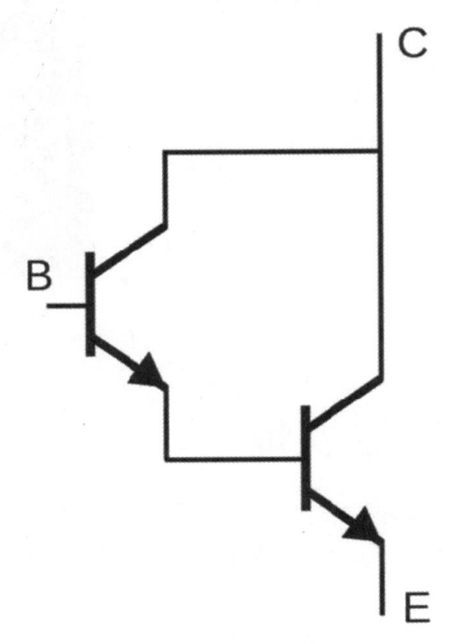

图 4-18　达林顿接法

以上电路可以由两个 2N2222 三极管组合而成，但也有直接将两个三极管封装在一起的元器件，也就是“达林顿管”。这里我们介绍的达林顿管型号为 BD681，基本参数如下：

- V_{BE} = 1.5V
- V_{CE} = 1.5V（饱和）
- h_{FE} = 750（放大倍数）
- I_C = 4A（最大值）

在使用达林顿管时，可以将其理解为一个单一的三极管，只是它的参数值更高。但在参与电路计算时，它的“基极 - 发射极”电压降会更大。从参数可以看出，它的“集电极 - 发射极”电流 I_C 和单独的三极管比起来更大，和功率三极管类似。

图 4-19 所示的是使用达林顿管的 LED 电路原理图。

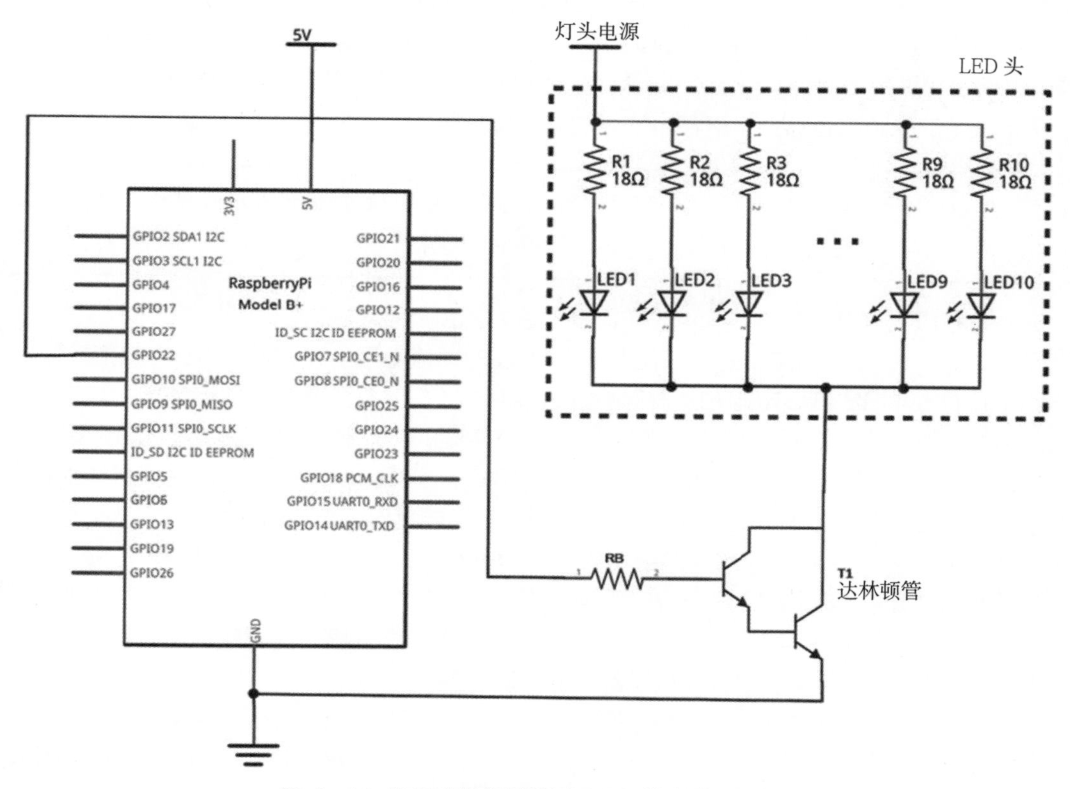

图 4-19 使用达林顿管驱动 LED 的电路原理图

在这个电路中，LED 和限流电阻被画在一个方框内，表明它们是被包含在 LED 之中，由于空间有限，这里只画了 5 组 LED 电路原理图，但实际有 10 组。用这样的方式，LED 和驱动电路清晰可见。

这个电路存在一个潜在的问题，在没有接入达林顿管前，加在 LED 和限流电阻两端的电压为 5V，而接入了达林顿管后，这个电压一定会有所降低。假设达林顿管消耗 1.5V 的电压，则在 LED 和限流电阻两端的电压为 3.5V，接下来我们做一个快速的计算。

LED 的限流电阻外标参数为 180，这表明该电阻阻值为 18Ω（18×10^{0}）。假设流经每个 LED 的电流为 50mA，则在限流电阻两端的电压为 0.9V（18×0.05）。USB 电源连接器的插头大约有 3Ω 的电阻，虽然很小，但因为流经的电流很大，所以其大约消耗 1.5V（3×0.5）的电压。搞清楚了所有部分后，可以计算出，LED 两端的电压约为 3V，后经万用表验证（在第十章中将会有关于万用表的详细内容），实际电压为 3V 左右。

但如果前面假设达林顿管消耗 1.5V 电压的话，就没有足够的电压提供给 LED，那么亮度就会受到影响，这个问题如何解决?

其实在实际的测试中，LED 的亮度只有很小的衰减。这个原因就是上面所提到的，当使用达林顿管来控制 LED 电路的时候，由于达林顿管的分压效应，施加在灯头上的电压会低于直接将灯头连接在 USB 电源上，所以实际通过 LED 的电流减小了。但实践表明，虽然如此，流经 LED 的电流还是足以使其发光的，所以完全可以使用达林顿管控制该电路。这里的一个潜在风险是，该电路只适用于此种类型的灯头，因为这里的 LED 在工作电流改变后依然可以正常发光，对于其他类型的光源或者灯头，这种方法可能并不具有通用性。

■ **注意：** 在设计自己的电路时，我们通常可以忽略一些电路中细微的参数变化，通过实际的观察，保证电路工作。但是如果设计一个商用电路，所有的参数细节都需要认真考量。

既然存在以上问题，那么如何调整可以使 LED 在正常的亮度下工作?

可以想到一个最简单的方法就是短路现有 LED 的限流电阻，或者使用 0Ω 的电阻替代，由于电路中还存在 USB 接口电阻和达林顿管压降，所以 LED 不至于被大电流烧坏，其工作电流会和无达林顿管的状态相似。虽然该方法可行，但在实际的实践过程中应当作为下策。设想一下，如果在移除了 LED 限流电阻时仍然保留了 USB 接口，不知道的人可能会直接将其插入计算机或 USB 电源适配器，这样的话大电流会直接烧坏 LED 或者损坏电源适配器。

比较安全稳妥的方式是采用提高电压的方法来补偿达林顿管的压降。之前我们假设了达林顿管的压降为 1.5V，那么实际只要将电源电压提高到 6.5V，即可保证原有的 LED 电路分压为 5V。但 6.5V 的电源适配器并不常用，常见的是 7.5V 电源适配器，这样的话需要额外串连一个限流电阻分担掉 1V 的压降，这样造成了额外的电能浪费。

由于从实践方面来说，使用达林顿管控制该灯头在 5V 供电的情况下也可以工作，所以这里就以 5V 电源输入为例，计算达林顿管基极限流电阻 RB 的阻值。该计算过程和前面案例中计算三极管基极限流电阻阻值的方法相同，只要相应地把三极管的参数替换成为达林顿管的即可。

要想知道限流电阻 RB 的确切阻值，首先要知道基极电流。由于已经知道了“集电极 – 发射极”电流 I_C，所以可以用过放大倍数（h_{FE}）计算基极电流，500mA/750 = 0.7mA。

和之前一样，为了保证达林顿管能够在饱和状态下工作，将基极电流乘以参数 10。使三极管 / 达林顿管工作在饱和状态有利于降低“集电极 – 发射极”电阻，最大限度减少电能损耗（发热）。

乘以参数后的基极电流为 7mA。对于达林顿管来说，“基极 – 发射极”电压降为 1.5V，GPIO 电压为 3.3V，所以最终加在限流电阻两端的电压为 3.3V – 1.5V = 1.8V。

现在可以用欧姆定律计算 RB 阻值：

$$R = V/I$$

$$1.8/0.007 = 257\Omega$$

将该计算结果对应到电阻包（E6）中的标准阻值，可以选择 220Ω。

BD681 达林顿管和三极管不同，它有不同的封装形式（型号）。对于每一种不同的封装，引脚的定义顺序也不尽相同。图 4-20 所示的是其封装形式的一种，方向为标签向前。

图 4-20 BD681 达林顿管引脚定义

该电路使用的 GPIO 端口和之前的案例一样，所以可以直接使用相同的程序代码。请注意 GPIO 22 在板子上的物理顺序为 15 号。地引脚的选择相对较多，比如第 6 号引脚。

有了达林顿管控制，该灯可以被用作一个“延时灯”。选择一个合适的延时时间，它可用来帮助指示煮鸡蛋的时间或者当做一个小夜灯，当开关按下后，灯泡亮起，经过一段时间后自动熄灭。对于开关的程序，请看下一个小节。

使用 Python GPIO Zero 模块获取输入

该电路中使用的开关和之前第三章中的相同，最新的电路原理图如图 4-21 所示。

使用 Python GPIO Zero 模块检测开关的过程和控制 LED 一样简单。首先需要从 gpiozero 中加载 Button 子模块，使用语句 from gpiozero import Button。

为了让代码看起来更加简洁，可以将该语句和加载 LED 子模块的语句合并为：

```
from gpiozero import LED, Button
```

然后创建一个按键对象：button = Button(GPIO_Number)，这个过程和创建 LED 对象也十分类似。GPIO Zero 模块默认了将开关所需要的 GPIO 接口设置为上拉电阻开启模式，这正是我们所需要的。如果想开启下拉电阻而不是上拉电阻，则需要将 pull_up=False 设置为 Button 的第二参数。

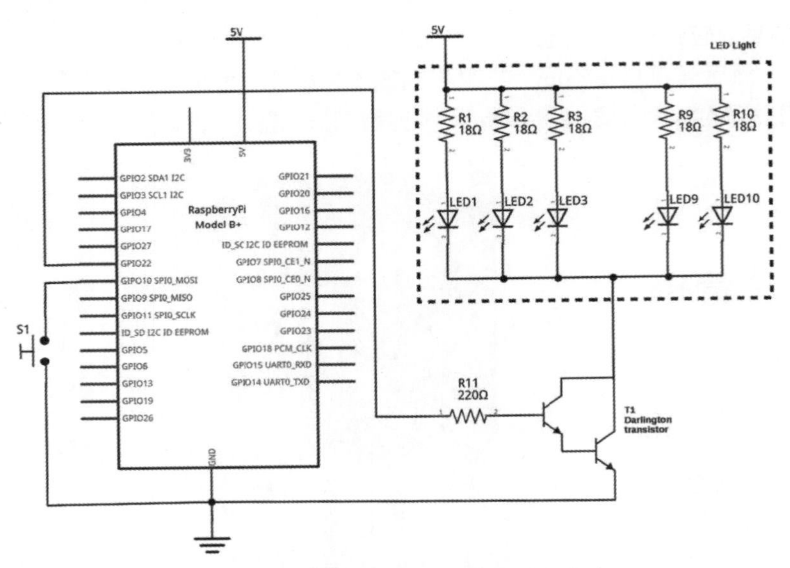

图 4－21　带有开关的 LED 头控制电路

检测按键的状态有多种不同的方式。第一种方式是通过检测变量 is_pressed 的值，如果按下按键，则该变量值为 True，反之则为 False。但接下来我们所介绍的检测方式是使用函数 wait_for_press()，它可以将程序锁定，直到按下按键。后面的程序可以直接开启 LED 并相应地使用 time.sleep() 函数进行延迟，然后关闭 LED，程序回到 while True 循环的第一句，再次被锁定。下面的程序中添加了一些注释，对部分程序代码进行了解释。

```
from gpiozero import LED, Button
import time

# 用于 LED 控制的 GPIO 端口
LED_PIN = 22
BUTTON_PIN = 10
# LED 点亮时间，单位：秒
DELAY = 30

led = LED(LED_PIN)
button = Button(BUTTON_PIN)

while True:
    button.wait_for_press()
    led.on()
    time.sleep(DELAY)
    led.off()
```

这段代码在本书的支持文件包中可以找到，文件名为 ledtimer.py，存储在 gpiozero 文件夹中。

当程序运行后，它会被“等待开关按下”的函数锁定，按下开关后，开启 LED，延迟 30 秒后，关闭 LED，然后再次被锁定。如果此时开关没有被松开或者再次按下，程序会再次执行开启 LED 延迟和关闭的操作。按下组合键 Ctrl+C 可以终止程序。

使用达林顿管的缺点之一是它的“集电极 – 发射极”压降相对三极管较高，这导致它本身消耗的电能较大。在下一个案例中，我们将会学习到一个更加高效节能的方式来控制 LED。

使用 MOS 管控制“迪斯科”舞灯

在前面的案例中，使用到的 LED 只有 2.5W 左右，在本案例中，我们将会使用 Raspberry Pi 控制 4 个功率为 5W 的 LED。

首先介绍一下功率的概念，功率是用来描述消耗 / 产生能量速度的物理量。在第一章中，我们介绍过电压用来描述电路的潜在能量（电势差），而电流则用来描述流动电荷的多少。如果将两者组合，就可以用来表示电路消耗 / 产生能量的速度了，也就是功率。功率的单位是瓦特，使用英文字母 *W* 表示。直流电路的功率计算公式如下：

$$P = V \times I$$

P 表示功率，*V* 表示电压，*I* 表示电流。

之前使用的 LED 头的额定电压为 5V，工作电流为 500mA，所以其功率为 5 x 0.5 = 2.5W。这个功率是该灯头的总功率，包含其内部 LED、限流电阻、导线电阻等所有元部件消耗的功率。

接下来我想使用的是 PAR 16 射灯，我使用它制作了一个简易的 DJ 效果灯。最终的效果图如图 4–22 所示，它由 4 个不同颜色的 PAR 16 射灯组成。

PAR 16 射灯有两种不同的类型。其中一种是为家用电灯头座设计，使用 GU10 灯泡；而另一种则是为 12V 低压电源设计，使用 MR16 灯泡。接下来的电路都是使用了 12V 的版本。

图 4–22　由 PAR 16 射灯组成的“迪斯科”舞灯

■ **注意：**接下来的电路只适用于低压灯泡（12V），请不要使用此电路控制为家用电而设计的灯泡。

除了选择正确的射灯类型，选择合适的灯泡也是很重要的。这里我们需要使用到的是 MR16 LED，该种类型的灯泡为 12V 直流电设计。但该种型号的灯泡也有为 12V 交流电设计的版本，请在购买前认真查看铭牌参数。图 4-23 所示的是一种类型的 MR16 LED，它就清楚地标明了该灯泡同时支持 12V 直流和交流电。使用我们的电路不能够驱动传统的“卤素灯泡”，因为它们的功率大多在 25~50W。

图 4-23　支持 12V DC/AC 供电的 MR16 LED

另一个需要使用到的是 12V 直流电源适配器。我使用的这个电源适配器原本是给 LCD 显示屏使用的，它能提供至多 10A 的电流，输出功率达到 120W，远远超过了我们的需求，如图 4-24 所示。

图 4-24　本案例使用到的电源适配器

使用这个电源适配器的一个潜在风险是，万一我们设计的电路出现问题会怎样？虽然如之前所介绍的，品质较好的电源适配器内部一般带有过载保护和短路保护，但该适配器可以输出 120W 的功率，这个对于我们的电路来说是过高的，所以比较保险的办法是在电路中加入保险丝。保险丝的电流参数应该刚好稍高于该电路的正常工作电流但小于电源适配器的最大输出电流。在这个电路中，我选择使用了“自恢复”型保险丝。当电流超过保险丝熔断值后，保险丝熔断，但当冷却后，保险丝依旧可以恢复连接。该保险丝应该串联在电源输入的正极和 LED 电路之间。

现在有了灯泡和电源，接下来就是设计控制它们的电路。在设计电路时，首先需要知道的是该电路的总功率。灯泡包装上的功率往往指的是亮度功率，比如这个 MR16 LED 的标定功率为 5W，但如果仔细查看它的电气参数会发现它的工作电流为 625mA，这就说明该灯泡的总功率为 7.5W，其中 2.5W 应该是灯泡所消耗的热功率。如果是普通的辉光灯泡或者卤素灯泡，它们的热功率会更大，所以它们的实际功率会比标称的发光功率更大。

从这个 LED 射灯的电流参数来看，625mA 的工作电流并没有比前一个案例（500mA）高出太多，我们仍然可以使用达林顿管控制。但如我们之前计算中所看到的那样，达林顿管的“集电极 - 发射极”电压降偏大，管功率较高，用它来控制的电路能源效率不高。本小节将会采用 MOS 管代替达林顿管控制这些 LED 射灯。

在前面的小节中，我们所介绍的都是三极管，但实际在今天的实际应用中，这种类型的晶体管并不常用，更多使用到的是场效应型晶体管，也被称为 MOS 管，它是另一种类型的晶体管。

尽管早期的电路多使用三极管，但是在今天的电路中 MOS 管已经越来越多地替代了传统三极管（双极结型晶体管）。MOS 管的最大优点是它可以以更小的电流来控制，这在电路中的直接体现是功耗更低，所以数字集成电路（芯片）中的逻辑电路都是由 MOS 管构成的。不仅控制极电流极大减小，MOS 管的“管压降”也要远低于达林顿管。比如这里采用 MOS 管控制 5W 的 LED，管压降只有大约 0.2V，相比于 12V 的电源电压，这么小的管压降是极小的。

图 4-25 所示的是采用 MOS 管的控制电路，这里的 MOS 管型号为 IRL520。

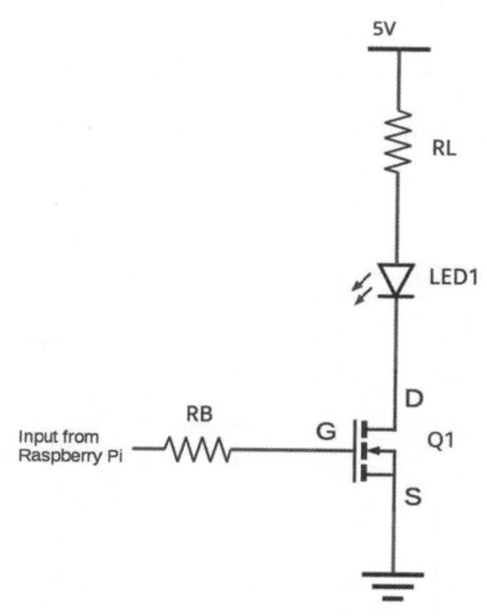

图 4-25　MOS 管控制电路

从电路中可以看出，MOS 管的三个极分别被标注为 G、D 和 S，这分别表示门极（Gate，类似于三极管的基极）、漏极（Drain，类似于三极管的集电极）和源极（Source，类似于三极管的发射极）。MOS 管和三极管最大的不同是，三极管的开启需要给基极施加电流，而 MOS 管则只需要给门极施加电压，它的“门极 - 源极”电阻极高，所以门极电流极小。在使用 MOS 管时不需要考虑放大倍数的问题，只要在门极施加一个高电平信号即可使其开启。

从理论上来说，由于 MOS 管的“门极 - 源极”电阻很高，所以在控制门极时不需要使用限流电阻。但是由于 MOS 管的物理特性，其在实际工作时，开启的瞬间门极电流很大，为了保护电路，还是应当串联一个限流电阻。

该限流电阻的作用主要是用来保护 Raspberry Pi 的 GPIO 端口。GPIO 端口电压为 3.3V，最大电流输出能力 16mA，通过欧姆定律可得 3.3/0.016 = 206Ω，所以选择 220Ω 的电阻作为限流电阻。

LED 电路的工作电压为 12V，这里不需要限流电阻，因为它们已经被包含在了 LED 内，这样每组 LED 电路只需要两个额外的元器件——MOS 管和门极限流电阻。

由于有四路 LED 射灯，这就需要有 4 个 GPIO 来控制它们，我所使用的是以下 GPIO 端口：

- GPIO 4 (pin 7)
- GPIO 17 (pin 11)
- GPIO 23 (pin 16)
- GPIO 24 (pin 18)
- Ground (pin 9)

图 4-26 所示的是完整的控制电路原理图。

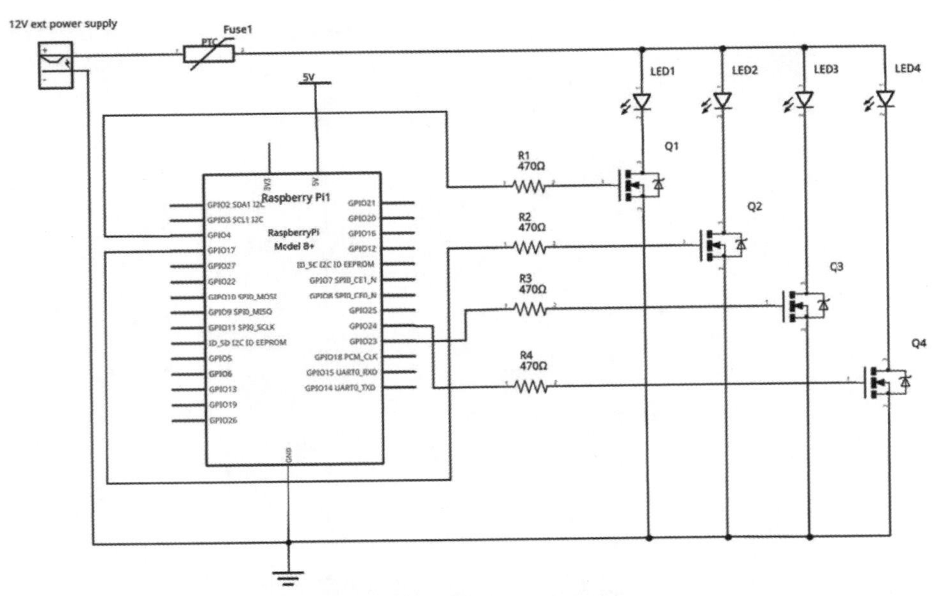

图 4-26 “迪斯科”舞灯案例电路原理图

对于该原理图有几点需要强调。首先是保险丝，这是一个自恢复型保险丝，主要用来防止灯座内接入了传统卤素灯泡或者辉光灯泡，导致电路电流过大。为了简化电路，在电路中每一个 LED 射灯都使用了 LED 的符号代替，但实际在其内部是有多个 LED 和限流电阻的；该电路为 12V 直流 LED 所设计，如果接入其他型号的 LED，可能会导致电路烧坏。

该电路中的 MOS 管符号和前面介绍的 MOS 管的原理图中的符号有所不同，这里的 MOS

管符号是 Fritzing 中的形式，主要的不同是后者在符号上多出了一个内部反向二极管。它们所表示的是同样的 MOS 管，只是符号有所不同，这也再次说明在不同的电路原理图中，电子元器件的符号可能会有细微的变化。

流水灯

现在我们将使用 Python 实现一个流水灯的应用，这个程序的主要功能是从左到右分别点亮 LED。为了实现该功能，需要使用到数组来标记多个 GPIO 的状态，或者更简单的，使用 Python 的“列表”。Python 有一个专门为数组设计的模块，它的功能十分强大，但也会相对复杂，所以我们将采用功能类似，但更加通用简单的列表。

列表是 Python 中的一种数据结构，可以用来存储多个变量数据。有了列表，就不用单独定义 4 个变量 light1、light2、light3 和 light4，而是可以直接定义一个列表，其中包含 4 个元素，每一个代表一个 light。

在使用列表时需要注意，在计算机中列表的第一个元素是 0 而不是 1。由于 Scratch 是一款面向青少年设计的编程语言，所以它的设计有所不同，在 Scratch 的列表功能中，元素是从 1 开始，但 Python 和其他大多数文本计算机编程语言一致，开始元素的编号为 0。

程序中首先需要创建的是用来存储 GPIO 端口的列表：

```
LIGHTGPIO = [4, 17, 23, 24]
```

方括号表明该变量是一个列表（但不是必须使用方括号，只是让程序看起来更加规范），变量的名称为 LIGHTGPIO（全大写说明该变量的值在后面的程序中不会被改变）。列表中有 4 个值，分别用来表示控制四路 LED 的 GPIO 端口。这些变量可以通过列表变量名和其位置编号访问，如获取列表中第一个变量所表示的 GPIO 编号：

```
LIGHTGPIO[0]
```

以此类推，如果要访问第二个元组就是 LIGHTGPIO[1]。在 Python 的列表中，它不仅可以存储数字，也可以存储其他变量，如用来存储 LED 对象。通过下面的代码，可以独立创建 4 个 LED 对象，然后将它们统一存储到列表 lights 中。

```
    lights = [LED(LIGHTGPIO[0]), LED(LIGHTGPIO[1]), LED(LIGHTGPIO[2]),
LED(LIGHTGPIO[3])]
```

该列表使用列表 LIGHTGPIO 创建了多个 LED 对象元素。

接下来就可以创建用于控制 LED 逐个点亮的代码。在 IDLE 的文本编辑器中输入以下代码，以 disco-chaser.py 的文件名存储。本段代码同样可以在本书的支持文件包中找到。

```
from gpiozero import LED
import time
```

```
# 用于控制 LED 的 GPIO 端口
#9 = gnd, 7 = GPIO 4, 11 = GPIO 17, 16 = GPIO 23, 18 = GPIO 24
LIGHTGPIO = [4, 17, 23, 24]
# 流水灯的间隔时间，单位：秒
DELAY = 1

lights = [LED(LIGHTGPIO[0]), LED(LIGHTGPIO[1]), LED(LIGHTGPIO[2]), 
LED(LIGHTGPIO[3])]

# 初始化 LED 序列计数值
seq_number = 0

while True :
    if (seq_number > 3):
        seq_number = 0
    for x in range (4):
        lights[x].off()
    lights[seq_number].on()
    seq_number = seq_number + 1
    time.sleep(DELAY)
```

基于之前的代码讲解，这里的 while True 循环应该已经不再陌生，它是一个死循环。循环中的第一步是检测当前操作的 LED 是否是最后一个，因为有 4 个 LED，所以最后一个 LED 的编号为 3，如果已经到了最后一个 LED，则将该变量重置为 0。

接下来是一个 for 循环，它会将接下来的一行代码循环执行 4 次。range(4) 表示 0、1、2 和 3，所以第一次运行 x 的值为 0，然后是 1，依此类推，当 x 到达 3 后退出循环。

代码 lights[x].off() 用来将当前的 LED 关闭，随后的 lights[seq_number].on() 用以开启 LED，如当 seq_number 的值为 1 时，第二个 LED 会开启。

最后一步是将当前的 LED 编号加一，然后延迟一秒后重新开始循环。

运行代码后应当得到的结果是每个 LED 被依次点亮。

使用晶闸管和双向晶闸管控制交流光源

到目前为止我们所使用到的 LED 光源都是直流型的，虽然“迪斯科”舞灯案例中所使用的射灯是同时支持直流和交流电源的，但因为获取直流 12V 电源适配器更加容易，所以依旧使用了直流的控制方式。

家用电是一种典型的交流电。交流电的优点在于它可以使用变压器方便地升压和降压。作为案例，图 4-27 所示的是一个典型的能够将家用电转换为 12V 交流电的变压器。

晶闸管（也称为可控硅）是一种用于控制交流电的半导体元器件。该元器件可以在门极信号的控制下单向导通，导通后只要电流方向不变，即使门极信号翻转，它也会持续保持导通状态。由于这个特性，晶闸管并不适合控制直流电路，因为在直流电路中一旦导通将很难关闭，但在交流电路中，由于一个周期中电流有两个不同的方向，电流换方向时，晶闸管便可以自动关闭。通过控制晶闸管开启的时刻，可以有效控制晶闸管的导通时间，从而可以控制其平均输出功率，体现在灯光控制方面就是亮度了。

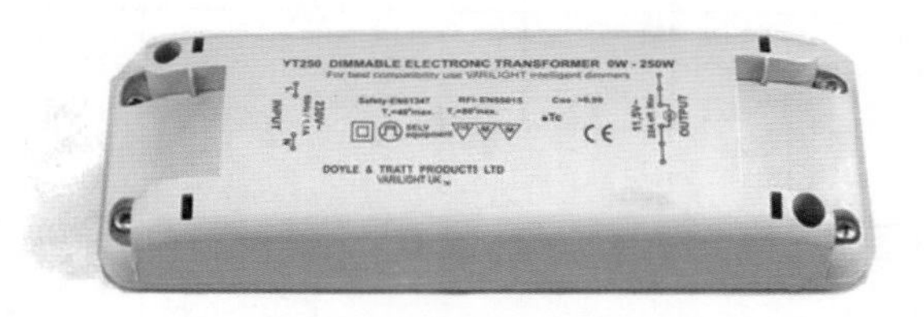

图 4－27　家用电转 12V 交流电变压器

常规晶闸管的一个缺点是它只具有单向导通的特性，所以就出现了另一种可以用于控制交流电的半导体元器件，双向晶闸管，它的本质是由两个方向相反的晶闸管并联而来。这样特殊的连接方式保证了不管当前电流方向如何，总有一个管可以被导通。由于两个并联的反向晶闸管门极连接在一起，所以当门极电压为 0V 时，两个晶闸管会同时关闭。图 4－28 左边所示的是晶闸管的电路符号，右边则是双向晶闸管。双向晶闸管有 A1 和 A2 两个端口，在实际使用的过程中可以以任何方向接入交流电路。

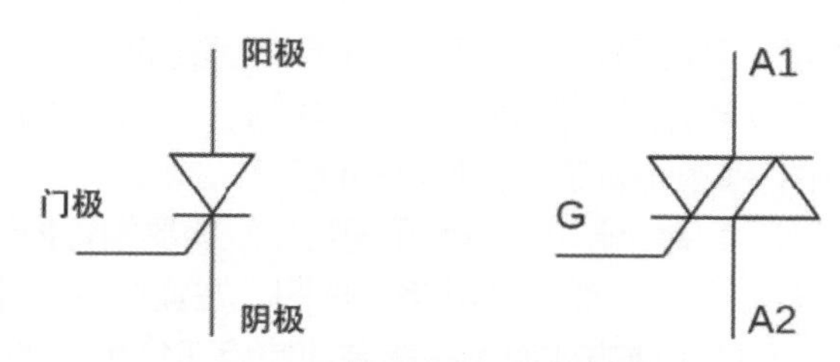

图 4－28　晶闸管和双向晶闸管

从理论上来说，Raspberry Pi 的 GPIO 可以直接通过限流电阻连接到双向晶闸管的门极，但毕竟 Raspberry Pi 所输出的是一个直流信号，将一个直流信号直接作为交流电路的输入不是很好。为了避免这样的直接连接，可以采用“光电耦合器”将直流电路和交流电路进行物理电气隔离。光电耦合器简称为光耦，是通过使用红外或者可见光的方式，将两部分电路隔离，同时又不影响信号传输。它的电路符号非常直观地反映了它的工作原理，如图 4－29 所示，左边的部分是一个直流信号控制的红外 LED，右边则是一个光敏双向晶闸管。

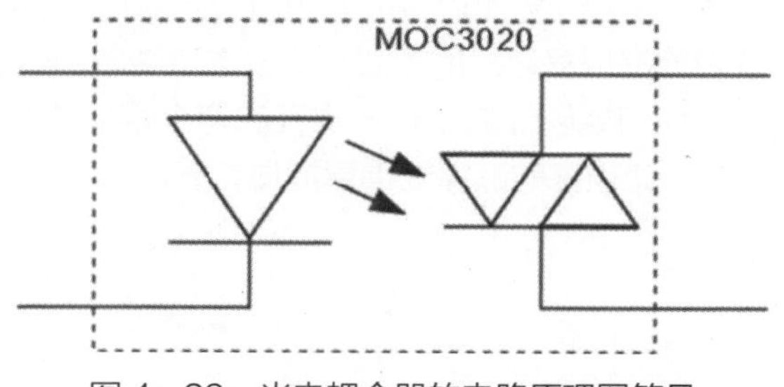

图 4－29　光电耦合器的电路原理图符号

图 4–30 所示是使用了光电耦合器后的控制电路。

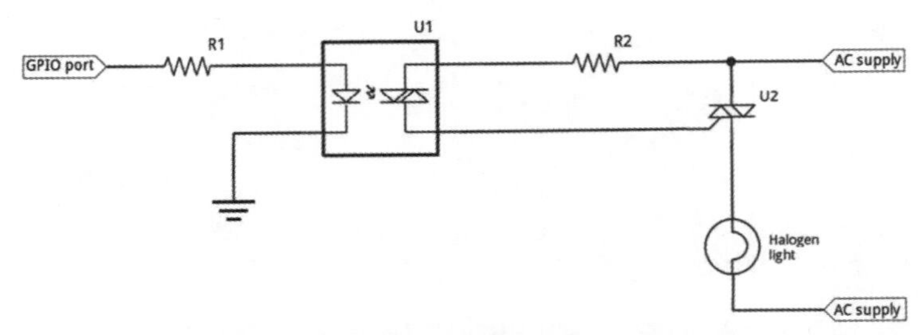

图 4－30　含有光电耦合器和双向可控硅的电路原理图

该电路虽然是为 12V 的低压交流电设计，但实际它可以用于直接控制家用电（220V）。但还是需要注意到家用电的危险性，非专业人员请勿尝试。如果真的尝试，请保证所有的电路接点都已经绝缘没有暴露，然后再接通电源。

本章小结

在本章中，我们首先学习到的是几种不同类型的电源适配器，它们可以提供比 Raspberry Pi 的 GPIO 口更强大的电压 / 电流输出能力。接下来学习了 Python 编程语言以及 GPIO Zero 模块，在 Python 的学习中，着重了解了关于列表的使用方法。在电子方面，我们介绍了三极管、达林顿管和 MOS 管。最后还简单地学习了使用晶闸管和双向晶闸管控制交流电路的方法。

本章还介绍了一个重要的概念，那就是电路原理图。在实际的电路设计过程中，人们大多数使用电路原理图来表达电路的工作方式而不是简单地使用面包板布局或者实物图来说明电路连接。理解了电路原理图，就可以参考它来连接不同的电子元器件。

对于本章的案例而言，一个 LED 电路中的元器件应该非常容易购买，第二个 LED 头电路中的 USB LED 只要找到合适的即可。接下来的案例使用了更为专业的 LED，但如果在实际操作的过程中找不到这样的灯泡，则完全可以使用前两个案例中的 LED 替代。除了使用 LED 作为电路的被控元器件，还可以将其替换为蜂鸣器等，但请注意不要使用电机（马达），因为电机的控制电路需要一些额外的保护，在第八章中将会有更多关于电机的内容。

关于“迪斯科”舞灯的案例，我们在后面的第六章中还会有所涉及，届时将会更加注重该案例的软件部分，而在第十一章，则会介绍如何将该案例用印制电路板实现。

本章结束时，我希望读者能够根据自己的想法，修改本章中案例所使用的代码，如更改流水灯的开灯顺序等。思考一下，如何能够让流水灯一次开启两个相邻的 LED 而不是一个。探索一些其他关于流水灯的有趣玩法，让点亮的顺序变得更加具有节奏感。

第五章

更多的输入和输出：红外线传感器和 LCD 显示屏

上一章的主要内容是使用 Python 的 GPIO Zero 模块来控制 LED 电路和读取简单的开关输入。本章将会介绍有关传感器的使用方法和更多的输出方式，其中有一些是可以使用 GPIO Zero 模块来实现的，而其他的则需要一些更加丰富的模块。这些不同的操作最终将会组成一个完整的功能，通过红外线的发射和接收检测是否有人进入房间，然后将结果显示在 LCD 显示屏上。

PIR 传感器和 Pi 摄像头

在本章的案例中，我们将会使用 PIR（被动式红外传感器）来检测是否有人进入到房间，当有人进入时，使用 Pi 摄像头对其进行拍照。这个装置可以用来监视进入到你私人领地的不速之客，比如宠物或者偷偷进入花园的人。

本章节案例所使用的代码同样包含在支持文件包中，它们存储在 picamera 文件夹内。

使用 picamera 控制 Raspberry Pi 摄像头

首先我们将要学习到的是如何连接 Pi 的摄像头和使用 Python 的 picamera 模块对其进行操作。Raspberry Pi 的摄像头是官方附件，在主板上专门为该摄像头留有一个特殊接口，不同版本的 Raspberry Pi 都具有该接口（早期的 Pi Zero 没有），都可以使用该款摄像头。

这个摄像头被集成在一个很小的 PCB 上，通过软排线连接 Pi。这样的连接方式是为了能够让 Pi 的处理器和摄像头直接通信，相比于传统的基于 USB 协议的网络摄像头，极大地提高了数据传输效率。图 5-1 所示的就是一个连接到 Raspberry Pi 的 Pi 摄像头。

Raspberry Pi 有两种不同型号的摄像头，Pi 摄像头和 NOIR 摄像头。前者就是我们见得很多的常规摄像头，后者的本质和前者相同，只是没有集成红外滤镜，所以可以用来在夜间拍摄红外成像的照片。但请注意，NOIR 摄像头在白天日光环境下使用可能会造成成像色彩失真。

摄像头的专用接口位于 HDMI 和 3.5mm 音频接口之间，连接软排线时，需要先将座子上的白色卡件提起，然后才能插入排线，最后将白色卡件推回即可锁紧接口。

图 5-1　Raspberry Pi 的 Pi 摄像头

使用时还需要在 Raspberry Pi configuration 工具中启动摄像头模块。在主菜单中依次选择“首选项”“Raspberry Pi configuration”，在 interface 标签中找到 Camera，选择 Enable 项，如图 5-2 所示。配置完成后，需要重新启动 Raspberry Pi 才能够开始使用摄像头。

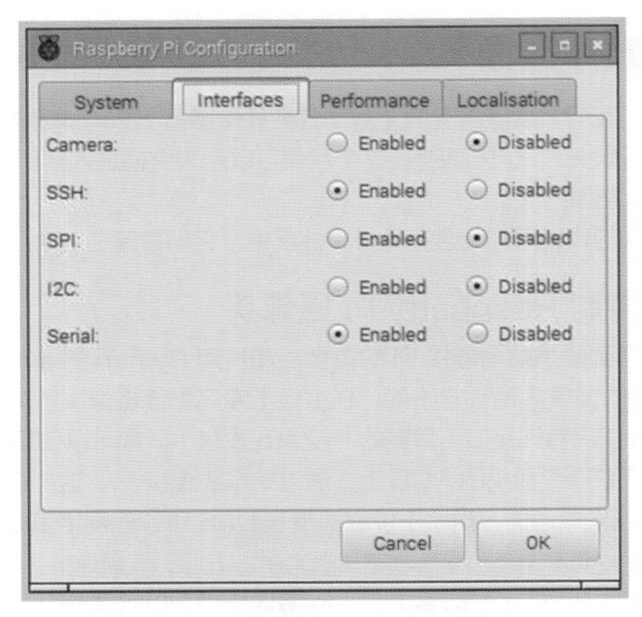

图 5-2　启动 Raspberry Pi 摄像头

如果是在命令行中操作 Raspberry Pi，则可以通过命令来进入配置页面：

```
sudo raspi-config
```

通过如下命令可以测试摄像头是否工作正常：

```
raspistill -o photo1.jpg
```

该命令将会操作摄像头拍摄一张图片，然后以 photo1.jpg 的名称存储。如果 Raspberry Pi 连接了显示屏，则可以看到照片拍摄时的短暂预览，而如果是命令行，只有一个短暂的延迟。

如果以上对于摄像头的测试一切正常，那么就可以开始使用 Python 操作摄像头了，以下的程序就是简单使用摄像头拍摄一张照片然后存储在指定目录：

```
import picamera

camera = picamera.PiCamera()

camera.capture( '/home/pi/photo1.jpg' )
camera.close()
```

这个程序非常直观，第一行是使用 import 命令加载用于操作摄像头的 picamera 模块，这就意味着后面程序中需要使用到 picamera 为前缀的函数来创建摄像头的对象。

接下来的语句创建了一个名为 camera 的摄像头对象，接下来的所有操作都针对该对象。首先使用的是该对象的 capture 方法，该方法用来操作摄像头拍照，并将结果命名为 photo1.jpg 后存入指定目录，最后关闭摄像头，释放系统资源。

因为该文件名和目录与上一次的命令行操作相同，如果之前的命令行已经在相同的目录产生了照片文件，则这次的运行结果会覆盖之前的文件。所以这就带来一个新的问题，如何能够给每一张照片一个独特的名字以保证它们不会互相覆盖？为了达到此目的，有两种不同的方法。第一种方法是采用计数法（日期标记），也就是每次拍照后将照片的名字命名为当前的计数值，然后再次拍照前累加计数(更新日期)。这种方法的代码如下所示，它使用了 time 模块和 strftime 方法，能够将自定义的日期格式存储为字符串形式。

这里示例的日期格式采用国际标准 ISO 8610，它按照时间表示单位的权重值降序排列，体现在具体的时间上就是“年 - 月 - 日 - 小时 - 分钟 - 秒”（程序中的格式为“year-month-dayThour:minutes:seconds”）。这样的命名方式所带来的好处是存储下来的照片名称遵循了系统的按时间排序规则，由于是国际标准，这种命名在不同的国家和地区都可被有效识别。但这样的方式所存在的问题就是，在一些操作系统中，文件名不支持“:”字符，所以在最终的程序中我使用了“-”来替代“:”，以保证这些文件在不同的操作系统中都可以被准确识别。

最新的程序代码：

```
import picamera
```

```
import time

camera = picamera.PiCamera()
timestring = time.strftime( "%Y-%m-%dT%H-%M-%S" , time.gmtime())
camera.capture( '/home/pi/photo_' +timestring+' .jpg' )

camera.close()
```

time.gettime() 用来获取当前的系统时间，其返回值的内容是“秒计数”，该值为 0 表示的是 1970 年 1 月 1 日 0 时 0 分 0 秒。time.strftime() 用来将“秒计数”数据转化为指定的字符串格式，该字符串最终被用来命名照片文件。

这段代码存在一个潜在的问题。Raspberry Pi 本身不带有计时芯片，如果它能够连接到互联网，则它的时间由网络服务更新，然而如果没有网络连接（如使用它在户外监测野生动物），它的系统时间可能会由于无法及时更新而出现错误。所以在将这些照片导出到电脑上查看时，可能需要重命名。现在可以将该段代码以 cameratest.py 的文件名存储，然后使用命令行运行：

```
python cameratext.py
```

每运行一次该代码，会有一张新的照片产生在“/hom/pi”目录下。

使用 PIR 传感器检测运动

PIR 传感器的完整的名称是“人体红外热释电传感器”，它可以感受到人体热量的释放，从而检测人体的运动，同样的原理，它也以可以用于检测动物的运动。但它并不能精确地检测出人体 / 动物的位置，它的输出结果一般用于判断是否有红外热源经过传感器附近。能够与 Rapsberry Pi 协同工作的该种类型传感器型号很多，本章节所使用的型号为 HC-SR501。在电路板上，有一个小块电路用于检测人体所释放的红外信号，然后输出高电平。图 5-3 所示的是 PIR 传感器的其中一种。

图 5-3　PIR 人体红外热释电传感器

该 PIR 传感器的供电电压为 5V，但输出的高电平电压则为 3.3V，这个电压正好和 GPIO 端口的电平电压所匹配。传感器的 5V 可以连接在 GPIO 接口中的 5V，GND 连接在地，信号输出可以连接到任意 GPIO 端口，本案例使用的是 GPIO4（接口物理位号为 7）。

电路的连接非常简单，甚至不需要使用到面包板。假设 PIR 传感器上面所带有的接口为排针接口，则可以使用“排母 – 排母”接口的杜邦线将其连接到 Raspberry Pi，如图 5-4 所示。

该 PIR 传感器的连接引脚位于其电路板的下方，而上方的电位器（可调电阻）则用来调节灵敏度。

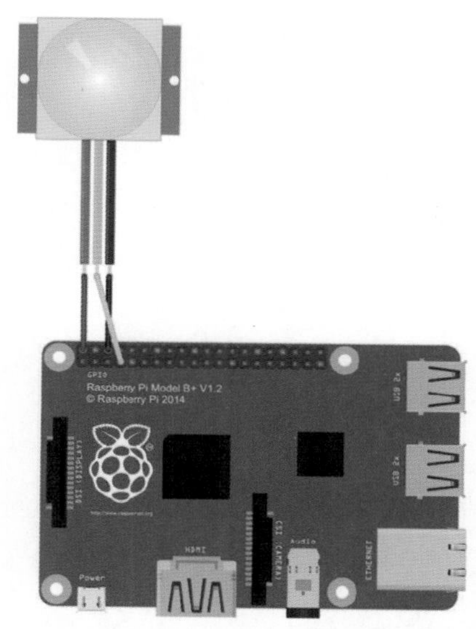

图 5-4　将 PIR 人体红外热释电传感器直接连接到 Raspberry Pi

这个 PIR 传感器可以直接使用 GPIO Zero 的 MotionSensor 类函数控制。该类中的函数提供了两个非常实用的功能，其一可以用来锁定程序，直到 PIR 传感器检测到人体运动后，程序才继续执行；其二也是用来锁定程序，但当 PIR 传感器检测到人体运动时程序依然会被锁定，直到红外信号消失一段时间后，程序才继续执行，该时间可以由用户设置。

和前面的案例一样，为了更方便地直接使用 MotionSensor 类中的函数，可以使用 from import 的格式加载：

```
from gpiozero import MotionSensor
```

MotionSensor() 函数用来创建一个传感器对象，括号中的参数为该传感器输出信号的 GPIO 接口。

```
pir = MotionSensor(4)
```

接下来可以调用该对象中的 wait_for_motion 方法或者 wait_for_no_motion 方法，除此之外，还可以使用 motion_detected 方法查看当前传感器的输出值。这里我们以 wait_for_ motion 方法为例，它会锁定程序，直到检测到红外信号后，程序继续执行。在默认情况下，该方法会无限期地等待，如果不想让它无限期等待，可以添加一个参数 timeout，这样的话程序会在等待超时后，继续执行后面的代码。在本书的案例代码中我没有使用到 timeout 参数，但是如果想要知道 Raspberry Pi 在一定时间的等待后是否还继续工作，即使没有热红外信号触发传感器，也可以使用该参数。本代码中添加了一个延迟，用来防止有人不断地在传感器前面移动而导致重复触发程序。

下面的简单程序可以用于测试传感器是否正常工作：

```
from gpiozero import MotionSensor
import time
# 使用 GPIO 4 读取 PIR 传感器信息
PIR_SENSOR_PIN = 4
# 每一次获取传感器信息的时间间隔
DELAY = 5

pir = MotionSensor(PIR_SENSOR_PIN)

while True:
    pir.wait_for_motion()
    print ("Motion detected")
    time.sleep(DELAY)
```

在 Python IDLE 的文本编辑器中输入以上代码，保存后运行。接下来可以离开房间，然后再次进入，观察是否有“Motion detected”结果输出。

使用 PIR 传感器触发 Pi 摄像头

截至目前，Pi 摄像头和 PIR 传感器都可以独立工作，我们所需要做的就是将两者的代码进行组合。代码的主要功能是：等待 PIR 传感器检测到运动的人体或者动物，然后摄像头将会拍摄一张照片，之后将照片以包含日期和时间的文件名存储。

以下为完整的程序代码：

```
from gpiozero import MotionSensor
import picamera
import time

# 使用 GPIO 4 读取 PIR 传感器信息
PIR_SENSOR_PIN = 4
# 每一次获取传感器信息的时间间隔
DELAY = 5

# 实体化 PIR 和 Pi 摄像头对象
pir = MotionSensor(PIR_SENSOR_PIN)
```

```
camera = picamera.PiCamera()

while True:
    pir.wait_for_motion()
    timestring = time.strftime("%Y-%m-%dT%H:%M:%S", time.gmtime())
    print ("Taking photo " +timestring)
    camera.capture('/home/pi/photo_'+timestring+'.jpg')
    time.sleep(DELAY)
```

该代码首先将两个代码中的 GPIO 引脚定义部分合并。主要的不同点在于摄像头的控制代码包含在了 while 循环内，而 camera.close 语句则被移除，因为在整个程序运行的过程中我们都需要使用到摄像头来拍摄照片。其实标准的写法应该还是要在程序的最后包含 camera.close 语句，但是该程序的关闭方式为使用组合键 Ctrl+C，所以这里不是必须使用关闭摄像头指令。

代码中的 print 函数用来显示照片拍摄的时间，但是这一行语句实际只有在测试的时候会用到，当程序测试通过后可以被移除。

将本段代码以 pir-camera.py 命名然后存储，以后可以通过命令行运行该程序：

```
pir-camera.py
```

如果想在 Raspberry Pi 离线的情况下使用该代码，可以将代码设置为 Raspberry Pi 启动后自动运行。这部分内容是 Linux 系统内的程序控制，将会在第六章中具体介绍。

红外线发射器和接收器

红外线发射器和接收器常常作为一组传感器同时出现，比较形象的名字叫做“红外对管”，该传感器可以用来发射和接收日常家用电器上使用到的红外线。在本章中，我们将会学习如何用红外线接收器接收一个遥控器所发射的内容，如何使用红外发射器来发射能够控制家用电器的红外信号。本章中的电路在第六章中仍然会被使用，用来控制乐高火车，在第七章中用于控制摄像头，拍摄定格动画。

红外接收器

本小节所介绍的红外接收器型号为 TSOP2438，该红外接收器已经内置了信号放大电路，包含三个外部引脚，分别为电源正极、接地和信号输出，其中的信号输出引脚可以连接到 Raspberry Pi 的 GPIO 接口。此传感器的输入电压范围为 2.5~5.5V，由于 GPIO 的电平电压为 3.3V，所以该传感器的电源正极需要连接到 Raspberry Pi GPIO 接口中的 3.3V 引脚。在连接电路时，推荐在电源输入上串联一个 100Ω 的电阻，并在电源输入和接地之间跨接一个 0.1μF 的电容，但是没有这两个元器件，红外接收器依然可以正常工作。附录 C 中给出了关于电容标号的详细信息。

该案例是第一次涉及电容的使用，电容是一种可以存储电荷的元器件。可以将一个电容理解为微型充电电池，但它存储的是电荷，而不是化学能。这里在电源输入和接地之间连接电容的目的在于使输入的电源更加“平整”，因为电源的微小波动可能会引起传感器的输出异常，这样的电容连接方式在电子设计中非常常用。

还有一些小型的红外接收器可以实现同样的功能。通常，一个系列的传感器会有多个不同的版本，它们的特性相似，不同的供应商通常只会在一个系列下选择部分版本进行销售。TSOP2238 是一个相对早期的版本，而 TSOP2236 和 TSOP2240 则是稍有不同的版本，它们的频率范围有所区别，但对于大多数的红外遥控器来说，应该是能够通用的。一些其他类型的红外接收器，如 TSOP4438 或者 TSOP4838，它们的操作非常类似，但引脚可能会有所不同，所以在使用时请参考它们的数据手册。图 5-5 所示的是 TSOP22XXXX 和 TSOP24XXXX 系列红外接收模块的引脚布局。

该案例将红外传感器的输出引脚连接在了 GPIO18（接口物理位号为 12）。

图 5-5 TSOP2438 的引脚布局

红外发射器

红外发射器的本质就是发光二极管，但这里的光不再是可见光，而是红外线。在光谱中，红外线的波长比可见光稍长，不在人眼的可视范围内。本案例所使用到的红外发射器型号为 TSAL6400，它能够发射出波长为 940nm 的红外光。该型号具有比较大的发射功率，在灯珠干净、空气通彻的情况下，最长的发射范围可以达到 5 米。驱动红外发射器的电路和前面第四章中驱动 LED 珠的电路相同，见图 4-6。

红外发射器的供电电源使用 Raspberry Pi GPIO 接口中的 5V。

该红外发射器最大可以通过 100mA 的电流，但实际在此电路中，工作电流为 60mA，该工作电流既可以保证发射的强度足够，又不会消耗太多电能。与该电流值相配合的电阻 RL 的阻值为 68Ω，电阻 RB 的阻值为 220Ω。

由于红外发射器的本质是二极管，所以在连接电路时需要注意极性，较长的引脚为阳极。

用于控制红外发射器的引脚为 GOIO17（接口物理位号为 11）。

红外发射接收电路

图 5-6 所示的是完整的 Raspberry Pi 控制红外发射器和接收器的电路原理图。和前面分别介绍的一样，红外接收器的供电为 3.3V 电源，而发射器的供电则为 5V。虽然为了画电路原理图连线的方便，发射器和接收器分别接地，但最终它们的接地是连接在一起的。

该电路同时具有红外发射和接收的功能，所以可以直接用于录制现有遥控器的红外信号，然后再通过发射器模拟该录制信号。如果只想要通过遥控器控制 Raspberry Pi，则发射器部分电路可以去除。同样的，如果只需要红外发射功能来控制其他家用电器，则接收器部分电路可以去除。

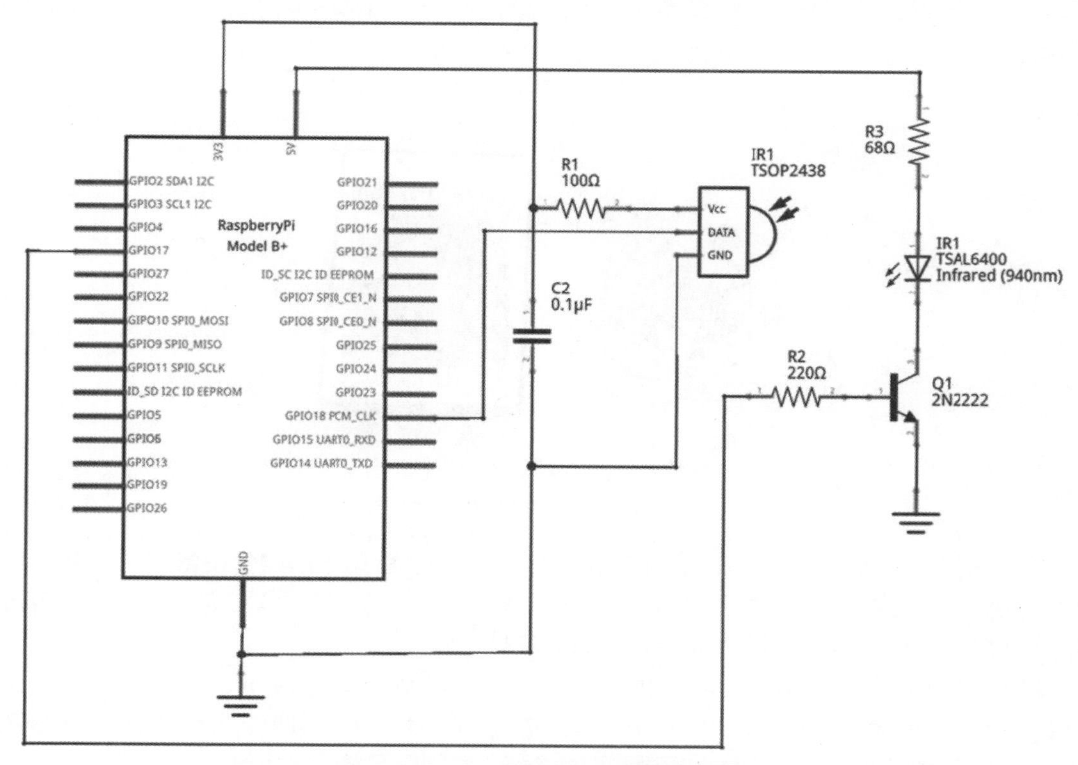

图 5-6 红外发射和接收电路原理图

使用 LIRC 配置红外发射和接收功能

红外发射和接收的功能通过 LIRC 软件实现，它的英文全称为 Linux Infrared Remote Control，提供了红外发射器和接收器的驱动功能，其接收到的结果可以传递到相应的应用程序中。

设置 LIRC 需要花一些时间，但是过程并不繁琐，本章节就是介绍这个配置过程和如何生成自定义的配置文件。

为了配合本小节的调试，我们需要一个红外遥控器，但是在调试过程中，请避开这些遥控器本来的控制对象，以避免误触发其他无关的家用电器。我自己使用的是一款名为 Crystallite 的遥控彩色 LED 泡中的配套遥控器，如图 5-7 所示。

首先第一步需要做的是安装 lirc 软件，在安装之前，请首先更新操作系统：

```
sudo apt-get update
sudo apt-get upgrade
```

使用 apt-get 工具安装 lirc：

```
sudo apt-get install lirc
```

还有一款名为 lirc-x 的红外相关软件，它用来实现红外遥控鼠标的功能，本书中不会使用到该软件。

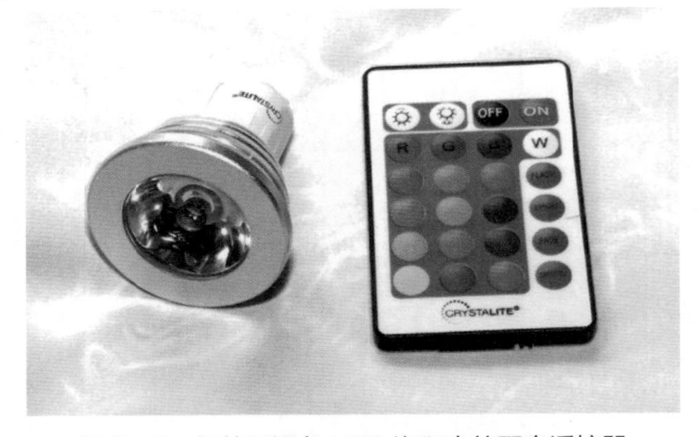

图 5-7　红外可调色 LED 泡和它的配套遥控器

接下来是在内核的设备中开启对该软件的支持。为了避免一些硬件设备间的相互冲突，RaspbianPi 默认关闭了一些特殊功能硬件的驱动功能，所以在使用时需要额外的步骤来启动它们，方法是使用 root 权限编辑 /boot/config.txt 文档。

编辑该文档时可以使用自己喜欢的编辑器，如 leafpad（命令为 gksudo leafpad /boot/config.txt）、nano（命令为 sudo nano /boot/config.txt）或者其他编辑器。在使用图形化应用时，需要使用 gksudo 获取 root 权限，而命令行工具则只需要使用 sudo。

找到这一行：

```
#dtoverlay=lirc-rpi
```

删除此行开头的 # 号。该符号一般用于注释语句，在系统读取该文档时，被注释的语句会被忽略，所致只需要取消注释，便可以激活 Raspberry Pi 的 lirc 驱动。

然后使用 root 权限创建一个新的文件，名为 /etc/modprobe.d/lirc，之后在文件内添加如下两行内容：

```
lirc_dev
lirc_rpi gpio_in_pin=18 gpio_out_pin=17
```

如果在实际电路中，使用了和默认值不同的引脚来控制发射 / 接收功能，则需要修改引脚映射，这里的引脚编号为 GPIO 编号，而非它们的物理顺序编号。

接下来需要更新硬件配置文件 /etc/lirc/hardware.conf。更新如下条目：

```
LIRCD_ARGS="--uinput"
DRIVER="default"
DEVICE=»/dev/lirc0»
MODULES=»lirc_rpi»
```

其他的条目保持默认值即可。

重新启动 Raspberry Pi 使配置生效：

```
sudo reboot
```

LIRC 在启动的过程中会按照最新的设定值重置，接下来就是添加控制细节遥控信息。最简单的方法是查看 /usr/share/lirc/remotes 目录。这里有能够适配上百种遥控器的配置文件，如果能够找到和自己遥控器相匹配的文件，只需要将它们下载到目录 /etc/lirc/lirc.conf.d/，配置文件名修改为遥控器名称即可，如果该目录没有创建，需要首先创建目录：

```
sudo mkdir /etc/lirc/lirc.conf.d
```

接下来在 /etc/lircd.config 文件中添加如下条目即可：

```
include "/etc/lirc/lirc.conf.d/remotename"
```

将以上代码中的 remotname 名改为你自己的遥控器名称，如果该文件的第一行有 UNCONFIGURED 字段，则移除该字段。

如果找不到能够适配自己遥控器的配置文件，则可以选择自己录制，需要使用到 irrecord 软件。该软件能够计算出当前所接收到的红外线信号的编码，尽管它不能用于录制所有红外线遥控器，但大多数的红外遥控器信号可以被它捕捉并识别，尤其是那些按键非常少的遥控器。

如果要使用 irrecord 功能，则不能同时运行 lircd。如果之前没有添加过遥控器配置文件，则 lircd 不会运行，但是最好还是在录制之前确保 lircd 已停止运行：

```
sudo systemctl stop lirc
```

然后运行如下命令：

```
irrecord -d /dev/lirc0 --disable-namespace ~/lightremote
```

disable-namespeace 选项用于自定义红外遥控器按键的名称。如果你所使用的遥控器要用作控制多媒体，则它们的名称默认是会有匹配的，但自己添加名称也无妨。录制的结果被存放在 lightremote 文件中，该名称用于辨识它属于哪一款遥控器。

接下来 irrecord 会给出一系列的提示信息，包括按下遥控器上的按键，命名当前录制到的按键，只需要跟随指令，按下相应的按键即可。

录制完成后，所有的内容都会存储在这个名为 lightremote 的文件中：

```
begin remote

  name  /home/pi/lightremote
  bits            16
  flags SPACE_ENC|CONST_LENGTH
  eps             30
  aeps           100

  header       9116  4434
  one           637  1614
  zero          637  490
  ptrail        629
  repeat       9116  2193
  pre_data_bits   16
  pre_data       0xFF
  gap          108044
  toggle_bit_mask 0x0

     begin codes
         On                    0xE01F
         Off                   0x609F
         Brighter              0xA05F
         Dimmer                0x20DF
         Red                   0x906F
         Green                 0x10EF
         Blue                  0x50AF
         White                 0xD02F
         Yellow                0x8877
         Aqua                  0x08F7
         Pink                  0x48B7
         Flash                 0xF00F
         Strobe                0xE817
         Fade                  0xD827
         Smooth                0xC837
     end codes

end remote
```

我没有录制该遥控器上的全部按键，只是满足自己的需要即可。如果你觉得这些按键不够使用，只需要录制更多剩余按键即可。

在该配置文件中，我修改了一处内容。将如下内容：

```
name  /home/pi/lightremote
```

替换成为了：

```
name  lightremote
```

代码的头部是遥控配置文件的一些细节信息，如编码的时序。位于 section begin 之后的代码就是每一个独立按键的编码。

为了能够将该遥控配置文件添加到 LIRC 中，首先需要为它建立一个目录：

```
sudo mkdir /etc/lirc/lircd.conf.d
```

将配置文件复制到该目录：

```
sudo cp ~/lightremote /etc/lirc/lircd.conf.d/
```

然后编辑 /etc/lirc/lircd.conf 文件，首先删除这一行：

```
#UNCONFIGURED
```

这个字段通常是在该文件的第一行，然后添加一个包含信息：

```
include "/etc/lirc/lircd.conf.d/lightremote"
```

现在可以启动 lircd：

```
sudo systemctl start lirc
```

运行如下命令可以检查 lircd 是否成功启动：

```
sudo systemctl status lirc
```

接下来可以使用 irsend 命令发送这些遥控信息。

通过如下的命令可以看到所有配置过的遥控器信息：

```
irsend LIST "" ""
```

该命令的结果中应该会出现刚才添加的遥控器配置。如果它位于目录 /home/pi 之中，我们需要使用 root 权限编辑，删除它名字中的目录信息。

为了看到跟多关于 lightremote 文件的细节，可以运行如下命令：

```
irsend LIST "lightremote" ""
```

结果为之前录制的按键信息：

```
irsend: 000000000000e01f On
irsend: 000000000000609f Off
irsend: 000000000000a05f Brighter
irsend: 00000000000020df Dimmer
irsend: 000000000000906f Red
irsend: 00000000000010ef Green
irsend: 00000000000050af Blue
irsend: 000000000000d02f White
irsend: 0000000000008877 Yellow
irsend: 00000000000008f7 Aqua
irsend: 00000000000048b7 Pink
irsend: 000000000000f00f Flash
irsend: 000000000000e817 Strobe
irsend: 000000000000d827 Fade
irsend: 000000000000c837 Smooth
```

在使用irsend命令时，附带参数SEND_ONCE，然后加入按键的名称即可发送该按键信号:

```
irsend SEND_ONCE lightremote On
```

使用 python-lirc 接收红外信息

现在 LIRC 功能已经配置完成，可以使用 python-lirc 模块来处理一些红外遥控的信息，进而进行一些相应的控制操作。首先需要再次修改几个 LIRC 的配置文件，以确保接收到的红外信息会发送到 python 程序中。使用文本编辑器修改（或创建）/etc/lirc/lircrc 文件，添加如下信息:

```
begin
    prog = testlirc
    button = On
    config = On
    repeat = 0
end

begin
    prog = testlirc
    button = Off
    config = Off
    repeat = 0
end
```

该段代码只示例了 On 和 Off 按键，实际在你自己修改该文件时，需要添加所有你希望使用到的按键信息。当 LIRC 收到红外信号时，它会在该文件中查找接收到的信号是否在列表中，如果在则将其信息转发到相应的监视程序（如代码中该程序名为 testlirc）。这个程序的名字可以替换成为你所需要的名字，只要它和 Python 程序相吻合即可。

重启 lircd 服务使配置生效:

```
sudo systemctl stop lirc
sudo systemctl start lirc
```

python3-lirc 模块默认并没有安装，安装命令如下：

```
sudo apt-get install python3-lirc
```

接下来创建一个名为 testlirc.py 的程序文件：

```
sockid = lirc.init("testlirc")

while True:
    code = lirc.nextcode()
    if (len(code)>0):
        print ("Button pressed is "+code[0])
    else:
        print ("Unknown button")
```

程序首先加载了 lirc 模块，然后创建了一个用于和 lirc 通信的套接口（socket），该函数的参数就是上面配置文件中 prog 字段的值。在其后的循环中，程序首先通过 lirc.nextcode() 获得遥控指令的编码，然后判断该编码的长度是否符合要求。如果该按键在配置信息中没有被写入，则 code 的值为空。假设现在有一个配置过的按键信息，那么它的名字会被存储在 code[0] 之中，然后在屏幕上显示。如果按下 On 按键，输出结果应该为：

```
Button pressed is On
```

该程序需要使用组合键 Ctrl+C 退出。

以上代码仅用于测试，如果要对指定的按键做出反应，则需要略微修改。

如果把一个 LED 连接在 GPIO22 接口，下面的案例将会实现使用遥控器上的某个开关控制 LED 的开启或关闭。

```
import lirc
from gpiozero import LED

# 使用 GPIO 22 控制 LED
LED_PIN = 22

sockid = lirc.init("testlirc")
led = LED(LED_PIN)


while True:
    code = lirc.nextcode()
    if (len(code)>0):
        if (code[0] == "Power"):
            led.toggle()
```

LED 其实可以被替换成为第四章所用到的任意一种 LED 光源，这取决于你希望控制的灯的亮度有多大。

使用 Python 发送红外信号

前面的小节中我们已经提到使用 irsend 命令发送红外控制信号。该命令在本小节仍然会使用，只是不再通过命令行直接输入，而是通过 Python 程序调用。这样的命令调用方法不仅可以用于发送红外线信号，还可以用于调用其他的指令，如果某些软件没有提供相应的 Python 模块，则可以直接用 Python 与其进行指令交互。

下面的程序被命名为 sendir.py，它实现的功能是，首先发送 On 信号，然后稍事延迟，再发送 Off 信号。

```
import os
import time

REMOTE = "lightremote"
DELAY = 20

def send_ir_cmd (remote, op):
    os.system("irsend SEND_ONCE "+remote+" "+op);

send_ir_cmd (REMOTE, "On")
time.sleep(DELAY)
send_ir_cmd (REMOTE, "Off")
```

该功能的实现是通过系统模块中的 os.system 函数，只需要将希望发送的按键名称和其所属的遥控器名称写入，即可实现与命令行相同的效果。

更多关于红外的元器件

本书后面章节中将会再次使用到红外相关的功能，如第六章中的乐高火车。虽然用于实现红外发射和接收功能的电路并不复杂，可以用很少的时间重新制作，但如果你的面包板上有多余的空间，完全可以将它先保存起来，我们将在第十章中学习如果制作更加永久稳固的电路。如果不想重新自制红外电路，也可以购买一个预制好的 Raspberry Pi 红外扩展板。Energenie Pi-Mote IR 就是其中的一种，型号为 ENER314-IR，它的工作电路和本章案例所介绍的基本一致。

电平转换

在开始下一个案例之前，我们首先需要了解一下电平转换的相关知识。电平转换，顾名思义它就是改变输入或者输出信号的电压。如前面章节所提到，Raspberry Pi 的 GPIO 接口电平为 3.3V，这就意味着它只能和支持 3.3V 电平的外部传感器 / 电路相连接，但实际情况却是，大部分的传感器电路的电平为 5V。I^2C 总线协议是外部传感器最常使用的与主机通信的协议，所以 I^2C 的通信也多使用 5V 电平。

以下主要介绍了三种不同的方法，根据不同的情况，它们可以用来将输入 Raspberry Pi GPIO 接口的电平电压降低，也可以将 GPIO 的输出电平电压提高，如果想要 GPIO 和外部电路双向通信，也有双向电平转换的方案可供选择。

使用分压电路减小输入电压

第一个例子是最简单的，但非常实用。如果外部传感器的电平电压为 5V，就可以使用该电路将其电压降低为 3.3V, 然后输入 GPIO。该电路的本质是一个电阻分压电路（也称之为比例分压器），它由两个电阻组成，如图 5-8 所示。

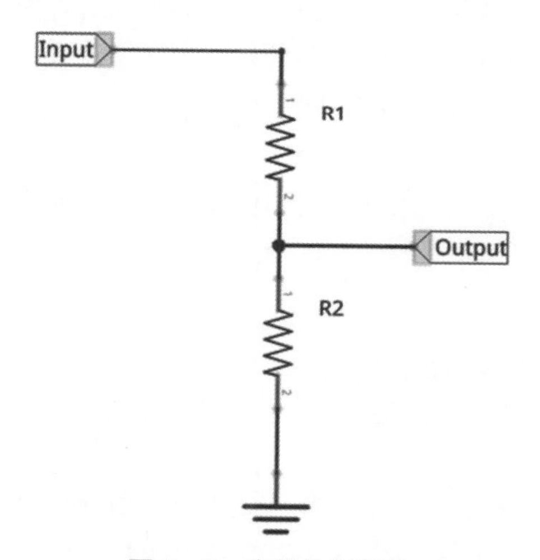

图 5-8　电阻分压电路

两个电阻由输入信号线串联而成。当传感器想要输出一个信号，该信号的电流就会通过输入线流经两个电阻，而该电路的输出线位于两个电阻中间，所以输出的电压就是 R2 的分压。换句话说，输出电压值为输入电压值减去电阻 R1 的分压。由于两个电阻为串联，所以流经它们的电流相同，所以如果两个分压电阻的阻值相同，则输出信号的电压为输入信号电压的一半，若该输入电压为 5V，则电阻 R1 和电阻 R2 各分压 2.5V。为了连接到 Raspberry Pi 的 GPIO，所需要的输出电压应该为 3.3V，这就意味着电阻 R2 的分压应为 3.3V，而 R1 为 1.7V。这个比例大概是三分之二，所以 R2 的阻值应该大约为 R1 的两倍。

现在知道了两个电阻的阻值比，但是如何确定电阻的具体阻值呢？为了确定具体阻值，我们需要具体地考虑该分压器的输入和输出。

对于传感器来说，首先需要确保的是，它输入分压器的电流不应该超过它本身的输出能力。对于分压器的输出，需要确保有足够的输出电流来驱动下一级电路，同时也要保证下一级负载不会大幅度改变分压器输出端的电压。

该电阻分压器在没有接入负载时（输出端口悬空），所有的输入电流只流经两个电阻。而如果现在将输出接口连接上负载电路，分压器输入电流在流经 R1 后，会有一部分被分流到负载电路中。如果后级电路是控制一个 MOS 管（Raspberry Pi 的 GPIO 输入口同样可以被认为是一个 MOS 管），由于 MOS 管属于电压触发型元器件，所以门极输入电流极低。然而，如果后级电路直接连接一个大负载，或者一个用来控制大电流元器件的三极管，就会有过多的电流从分压器流入负载，这导致的结果就是分压器的输出电压发生变化。在实际的使用过程中注意到这个问题，就可以尽量选择小的电阻值来实现该比例，虽然这样的做法显然会消耗更多的能量，但只要确保这个小电阻不会让传感器的输出电流超过它所能承受的范围即可。

由于这个案例中分压器的输出直接连接 Raspberry Pi 的 GPIO 接口，我们不太需要考虑电流的问题，因为 GPIO 的输入阻抗很大。所以只需将电阻的总阻值确定为 100Ω，这样电流就约为 0.05mA（或者说 50nA），如果后级电路消耗的电流较大，这里可以选择更小一些的阻值。

在标准阻值的范围内，R1 和 R2 的合适阻值分别为：

$$R1 = 39\text{k}\Omega$$

$$R2 = 68\text{k}\Omega$$

该分压参数应该能够给出 3.2V 左右的输出电压，比 GPIO 接口的最大输入电压 3.3V 略低。

单向电压电平转换器

当使用 5V 电平的外部电路需要输出给 GPIO 信息时，需要一个降压电路。反而言之，当 GPIO 想要驱动一个外部 5V 电平电路时，就要将 3.3V 升压，后文中的全彩 LED 条就需要使用到这样的驱动方式。

首先需要检查的是，两个连接的电路是否需要电平转换。一个确定的电路或电子元器件通常有它所设计的工作电压和浮动区间。对于 Raspberry Pi 的 GOIO 接口来说，它也有设计的电压参数，如当输出低电平信号时，GPIO 引脚的电压应当小于等于 0.8V，如果是高电平信号，则最高输出电压为 3.3V。然而，实际情况中高电平的电压取决于当前 GPIO 引脚和其他 GPIO 引脚的电流情况，它的最低电压可能达到 1.3V。但在大多数情况下，GPIO 引脚不直接连接大负载外部电路，所以其高电平能够保证接近 3.3V。

接下来我们要使用到 WS2812 全彩 LED，它的正常工作电压为 5V，浮动区间为 0.5V。可以认为，当将它连接在 5V 电源时，能够达到最大亮度，而如果将它的输入电压降低到 3.3V，它依然可以发光，但很显然 3.3V 远低于正常浮动区间的最低值 4.5V。这样的情况下看似 LED 也可以工作，但潜在的问题是由于工作电压的不正常，它的工作状态不可预测。在电路设计中，电路“不工作”通常比电路“在不正常状态工作”更好，因为电路不工作时，我们可以仔细检测潜在的问题，而如果在不正常的工作状态，很多潜在的问题容易被忽略，电路的可靠性就非常差。

有一些现成的集成电路缓冲器可以实现电平转换的功能。如 74HCT125，它能够接受低至 1.6V~2.2V 的输入电压，而输出电压则接近 5V。请注意，该版本仅仅是为 TTL 电平设计，所以型号中有一个额外的 T 在中间。常规的型号为 74HC125，它的设计电压较高，可能和

Raspberry Pi 的 GPIO 接口兼容性不是很好。

在实际的电路中，尽管可以使用 74HCT125，但由于本书侧重于学习电子知识，所以下面我将介绍一款简单的电平转换器，它基于 MOS 管电路，电路原理图如图 5-9 所示。

图 5-9 所示的电路本质上是一个反转缓冲器，当门极输入为低电平时，输出为高电平（转换器的电源电压），反之亦然。不过大多数情况下，这样的反转可以通过改变软件设置来抵消。如果想要在不修改软件的情况下实现“非反转逻辑电平转换”，则可以再添加一个二级电路，再次反转电平，或者直接使用现有的集成电路（芯片）。

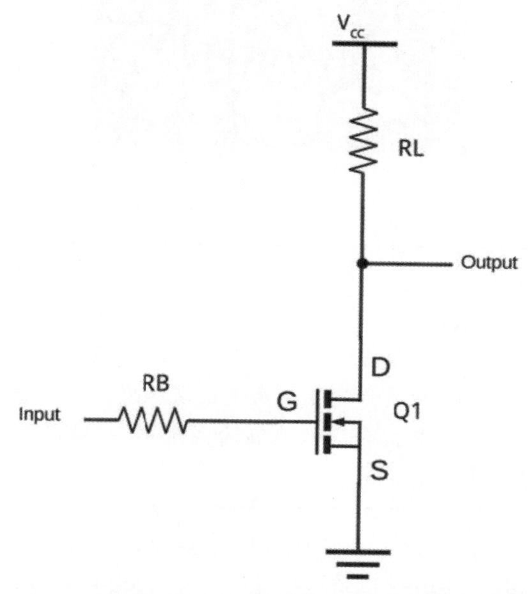

图 5-9　基于 MOS 管的电平转换器

该电路的基本原理和第四章中用于控制 LED 的电路相同，只是把负载从 LED 变成了一个上拉电阻（RL）。当门极输入为低电平时（0V），MOS 管关闭，转换器的输出就是电源电压；当门极输入为高电平时（3.3V），MOS 管打开，转换器的输出端就直接与地连接，输入低电平（实际上此时的电平并不是绝对的 0V，因为 MOS 管也是有一定分压的，但在这种情况下该电压很小，一般低于 0.5V）。

电阻 RB 的阻值为 220Ω，具体的确定方法请参考前面的第四章。RL 的阻值需要取决于后级电路，典型的取值范围是 1kΩ~100kΩ。在全彩 LED 电路中，该阻值实际选取得比较低，主要原因是，由于 LED 线缆比较长，低电阻所带来的大电流可以补偿后级电路的损耗。

双向电平转换器

有时，两部分电平不一致的电路需要进行双向通信，这时就需要使用到双向电平转换器。在本小节，我们将学习如何在 Raspberry Pi（3.3V）和 5V 传感器之间进行 I^2C 双向通信。I^2C

通信协议的物理层和其他协议有所不同，它没有确定的电平要求，在不同的电平情况下，通过上拉电阻实现电平的匹配，这是一个非常好的特性。这个双向电平转换器的电路是参考 Adafruit 和 SparkFun 的产品而来的，这是一个使用贴片封装的 MOS 管实现的小型 PCB 电路，如图 5-10 所示。

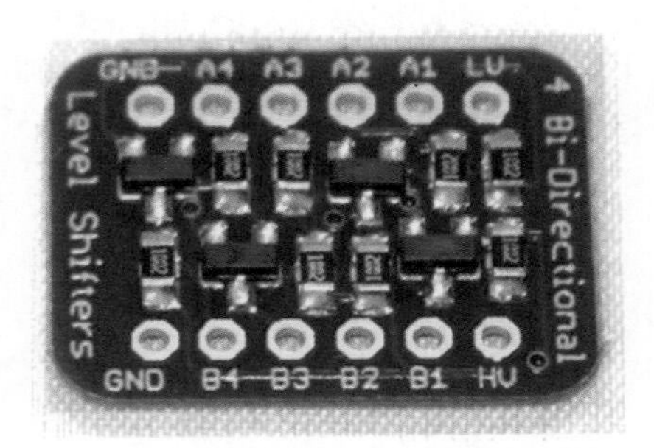

图 5-10　Adafruit 双向电平转换器

上拉电阻

上拉电阻用来在输入 / 输出信号不确定的时候，产生一个高电平信号。比如开关按键的检测，当开关按下时，电路接通，此时输入信号明确，但如果没有按下开关，此时检测到的信号状态是不确定的，电路噪声可能会被当做开关信号而造成误触发。这时如果加入一个上拉电阻，在开关没有被触发的时候，输入信号就会默认地置为高电平。当按下开关时，上拉电阻与 GPIO 连接的一端短路到地，输入信号被拉低。

该电平转换器包含 4 个通道，每一个通道的电路是一样的，其中所使用到的 MOS 管的型号为 BSS138。由于该电路使用了贴片封装的元器件，所以焊接起来并不容易，但它的价格还算合理，实际使用中可以直接购买一个现成的电路模块。即便如此，了解一下它的电路工作原理也是有必要的，如图 5-11 所示的就是其中一个通道的电路原理图。

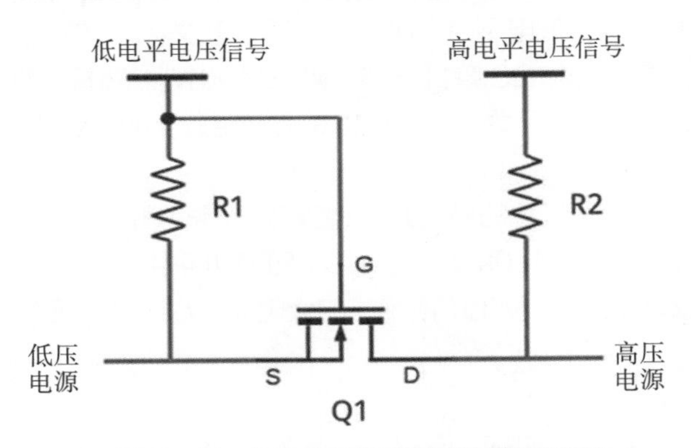

图 5-11　双向电平转换器单通道原理图

可以看出该电路的中心元器件是一个采用了非常规连接的 MOS 管。如果第一次不能看懂它的工作原理，完全不用担心，随着电路经验的丰富，这个电路理解起来会变得十分简单。

MOS 管的漏极和源极分别连接在输入端和输出端，如果输入端和输出端同时为高电平，则 MOS 管是关闭状态，两个上拉电阻保证了两端均为高电平状态（左边为 3V，右边为 5V）。

如果左边的端口为低电平，此时低压电源接通，门极出现正电压，MOS 管开启，会将右侧的端口电平拉低。

如果右边的端口为低电平，由于 MOS 管的内部特性，内部会形成从漏极到源极的微小电流，这会导致门极电压下降而开启 MOS 管，这样就会将左端与右端直接接通，输出低电平。

除了使用电路模块，另一种方案是使用现有的转换芯片，如 74LVC245。请注意由于上拉电阻的原因，74LVC245 并不支持 I^2C 总线，但它可以支持其他类型的通信协议，如 SPI 等。

I^2C LCD 显示屏：问答游戏

下一个案例我们将介绍如何使用一个 I^2C 协议的 LCD 显示屏与 Raspberry Pi 交互实现“问答游戏”游戏。

LCD 字母显示屏

这个案例中我们将会使用到 LCD 字幕显示屏，一些需要显示简单文本的项目常常使用到它，最贴近生活的例子就是自助饮料机和自助售货机，它们所使用的就是这种显示屏。

我所使用的这个显示屏每行可以显示 20 个字母，一共有 4 行（也被称为 LCD2004）。和这个型号类似，另一种最常用到的 LCD 显示屏是 1602，它每行显示 16 个字母，一共有两行。这两个显示屏可以互相替换，但是如果直接在本案例使用后者，需要修改代码，并且显示信息的长度也会受到限制。

这个 LCD 显示屏同时支持 3.3V 和 5V 电压，所以只要将它的供电电压连接在 3.3V，就可以将通信线直接连接在 Raspberry Pi 的 GPIO 端口而不需要转换电平。它提供了两种和 Pi 通信的方式，第一种是并行数据通信，这样需要使用到 6 个 GPIO 端口（4 根通信线，2 根电源线），而另一种是 I^2C 通信，它只使用到 4 个 GPIO 端口（2 根通信线，2 根电源线）。而后这其中的 2 根 I^2C 通信端口是可以和其他支持 I^2C 的传感器同时使用的。

I^2C

I^2C 是一种总线通信协议，它用于不同的控制器 / 传感器间通信，通过主机 / 从机的方式协调工作。一般来说，如果使用 Raspberry Pi 的 I^2C 功能来控制外围 LCD 或者传感器，则 Raspberry Pi 为主机模式。

I^2C 的通信方式在低速元器件中尤其适用，这是一种双向的通信协议，既可以发送数据，也可以接收数据。学习该协议时，可以参考 SMBus 协议（System Management Bus，系统管理总线）驱动，它用于 PC 与外围的一些设备通信。从类型上来说 SMBus 算是 I^2C 总线协议的一个子类，但是它对很多方面有更加严格的要求，而且只能够实现低速通信。接下来的内容，我将会以 I^2C 为参考，但如果你熟悉并且了解 SMBus 的工作原理，就会发现它们的基本原理是相同的。

I^2C 的一个重要特性是，它只有两根通信线，而这两根线上可以挂载多个设备。在这两根通信线中，一根用来作为数据传输线，简写为 SDA，另一根用来发送同步时钟信号，简写为 SCL。这样的通信方式有一个缺点，所有挂载在总线上的设备共享同一个带宽。这对于带宽需求不高的元器件来说没有问题，但是对于高带宽需求的设备（如摄像头等）就显得不够用了。Raspberry Pi 的 I^2C 有 2 个通道，早期版本中的 0 通道用于与摄像头通信，也在 GPIO 端口的 3 号和 5 号口引出，但在后续的版本中，GPIO 端口中的 I^2C 连接在了 1 通道，就是因为摄像头会消耗掉过多的带宽，导致其他设备不够用。今天能够购买到的 Raspberry Pi 的 GPIO 中的 I^2C 都连接在 1 通道，所以引脚复用功能表中将其表示为 SDA1 和 SCL1。

I^2C 是基于主从的通信，Raspberry Pi 在通信的过程中常常扮演主机的角色，总线上的其他设备为从机，由 Raspberry Pi 来决定什么时候发送 / 接收数据。

图 5-12 所示的是 I^2C 通信的方块图。

I^2C 的物理层是开漏连接方式，这就意味着外部需要额外添加上拉电阻。Raspberry Pi 的 GPIO 端口内部有上拉电阻，有一些传感器或者控制器也在它们自己的控制电路上集成有上拉电阻。

尽管 I^2C 支持不同的电压操作，但如果将 Raspberry Pi 通过 I^2C 连接到 5V 外部传感器时，还是建议使用双向电平转换器。

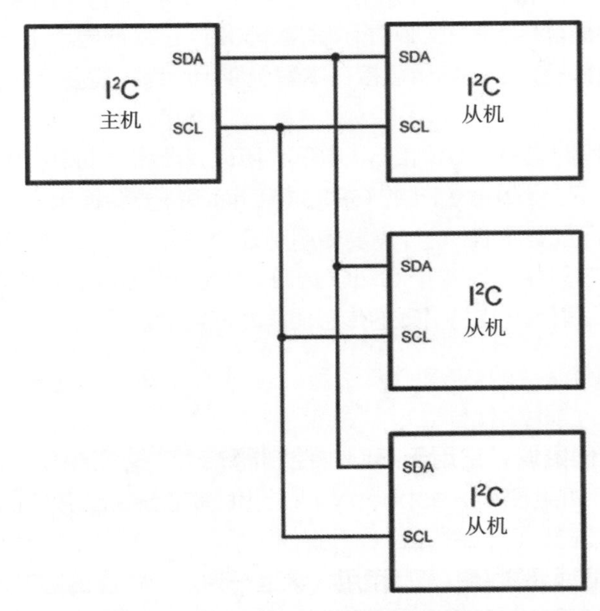

图 5-12　I^2C 主从设备通信原理

I²C 总线上的每一个设备都有一个自己的地址，这些地址不会重复。如果想要将同一种型号的设备同时连接在一根 I²C 总线上，一般这些设备本身有地址设置线可用连接 / 断开以产生不同的地址信息。

用于 LCD 显示屏的 I²C 适配器

为了让 LCD 显示屏能够受控于 I²C 信号，需要为它添加一个 I²C 控制器。该控制器是一片很小的电路板，可以安装在液晶显示屏的背面。由于使用了 I²C，所以对 Raspberry Pi GPIO 端口的占用极大减少，为其他电路留出了更多可用的接口。在购买 LCD 显示屏时，有的已经附带了这种模块，如果没有，则可以直接购买。本案例中的 I²C 适配器模块是基于 PCF8574 的 8 位 I/O 扩展器，它能够使用 I²C 控制 8 个 I/O 端口，这对于 LCD 显示屏来说非常理想。安装了 I²C 适配器的 LCD 显示屏如图 5−13 所示。

图 5−13　安装了 I²C 适配器的 LCD 显示屏

黑色的部分就是 I²C 适配器，它有一个可调电位器，用来调节显示屏的对比度。如果在后续运行程序后，看不到显示屏上的字母，则需要调节该旋钮。

在可调电位器的下方，有三组触点，这就是用来改变该模块地址的。通常情况下可以使用跳线或者跳线帽将两个导通，但这里可以直接使用烙铁将对向的两个焊盘焊接在一起。如果 I²C 总线上只有一个设备，那么没有必要短路该地址焊盘。

“问答游戏”游戏电路

该电路包含一个电平转换器连接到 I²C LCD 显示屏和 3 组轻触开关。开关分别用来表示“开始”、“正确”和“错误”，以此来实现一个判断题小游戏。开关按键和 GPIO 的对应关系是，“开始”按键连接到 GPIO23，“正确”按键连接到 GPIO22，“错误”按键连接到 GPIO4。

完整的电路原理图如图 5−14 所示。

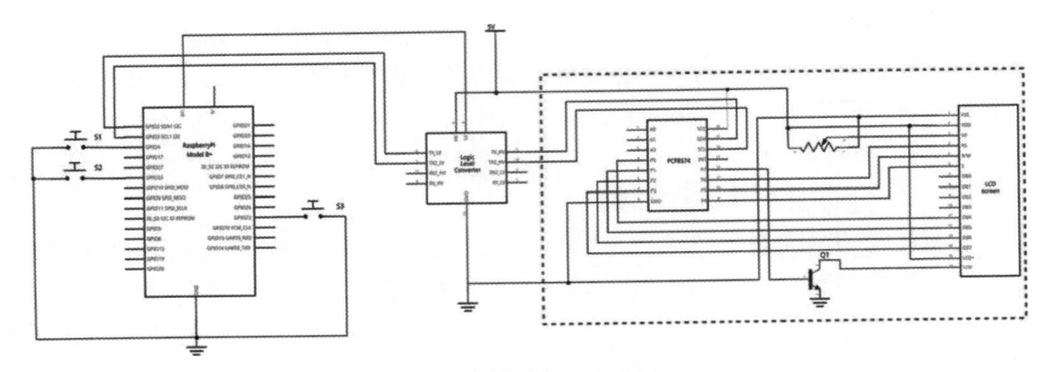

图 5-14　问答游戏电路原理图

该原理图展示了 LCD 显示屏和 I²C 适配器的细节电路连接方式（虚线方框内），这让电路原理图看起来很大，所以不容易看清。我将它们分成了两个部分，图 5-15 是 LCD 显示屏和 I²C 适配器部分的电路原理图，图 5-16 是 Raspberry Pi、电平转换器和开关部分的电路原理图。

正如你所见，PCF8574 的作用就是用来给 LCD 显示屏发送正确的控制信号，可变电位器用来调节对比度，在实际的使用过程中该电位器需要重新调节，让屏幕获得清楚的显示信息。PCF8574 和可变电位器已经集成在了 I²C 控制模块上，不需要额外添加。

在电路的左端，有 2 个端口用于 I²C 通信，一根线连接到 5V 电源，另一根线连接到地（电源可以直接连接到 GPIO 端口中的 5V 和地）。

A0 到 A3 端口是地址选择，通过将它们置高或者置低便可以设置不同的信息组合，从而实现地址的区分。这几个端口都可以保持默认的悬空状态，稍后可以在 I²C 总线上搜索找到该模块的地址。

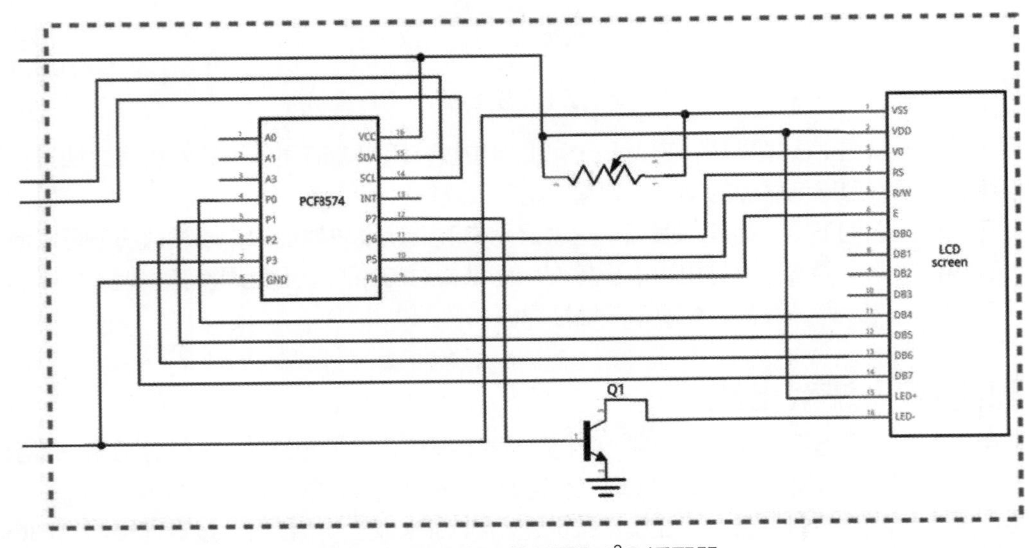

图 5-15　LCD 显示屏和 I²C 适配器

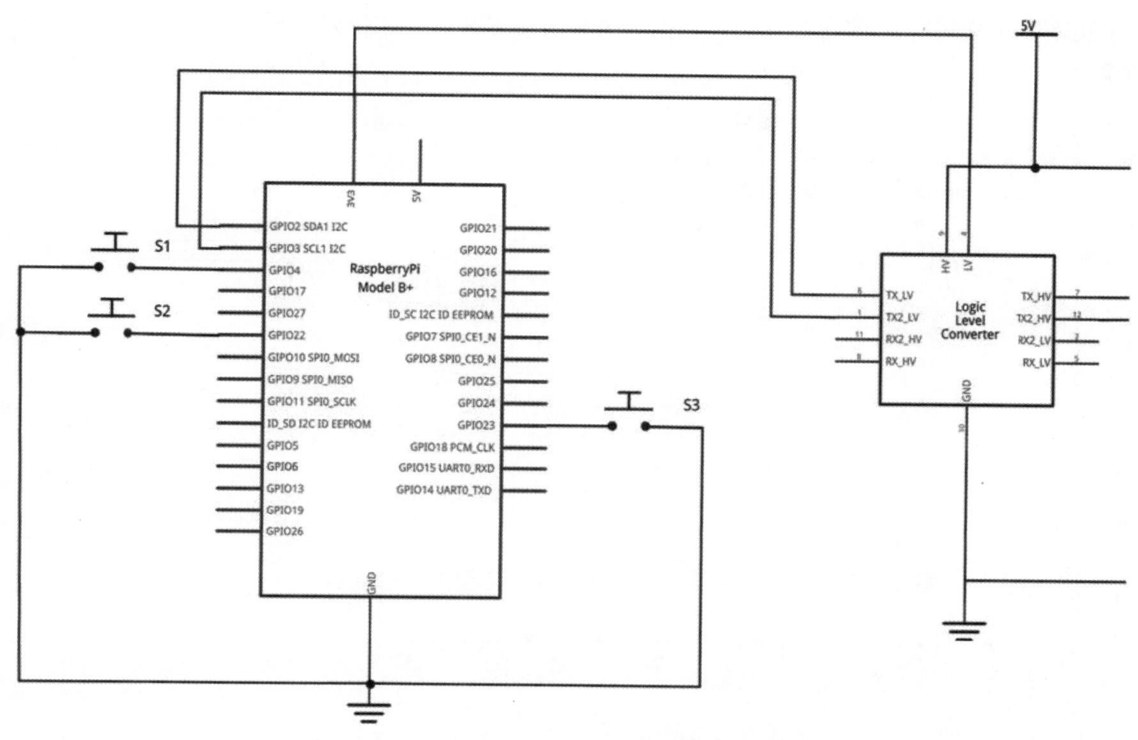

图 5-16　Raspberry Pi、电平转换器和轻触开关

在图 5-16 中，可以看到电平转换器和轻触开关。所有的开关一端与相应的 GPIO 接口连接，另一端则接地，上拉电阻使用 GPIO 内部上拉电阻。Logic Level Conventer（逻辑电平转换器）代表的就是电平转换器，只是在 Fritzing 中的名字有所不同。这两种不同的名称表示的功能相同，只是侧重点不同，这里强调逻辑的转换。该电平转换器也是一个小片 PCB 模块，当它焊接上排针以后就可以插入到面包板中。

设置 I²C 并编写程序

目前硬件电路已经搭建完毕，本小节将着重讲解软件部分的内容。首先为了使用 I²C 总线，需要在系统配置中开启对该功能的支持。和之前开启摄像头的步骤一样，需要使用 Raspberry Pi Configuration 工具，在 Interface 标签中的 I²C 一行，选择 Enable，如图 5-17 所示。

接下来重启 Raspberry Pi，让最新配置的内核重新加载相关模块。

然后安装 Python 的 SMBus 模块：

```
sudo apt-get install python3-smbus
```

通过 i2cdetect 1 可以侦测当前 I²C 总线上的设备，参数 1 表示 I²C 通道 1，如果使用的是最早期的 Raspberry Pi，则该参数应该为 0。该指令运行后会收到一些警告信息，因为在扫描总线的过程中，如果总线在传输数据，就会发生冲突。但现在只是开始阶段，可以忽略这个警告。

```
sudo i2cdetect 1
WARNING! This program can confuse your I2C bus, cause data loss and worse!
I will probe file /dev/i2c-1.
I will probe address range 0x03-0x77.
Continue? [Y/n] y
     0  1  2  3  4  5  6  7  8  9  a  b  c  d  e  f
00:          -- -- -- -- -- -- -- -- -- -- -- -- --
10: -- -- -- -- -- -- -- -- -- -- -- -- -- -- -- --
20: -- -- -- -- -- -- -- -- -- -- -- -- -- -- -- --
30: -- -- -- -- -- -- -- -- -- -- -- -- -- -- -- 3f
40: -- -- -- -- -- -- -- -- -- -- -- -- -- -- -- --
50: -- -- -- -- -- -- -- -- -- -- -- -- -- -- -- --
60: -- -- -- -- -- -- -- -- -- -- -- -- -- -- -- --
70: -- -- -- -- -- -- -- --
```

以上便是总线扫描指令的输出结果，可以看到 3f 位置有一个设备。

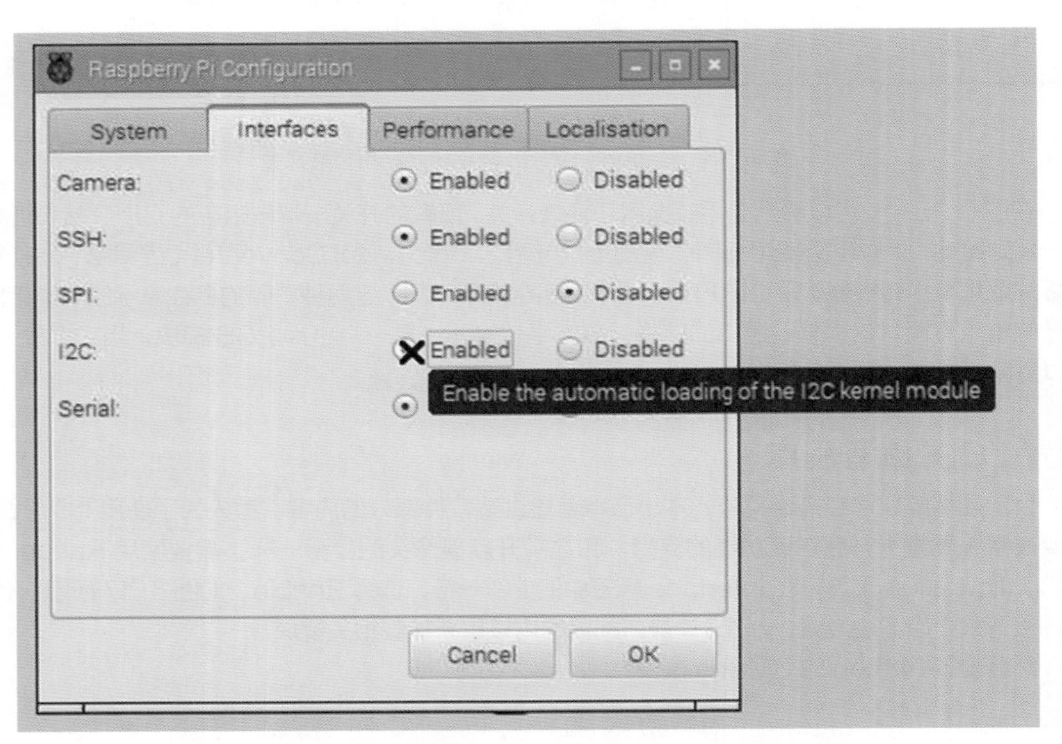

图 5-17 通过 Raspberry Pi Configuration 工具使能 I²C

对于 I²C 通信和 LCD 显示屏的控制而言，有许多不同的 Python 模块可供使用。但是截至编写本书时，我还没能找到一个能够同时支持两者的。通过修改一些已有案例的代码，我创建了一个自己的模块文件（更多信息请见代码）。

在本书提供的支持文件包中可以找到这个代码文件，它位于 quiz 文件夹中，文件名 I2CDisplay.py。

该模块文件将模块中的 I^2C 设备地址 I^2C_ADDR 修改为了 0x3f，将 LCD 显示屏的长度 LCD_WIDTH 修改为了 20，这些值可以根据不同的显示屏具体修改。这个文件需要放置在和你所创建的代码相同的目录下。

完成上面的步骤后，首先可以编写一个小程序来发送一些信息，测试一下屏幕是否工作正常，该文件名称为 i2ctest.py，它同样包含在 quiz 文件夹中。

```
from I2CDisplay import *
import time

# 初始化显示屏
lcd_init()

# 发送一些测试信息
lcd_string("Learn Electronics",LCD_LINE_1)
lcd_string("with Raspberry Pi",LCD_LINE_2)
lcd_string("by",LCD_LINE_3)
lcd_string("Stewart Watkiss",LCD_LINE_4)

time.sleep(20)
lcd_clear()
```

第一行代码用于加载 I2CDisplay 模块，也就是刚刚下载的文件。由于是加载本地文件，所以需要将它和当前代码存储于同一个目录下，加载以后就可以直接使用该模块所提供的函数了。

首先调用的函数名为 lcd_init()，它用于初始化 LCD 显示屏并清空显示内容。

接下来程序发送了四行信息到显示屏，LCD_LINE_1 到 LCD_LINE_4 表明该信息需要显示的行数编号。然后程序延迟 20 秒，执行清屏操作。

将这段代码加载到 Python IDLE 中并运行，应该可以在 LCD 显示屏上看到这些信息。如果不能正确地运行，则请注意这两个文件有没有存储于相同目录下。

如果一切正常，就可以编写完整的程序了：

```
from I2CDisplay import *
from gpiozero import Button
import time

# 用于存储问题的文件名
# 前四行用于存储问题
# 第五行用于存储 T 或者 F，表示对或错
# 每一个问题都遵循以上原则存储
```

```
quizfilename = "quiz.txt"

start_button = Button(23)
true_button = Button(22)
false_button = Button(4)

# 初始化显示屏
lcd_init()

# 发送测试信息
lcd_string("Raspberry Pi",LCD_LINE_1)
lcd_string("True or False quiz",LCD_LINE_2)
lcd_string("",LCD_LINE_3)
lcd_string("Press start",LCD_LINE_4)

start_button.wait_for_press()

# 请注意这里没有对于“文件不存在”的异常处理
# 尝试使用 try except 语句处理异常
# 打开文件
file = open(quizfilename)

questions = 0
score = 0
answer = ''

while True:
    # 显示前四行问题的内容
    thisline = file.readline().rstrip("\n")
    if thisline == "" : break
    lcd_string(thisline,LCD_LINE_1)
    thisline = file.readline().rstrip("\n")
    if thisline == "" : break
    lcd_string(thisline,LCD_LINE_2)
    thisline = file.readline().rstrip("\n")
    if thisline == "" : break
    lcd_string(thisline,LCD_LINE_3)
    thisline = file.readline().rstrip("\n")
    if thisline == "" : break
    lcd_string(thisline,LCD_LINE_4)
    # 接下来的一行为答案，T 为真，F 为假
    thisline = file.readline().rstrip("\n")
    if thisline == "" : break
    if (thisline == "T"):
        answer = "T"
    elif (thisline == "F"):
```

```
            answer = "F"
        # 如果既不是 T 也不是 F，则出现异常，退出
        else : break

        # 等待按下按键
        while (true_button.is_pressed == False and \
            false_button.is_pressed == False):
            time.sleep (0.2)
        # 累加问题计数
        questions = questions+1
        # 当有按键按下时，检查是不是两个按键同时按下，防止作弊
        if (answer == "T" and true_button.is_pressed \
            and false_button.is_pressed == False):
            score = score+1
            lcd_string("Correct!",LCD_LINE_4)
        elif (answer == "F" and true_button.is_pressed == False \
            and false_button.is_pressed):
            score = score+1
            lcd_string("Correct!",LCD_LINE_4)
        else:
            lcd_string("Wrong.",LCD_LINE_4)
        # 等待 2 秒开始下一个问题
        time.sleep(2)
        # 当前问题结束，返回循环开始
    # 退出问题循环，显示得分
    lcd_string("End",LCD_LINE_1)
    lcd_string("Score",LCD_LINE_2)
    lcd_string(str(score)+" out of "+str(questions),LCD_LINE_3)
    lcd_string("",LCD_LINE_4)
    time.sleep (5)
    file.close()
```

尽管这段程序很长，但其中的大部分都是之前测试代码的复制品和 GPIO Zero 模块的开关控制函数。该代码中的新知识点是，所有的问题和答案都是事先存储在文件中的，程序通过读取该文件获取相应信息。关于该文件的格式细节在后面的小节中会有所解释。

程序的开头首先加载了必要的模块，定义了用于存储问题的文件名，使用 GPIO Zero 创建了按键对象。然后在屏幕上显示了一条信息，使用 wait_for_press 等待按下开始按键。

接下来 file = open(quizfilename) 用于打开包含有问题和答案的文件。把当前问题计数值归零，得分归零后，程序进入循环，开始逐行读取问题和答案。这个循环是一个 while True 死循环，通常该循环内的语句会无限次执行，无法退出。接下来的程序代码中，在读取不到文件内容时，会使用 break 跳出循环。

进入循环后的第一个操作就是使用 file 的 readline 方法逐行获取文件的内容，由于读取出来的文件内容包含换行“\n”，而在实际的 LCD 显示屏中我们并不想显示该字符，所以再次调

用了 rstrip 方法来移除换行符。读取的结果存储在 thisline 变量中，不包含换行符。程序接下来检查该变量是否为空，也就是该行是否为空，如果为空则说明读取出错或者问题读取结束，break 会跳出该 while True 循环，继续执行循环后面的语句。

输出的前四行的内容是问题，使用函数 lcd_string 将它们在 LCD 显示屏中显示。第五行的内容是答案，如果内容为 T，则答案为真，如果内容为 F，则答案为错。该内容存储在 answer 变量中，接下来需要将它和按下的按键相匹配。

接下来的程序是一个 while 循环，该循环等待按下代表“正确”或者“错误”的按键。

```
while (true_button.is_pressed == False and \
        false_button.is_pressed == False):
        time.sleep (0.2)
```

这里不能够使用按键对象的 wait_for_press 方法，因为可能会按下两个按键。这里使用 while 循环的好处是，如果没有按键按下，则程序会锁定在该循环中。在循环内有一个 0.2 秒的延迟，这是为了减轻 Raspberry Pi 的运转负担，如果没有这个延迟，程序就会一直反复地检测按键是否按下。这个时间不能够设置得太大，否则用户按下按键时如果正好处在延迟阶段，就会漏检。同时也不能过小，否则就失去了添加它的原本意义——为其他的程序提供更多的 CPU 资源。

接下来的条件判断用来检测按下的按键是否符合预期，但即便符合答案，仍要检测另一个按键是否被按下，防止玩家在回答问题时同时按下两个按键。

如果按下的按键和问题的答案相匹配，更新 score 变量，并且显示结果，保持 2 秒后，跳转到下一个问题。

当程序读取到文件的尽头后，会自动跳出 while True 循环，然后显示当前玩家的得分，等待 5 秒后，文件关闭。请注意，代码中没有使用到 lcd_clear 函数，这就意味着当程序结束运行后，显示屏上仍然会保留这次游戏的结果。

最后我们来看一下如何存储问题文件，这里是本案例所对应的问题的文件内容：

```
The Raspberry Pi 2
has 1GB of RAM

True or False?
T
PiZero is the
name of a Python
electronics library
True or False?
F
The Raspberry Pi has
Wi-Fi on the main
board.
True or False?
F
```

```
The RPi model B+
has 4 x USB2 ports

True or False?
T
The HDMI Connector
on the RPi 2
is a mini-HDMI?
True or False?
F
```

这里的每一个问题都由五行组成，其中前四行是问题内容，第五行则是答案 T 或者 F。如果问题不足以显示四行，则多余的行用空格字符替代，如果直接换行，程序会认为当前文件结束而退出循环。

以上程序存在一个潜在的问题，正规的操作是在读取一个文件之前，先检测文件是否存在。所以，如果运行该程序后，问题文件不存在，则会在 shell 命令行中得到以下报错信息：

```
Traceback (most recent call last):
  File "quiz.py", line 28, in <module>
    file = open(quizfilename)
FileNotFoundError: [Errno 2] No such file or directory: 'quiz.txt'
```

显然，出现这样一个运行错误会极大地降低程序的用户体验，所以最好能够在读取之前首先确认文件存在，或者在代码中加入相关的判断语句。

SPI 模数转换器

截至目前，我们所学习到的电路都是数字化的，这些数字化的外围元器件和 Raspberry Pi 可以直接通过 GPIO 进行通信。但是现实的问题是，不是所有的外围电路 / 传感器都是数字化的，尤其以传感器为代表，它们中的很多只能够输出模拟信号而不是数字信号。这种情况下 Raspberry Pi 不能与之直接通信，如果想要读取这些模拟信号，必须通过“模数转换器”（也被称之为 ADC），它能够将模拟信号转换成为 GPIO 可以读取的数字值。本小节所介绍的模数转换器是基于 SPI（串行外设接口总线）的，也就是说当模拟信号转换完成后，Raspberry Pi 通过 SPI 通信读取数字值。

使用电位计产生模拟值

这里用来产生模拟值的元器件就是 LCD 显示屏案例中用来调节对比度的电位计。电位计也称之为可变电阻，在许多的设备上都会用到它，如音箱上面的音量调节旋钮，还有许多设备上使用的是滑动变阻方式而不是旋转变阻方式。还有一些设备中集成的是微型可变电阻，它们一般用于校准设备，用户是无法直接看到的。

使用可变电阻产生模拟值的过程非常简单，只要将它的两端分别接入到电源的正极和负极之间，那么中间的可变端就可以输出模拟值，这个端口的电压可以作为模数转换器的输入。工作原理如图 5–18 所示。

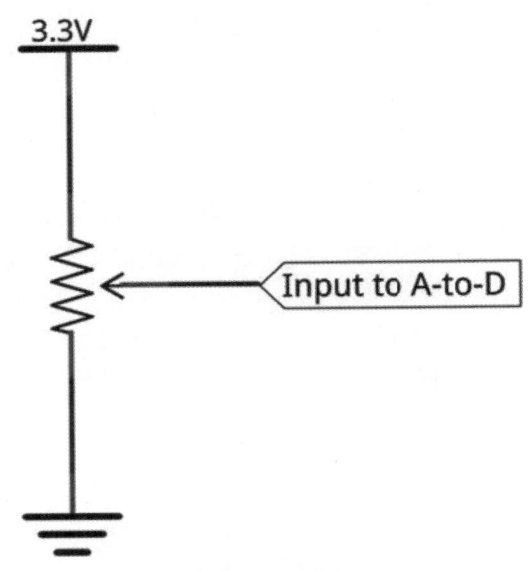

图 5–18　使用电位计作为模拟输入

在电路原理图中，可变电阻有多种表示方式，上图中的符号是最为直观能够反映其工作原理的。这个电路的本质是一个分压电路，和前面电平转换小节所介绍的电路一样。当电位器的可变端位于中间位置时，分开的两个部分电阻阻值相同，输出端给出的电压为电源电压的一半。如果可变端向上移动，则输出端的电压增大，反之减小。

模数转换

本小节使用到的模数转换器型号为 MCP3008，这个芯片使用 SPI 接口向 Raspberry Pi 发送数据。其他还有许多不同类型的 ADC 芯片，它们有的使用并行数据接口，有的则使用 I^2C 通信，这里之所以选择支持 SPI 的 ADC，是为了能够在有限的篇幅中介绍更多的不同的数字通信方式。

这个 ADC 是一个“逐次逼近型”模数转换器，它的内部通过自己产生的数字信号，逐次产生从小到大的模拟量，与输入的模拟量值进行对比，如果匹配，则该数字值就能够反映当前输入的模拟信号。

SPI（串行外设接口总线）

SPI 和 I^2C 类似，是一种最常用的控制器与传感器之间的数字通信协议。它能够双向传输数据，实现全双工通信，这也就是说数据的发送和接收可以在同一时间进行。相比之下 I^2C 虽然也能够双向传输数据，但它属于半双工通信，在发送数据的时候不能够接收数据，反之亦然。SPI 相比于 I^2C 的缺点是它需要至少 4 根连线（包含地线），如果总线上的设备增加，则每增加一个设备就多 1 根控制线。它的总线结构方块图如图 5-19 所示。

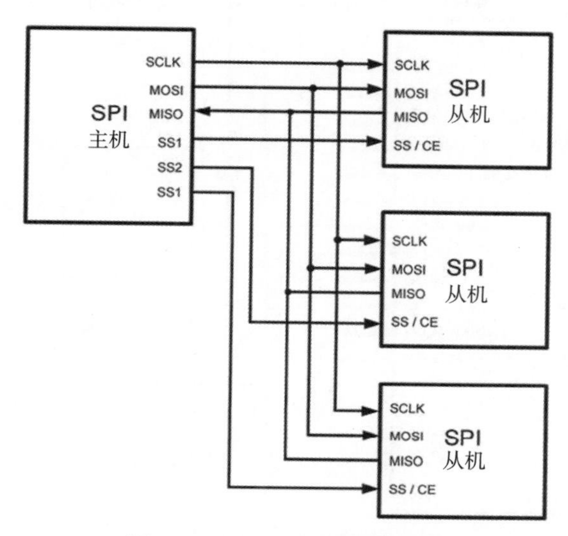

图 5-19　SPI 总线通信原理

总线上设备共享的通信线为：

- SCLK- 用于发送 SPI 时钟信号
- MOSI- 主机发送，从机接收
- MISO- 主机接收，从机发送

对于从机来说，每个从机都需要一个 SS/CE 端口，它们的含义是"从机选择"（Slave Select）/"芯片使能"（Chip Enable），通俗地将这个端口称为"片选"，一般来说这个端口在低电平表示开启该外围通信接口，在高电平表示关闭。

SPI 的一个优点是，它支持 3.3V 电平，所以不再需要外围电平转换器。这个地方假设连接在 ADC 的传感器一样可以支持 3.3V，因为如果使用 3.3V 给 ADC 供电，则模拟信号的幅值不能超过该参考电压。

电位计和 ADC 电路

最终的电路原理图如图 5-20 所示。

在图中可以看出，电位计的输出端连接在 MCP3008 的 0 通道，Raspberry Pi 和 MCP3008 通过 SPI 连接。如果仔细观察，ADC 的电源输入线上有个 1μF 的电容跨接在电源和地线之间，这个电容叫做"退耦电容"，用来去除电源线中的噪声（电源噪声可能会对电路产生影响），有时候这个电容可以被省略，但是具体要求需要参考芯片的数据手册。

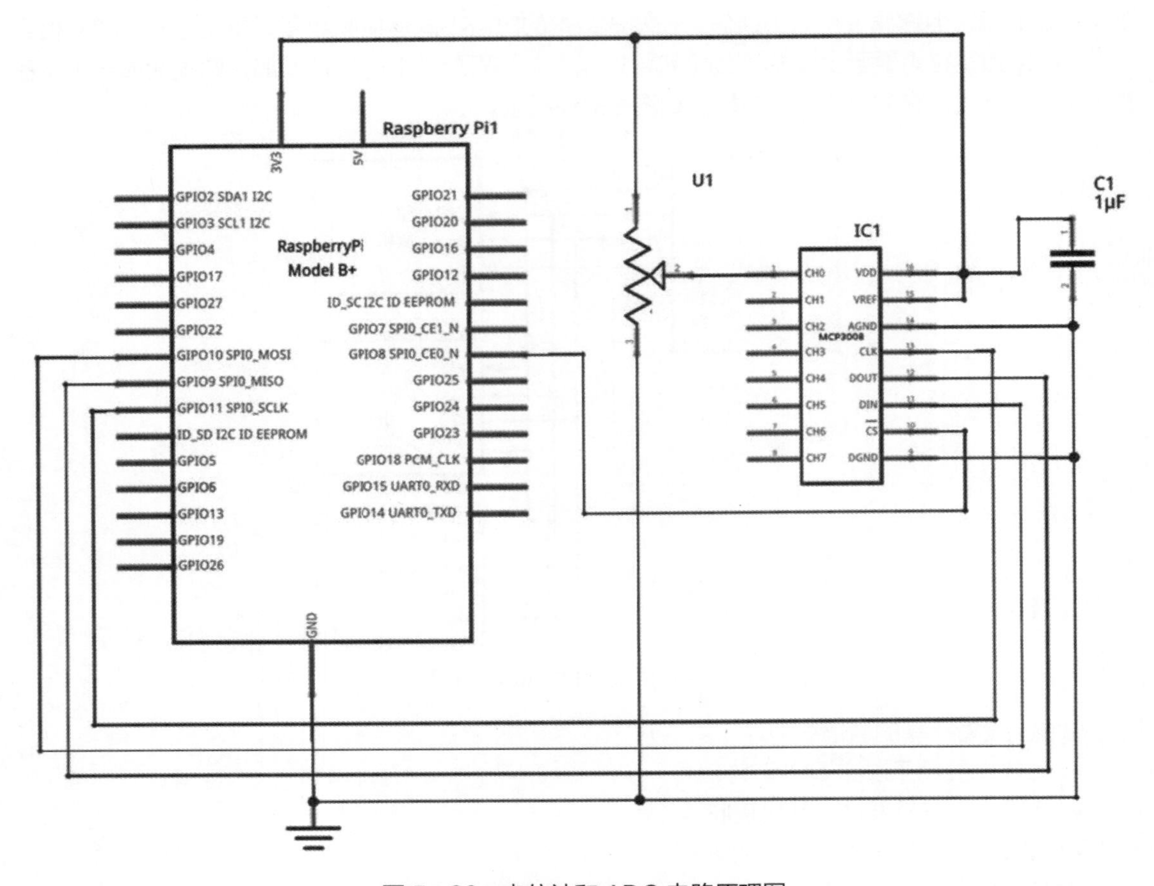

图 5-20　电位计和 ADC 电路原理图

使用 Python 访问 ADC

首先需要做的是开启内核对 SPI 模块的支持。使用 Raspberry Pi Configuration 工具，在 Interface 标签下，SPI 一行选择 Enable，如图 5-21 所示，然后重新启动使之生效。

之后需要安装 Python 的 spi 模块：

```
sudo apt-get install python3-spidev
```

使用 spidev 模块给 ADC 发送指令需要将多个不同的数值组合在一起，移位符“<<”可以达到这个效果。在读取结果时使用移位符“>>”从结果中分离数值。为了让这个过程更加简单，我将这个功能写进了一个函数，它能够产生正确的指令并返回独立的数值。对于本小节来说，我们只需要知道使用 readAnalog 函数的一个通道参数，就可以读取到相应通道的模拟转换数值（本案例使用的是 MCP3008 的 0 通道）。

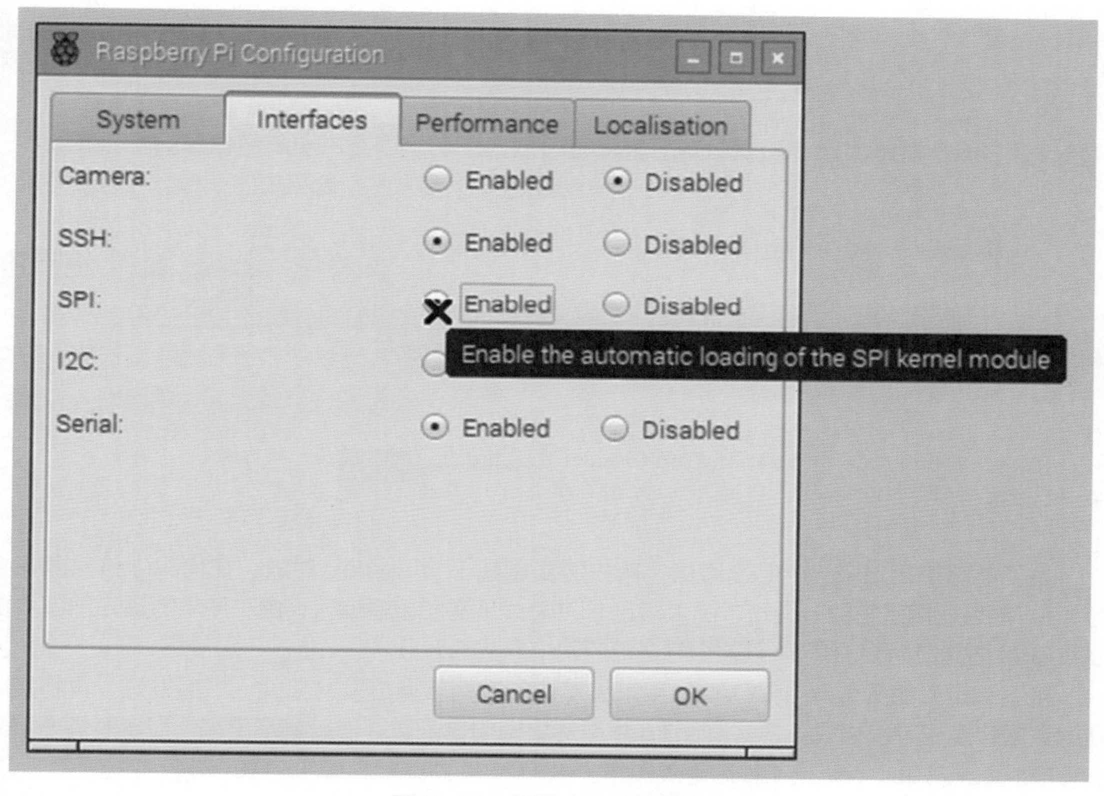

图 5-21　使能 SPI 内核模块

测试代码如下所示，将它输入后以文件名 spi-test.py 保存：

```
import spidev
import time

# 连接到模拟传感器的通道号
sensorChannel = 0

spi = spidev.SpiDev()
# 开启 SPI 总线 : 总线号 0, 设备号 0
spi.open(0,0)

# 使用 SPI 读取模数转换结果
# ADC 有 0~7 个输入通道，为输入参数
# 返回一个 0~1023 之间的整数作为转换结果
# 如果读取错误，则返回 -1
def readAnalog(input):
    if (input < 0 or input > 7):
        return -1
```

```
    req = 8+input
    # 左移 4 位
    req = req << 4
    # 在该元组中，1 为开始，0 为结束
    resp = spi.xfer2([1,req,0])
    # 返回结果 resp 是一个含有 2 元素的数组
    # 将该数组中的两个元素整合为最终结果
    high = resp[1]&3
    low = resp[2]
    return ((high<<8) + low)


while True:
    analogValue = readAnalog(sensorChannel)
    print ("Value : " + str(analogValue))
    time.sleep(1)
```

为了能够使用 SPI 与 ADC 通信，首先需要创建一个 spidev 对象，在代码中该对象命名为 spi。随后调用了它的 open 方法来指定 SPI 总线编号和设备编号，由于使用的是 GPIO 中的 SPI0，片选端口为 CE0，所以这个方法内的两个参数都为 0。

接下来定义的函数 readAnalog 用来将发送的数据转换成发送格式，然后发送，再将接收到的数据转换成可读格式。在 while True 循环中调用该函数，然后显示出来（显示时需要将数值转换成为字符串），延迟 1 秒后重复操作。

返回值的范围在 0~1023（如果返回值为 −1 则说明发生错误）。为了让这个值更加形象，可以将该数值和程序的延迟时间相联系起来。将接收到的数值除以 1023 后乘以希望的最大延迟时间就实现了通过电位计调节程序延迟的目的。如果将描述的步骤直接在程序中实现，会有一个问题，除法的结果会被整数化，也就是最终结果为 1 或 0，如果想避免这个问题，就需要将结果转换为一个 float 浮点型变量（带有小数点的变量），直接在除法算式中将 1023 写为 1023.0 即可获得更加精确的除法结果。这样做的目的是告诉 Python，在除法的结果中保留小数点后面的内容。如果想要使程序的延迟在 0~10 秒，可以使用如下的程序实现：

```
delay = readAnalog(sensorChannel) / 1023.0 * 10
time.sleep(delay)

or you could use:

delay = float(readAnalog(sensorChannel)) / 1023 * 10
time.sleep(delay)
```

如果想要使延迟的时间为整数秒，仍然需要首先获取浮点型的除法结果，然后在乘以 10 后将结果使用 int() 强行转换为整数。

■ **贴士**：在 Python 中做除法时，经常需要指明期望的结果类型，如果需要浮点型变量，可以使用 float() 来将算式中的一个变量转换成为浮点型，也可直接在其中的一个变量后加 .0 来实现。

这个案例使用了一个电位计来示范如何将模拟信号输入给 Raspberry Pi，在实际的电子制作过程中，模拟信号可能来自于其他类型的传感器，如光敏电阻、热敏电阻或者模拟型的游戏摇杆。

本章小结

本章主要关注了一些不同类型的输入，如 PIR 传感器、摄像头、红外对管，还介绍到一些基本的数字通信方式，如 I^2C 和 SPI，以及如何让不同电平电压的电路互相连接，如何使用模数转换器让 Raspberry Pi 能够读取模拟传感器的输出值。输出方面，介绍了 LCD 显示屏的使用方法。有了以上这些知识点，读者可以自由发挥，排列组合出自己想要实现的输入 – 输出回路。

对于 PIR 传感器，思考一下，还可以使用 Raspberry Pi 在检测到有人经过时，通过 3.5mm 音频接口发送一段录制好的音频，或是用 Pi 摄像头拍照后分享到网络上。

对于红外遥控案例，读者可以思考在自己的家中，都有哪些设备是通过红外遥控器控制的，很显然电视是其中的一种，但也有很多其他设备，如玩具。在接下来的章节中，我们将会使用红外遥控来控制一个乐高火车。

对于 LCD 显示屏，可以探索一下在文本信息过长的情况下，如何滚动显示信息（尤其是当使用两行 16 字母显示屏的时候），或者将原有的程序修改一下，使之能够在结束之后自动返回到等待开始的状态而不用重新运行程序。

在接下来的章节中，我们将关注更多软件方面的知识点，让案例变得更加有趣。

第六章

添加 Python 和 Linux 的控制

本章主要从软件方面出发，为读者介绍一些 Python 的编程技巧，包括 Linux 的一些系统特性，比如能够开机自动运行程序等。这些内容将会成为后续章节的知识铺垫，但也可以使用这些内容完善之前章节中所介绍的案例，如为“迪斯科”舞灯添加更多功能，让 PIR 摄像头监视器可以开机后自启动，为这些程序添加简单的图形用户界面等。本章还会介绍几个电子元器件，如干簧管和彩色 LED，前者可用来让乐高火车在到达车站后自动停止。

计算机接收外界信息，通过自身预设的指令对这些信息进行处理，然后输出。信息输入的方式可以是键盘鼠标，也可以是各种各样的传感器。同样的道理，输出的方式也有很多种，如最为典型的就是电脑屏幕，然而除此之外，输出还可以是打开或关闭灯光，又或者是开启一辆汽车上的刹车系统这种完全不可见的形式。在我们的家中，有各种各样的集成计算机设备，这些可能你自己都没有发现。如一个可编程的微波炉、MP3 播放器或者数字收音机。在一辆汽车中，有 50~100 台集成计算机来分别负责控制各个部分的运转，有的用来控制发动机喷油、有的则用来控制刹车，还有的用来控制导航和娱乐系统。

在形形色色的计算机中，它们的共同点是都包含有预置的程序，而这些程序软件，正是计算机的灵魂，它们协同复杂的电路工作，完成预定的目标。这些程序有的会以固件的形式直接存储在计算机的处理器中，有的也会存储在硬盘中，当需要使用时加载到处理器。

Python 编程进阶

之前章节案例中的程序相比较而言难度不大。Python 之所以简单容易上手，其一是因为其解释器封装了大量现有的函数可以让用户直接使用，而其他的编程语言则不具备这一有点。另一个重要的原因则是它有大量的模块可供用户使用，这些模块让软件与硬件的交互过程更加简单。

由于后面章节复杂程度的逐步提高，如果我们继续以前面章节中的风格编写程序，那么程序将会变得错综复杂、难以理解，所以本章节将会注重于讲解如何通过编写函数的方式让程序逻辑变得更加清晰、易读。

使用到的编程风格只要是“顺序化结构程序”，这意味着程序中的每一个语句都是逐次按顺序运行。本小节还会简要介绍什么是面向对象的编程（OOP），Python 支持对象化编程，但方法略有不同。产生不同的原因并不是对象化编程本身的问题，由于本书的篇幅有限，很难用简要的语句概括出这种区别。我本人经过一段时间的对象化编程使用后，成为了它的粉丝。而且我认为如果要是想说对象化编程的优点，例子可谓不胜枚举。但对于对象化编程本身而言，入门是一件需要花费时间和精力的事情。

在前面章节中使用的 GPIO Zero 就是一个使用“对象化编程”方法编写的模块，之所以现在提出这个概念，是因为在具有编程经验后，再来理解对象化编程会容易很多。

之前的案例中已经有过使用 Python 做出决策的例子，如“判断游戏”中用程序来判断用户是否按下了正确的按键，在模拟电路中使用电位器来调节程序延时等。除此之外，还使用过在循环内，通过控制读取内容次数的方式，判断特定的情况是否吻合来做出决策。这些各种各样的“决策”决定了程序是如何处理输入和输出的关系的。以下是一些让程序做出“决策”的方式，有些在前面的程序已经用到，有些则是本章才出现的用法。

首先要提到的是条件语句，它通过判断给出条件的真假来运行相应部分的代码，通常条件语句是判断数值的大小关系。

```
if myvariable == 10 :
    print ("The value is equal to 10")
```

该语句检查变量 myvariable 的值是否等于 10，请注意这里的等号是“双等号”，如果只使用一个等号，意味着变量 myvariable 会被赋值 10，这就不再是一个条件语句了。如果要检查变量 myvariable 的值是否大于 10，则使用大于号“>”。相反，如果判断是否小于 10，则使用小于号“<”。如果仅仅是想知道该变量的值是否不等于 10，则使用“!=”符号替换双等号。

条件语句还包含一个可选语句——else。当判断条件不成立时，执行该语句后面缩进的代码内容。

```
if myvariable == 10 :
    print ("The value is equal to 10")
else :
    print ("The value is not equal to 10")
```

在这段代码中，和之前一样，如果变量 myvariable 的值等于 10，则会执行第一个 print 语句，如果不等于，则会执行第二个 print 语句。

当判断条件为多个值时，可以使用 elif 指定其余条件，elif 表示 else if。

```
if myvariable == 10 :
    print ("The value is equal to 10")
elif myvariable < 10 :
    print ("The value is less than 10")
else :
    print ("The value is greater than 10")
```

在这段代码中 elif 用来检查变量值是否小于 10，通过前面的判断已经知道该变量不等于

10，这里 elif 的条件需要设置为之前条件之外的情况，所以经过两次判断就可以知道该变量到底是大于、小于还是等于 10。

另一个比较常见的用法是将多个条件表达式放在一个条件语句中，不同的条件表达式可以使用 and 或者 or 连接在一起。

```
if ((button_pressed == True) and (myvariable > 10)) :
        print ("Well done score - you won")
```

这个例子检查了 buttion_pressed 变量是否为真的同时也检查了 myvariable 变量的值是否大于 10，如果两个条件表达式同时为真，则运行其后缩进的 print 语句。条件表达式的括号不是必须的，但加上可以让代码看起来更加工整，也可以避免一些不必要的优先级问题（有时因为不同运算符的优先级不同，可能导致语句出错）。

循环是另一种可以让程序作出决策的方式。之前代码中，最常用到的循环为 while True 死循环，它能够让其后缩进的代码循环往复地执行，只要程序还在运行，那么循环中的代码就会继续执行（这种程序可以通过组合键 Ctrl+C 来退出运行）。尽管我们将这种类型的循环称为死循环换，但它不是不可退出的，如果你还记得，前面的“问答游戏”中使用了 break 来在特定的条件下跳出这个循环。除了跳出之外，还可以通过 continue 关键词来让程序回到循环的第一句重新执行。以下代码展示了这两个关键词的使用方法：

```
myvariable = 0
while True:
    myvariable = myvariable + 1
    print ("In loop")
    if (myvariable < 10) :
        continue
    break
```

这个程序会在屏幕上显示十次 "In loop" 字段。循环的程序首先将变量 myvariable 的值递增 1，然后输出字段 "In loop"，随后判断循环变量的值是否仍然小于 10，如果成立，则重新执行循环，而如果不成立，退出循环。

另一种实现该功能的方法是条件循环。只有当满足特定的条件，循环才能够执行：

```
myvariable = 0
while myvariable < 10:
    myvariable = myvariable + 1
    print ("In loop")
```

这段程序的输出结果和上一段一样，在屏幕上显示 10 次 "In loop" 字段。

为了更简单地实现上述功能，Python 中还有 for 循环可以使用：

```
for i in range (0, 10) :
        print ("In loop")
```

这段代码和之前的 while 循环实现相同的功能，但只有两行，非常简单。原因在于这里不需要自己操作和判断循变量，range 函数可以创建一个特定的列表，包含了 0~9 一共 10 个元素。在每一次循环中，i 会逐次取值列表中的值，直到结束。而这个循环变量的值不仅仅可以是数值，还可以是字符串等其他类型的数。

```
mylist = ["Loop 0", "Loop 1","Loop 2","Loop 3","Loop 4","Loop 5"]
for thisstring in mylist:
        print ("In "+thisstring)
```

这段代码创建了一个含有五个字符串的列表，然后使用 thisstring 作为循环变量，循环会逐次将这些字符串在屏幕输出。

在 Python 中创建函数

在前面的案例中，大部分代码都是顺序化编写的，运行时从程序文件的头到尾依次执行。尽管在之前的代码中使用到了循环来避免将同样的代码多次输入，但在循环当中，如果想要多次完成同一个任务，仍然需要重复输入这些指令。这样的代码编写方式对于简单的程序来说是足够的，但如果程序的功能复杂起来，代码就会出现重复堆叠的现象，整个程序会变得非常冗长，甚至难以阅读。这时就需要使用到函数，可以将原有代码中重复执行过的部分整合成一个函数。当下在某个部分需要再次执行这些代码时，不需要再次复制粘贴，只调用由这些代码构成的函数即可。除了使程序代码变得精简，函数还极大地方便了代码的重新利用，只需要编写一次，然后可以被无限多次地重复调用。

比如，在前面的案例中，通过 SPI 读取 ADC 的功能就是通过一个函数实现的：

```
def readAnalog(input):
    # 此处为该函数所包含的代码
```

这个例子定义了一个名为 readAnalog 的函数，它带有一个输入参数 input。

如果想要函数运行结束后返回一个值，则使用 return 关键词来返回相应变量的数值或者直接返回数值。下面的案例创建了一个包含两个输入参数的函数——input1 和 input2，返回的值为两个中的最大值（如果两个值相等，则将第一个输入返回）：

```
def largestValue (input1, input2):
    if input1 > input2:
        return input1
    elif input2 > input1:
        return input2
    else:
        return input1
```

这个函数可以在后面的主程序中通过如下形式调用：

```
largestValue(3, 2)
```

返回结果应该为 3。

使用函数为“迪斯科”舞灯添加流水灯功能

既然 Python 的函数用处如此之大，本小节就应用函数的方法来实际控制电路。该案例基于前文中的“迪斯科”舞灯案例，将会使用函数来实现流水灯功能。

如果第四章中的电路（见图 4-26）仍然保存完好，则可以直接使用。如果没有，则可以参考图 6-1，这是一个简单的测试电路。

这个电路由 4 个电阻和 4 个标准 LED 构成，电路连接方式和之前“迪斯科”舞灯的案例完全相同，所以可以用于测试。

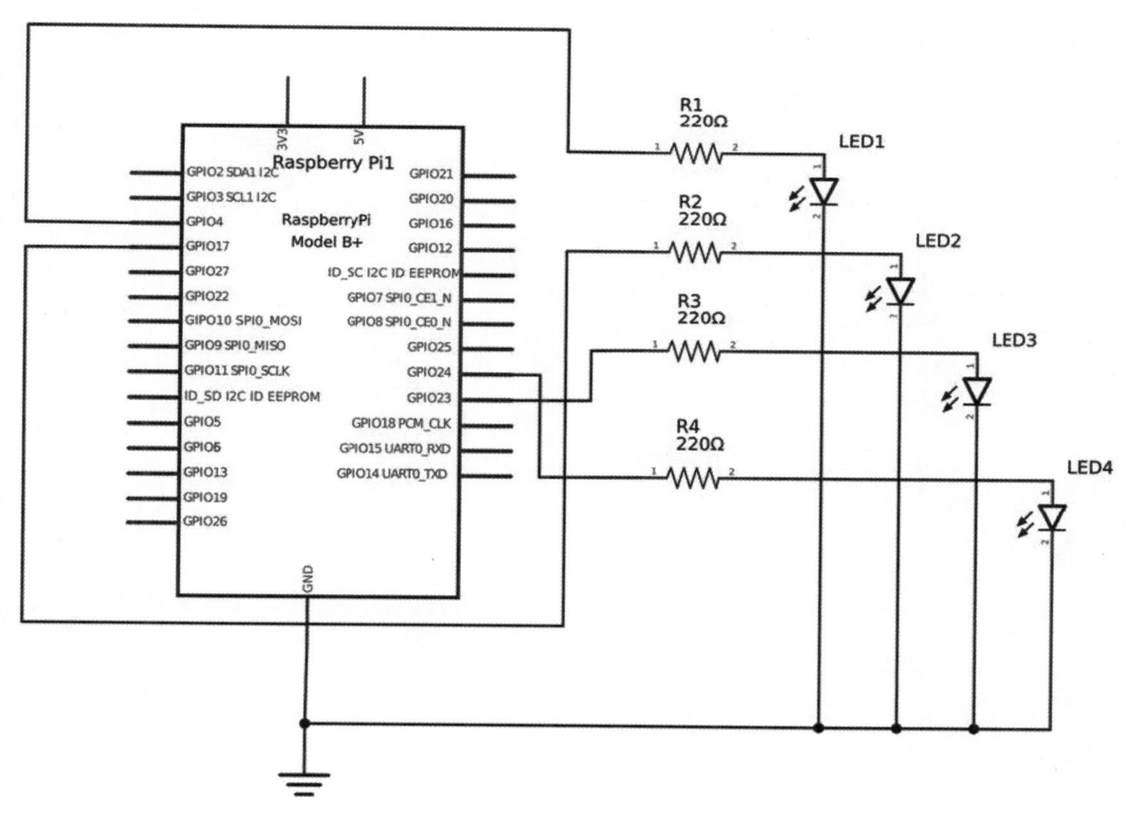

图 6-1 简化后的“迪斯科”舞灯电路

输入以下代码，将其存储为 discolight-sequences.py：

```
from gpiozero import LED
import time

# 用于控制 LED 的 GPIO
```

```
#9 = gnd, 7 = GPIO 4, 11 = GPIO 17, 16 = GPIO 23, 18 = GPIO 24
LIGHTGPIO = [4, 17, 23, 24]
# 流水灯间隔时间
DELAY = 1

lights = [LED(LIGHTGPIO[0]), LED(LIGHTGPIO[1]), LED(LIGHTGPIO[2]),
LED(LIGHTGPIO[3])]


def allOn():
    for x in range (4):
        lights[x].on()

def allOff():
    for x in range (4):
        lights[x].off()

def sequence():
    for x in range (4):
        for y in range (4):
            lights[y].off()
        lights[x].on()
        time.sleep(DELAY)


def repeatSequence(numsequences):
    for x in range (numsequences):
        sequence()

# 主程序从这里开始
allOff()
time.sleep(DELAY)
allOn()
time.sleep(DELAY)
sequence()
time.sleep(DELAY)
repeatSequence(6)
```

在这段代码中，共有四个函数。allOn() 函数用于开启所有 LED，allOff() 函数用于关闭所有 LED，sequence() 函数用于按顺序点亮 LED（流水灯），repeatSequence() 函数用于将 sequence() 函数重复执行指定次数。

这些函数在主程序开始之前不会执行。在主程序中，这几个函数被分别调用，期间有短暂的延迟。repeatSequence() 函数内部调用了另一个函数 sequence()，这同样意味着这两个函数还可以在程序的其他位置再次被调用。请注意，这几个函数内部都是用到了一个 x 变量，该变量是一个局部变量，作用范围仅仅是函数内部。所以，在这几个不同的函数中，虽然都是用到了名称相同的局部变量，但它们之间是相互独立的。包含有 LED 对象的列表 lights 在函数外创建，所以对所有函数而言，这个变量的值是共享的，这种类型的变量称之为全局变量。

allOn() 和 allOff() 函数内部的代码应该不难理解。

sequence() 函数内部有一个嵌套的 for 循环，外层循环变量 x，用来按顺序点亮 LED，内层循环变量 y，用来在开启下一个 LED 之前关闭全部 LED。如当整个循环第一次运行时，进入外层循环后首先执行的是内层循环，关闭全部 LED，然后开启第一个 LED，这个过程会重复执行四次，每一次的 x 值都不同，这样就实现了点亮不同 LED 的功能。这个函数产生的效果应该是第一个 LED 被点亮后，开始从左到右移位。该函数中嵌套循环的内循环部分可以使用 allOff() 函数替代。

repeatSequence() 函数带有一个输入参数 numsequences，该参数应为正整数。函数内部通过循环的方式，调用 sequence() 函数的次数等同 numsequences 设置的次数。

使用 Python 的主函数功能

在大多数的编程语言中，主体代码都包含在一个“主函数”内，这个概念就是将程序本身定义为了一个函数，该函数通常被命名为 main()。在 Python 编程中，主函数不是必须使用的，但也可以定义一个主函数，在程序开始运行后直接调用。

```
def main():
    # 此处为主函数所包含的代码
# 当程序运行后，调用主函数
if __name__ == "__main__":
    main()
```

主函数用来将主程序代码和同一个文件中的其他代码区分开来，所以在主函数内定义的变量的作用范围也是在主函数内。虽然有了主函数，但还是可以在外部定义全局变量，在定义时还可以使用修饰符 global 来特别说明该变量为全局变量，这在其他人阅读代码时尤为有用。

使用主函数的另一个好处是，可以将程序代码打包，打包后的程序代码仍然可以被再次调用执行。该部分内容属于 Python 中相对高阶的知识点，这里不做过多介绍。

让 Python 程序可以直接运行

目前为止的 Python 程序文件或代码只能在 IDLE3 中运行，或者是在命令行中使用如下命令运行：

```
python3 myprogram.py
```

如果能够直接输入文件名来启动程序会使这个过程变得更加简单。可以在程序的第一行添加说明解释器地址的字段来实现这个功能，该字段使用 #! 标记，后面接 Python3 解释器的地址。请注意该语句必须放在程序文件的第一行才能正常发挥作用。

```
#!/usr/bin/python3
```

如果不知道 Python3 解释器地址，可以使用 which 命令查询，返回结果直接就是地址：

```
$ which python3
/usr/bin/python3
```

下面的写法虽然也算正确，但不能保证可以被所有类 UNIX 操作系统正确识别，包括不同版本的 Linux。但这不对本书中的程序构成问题，因为本书中所有的 Python 程序只能在 Raspberry Pi 上运行，不涉及多平台问题。这种表达方式和上面所介绍的有细微差异：

```
#!/usr/bin/env python3
```

这两种写法的作用是一致的，前者直接提供了解释器地址，后者则提供了存储有解释器地址的系统环境变量。

有了解释器地址，接下来需要让该程序具有直接执行的权限。默认情况下，Linux 只赋予文件读写权限，没有执行权限。使用 chmod 命令跟随 +x 参数可以为文件添加执行权限：

```
chmod +x myprogram.py
```

现在有了解释器地址和执行权限，可以直接在命令行中运行该程序。使用 ./（指明在当前目录下运行该程序）前缀加文件名即可运行：

```
./myprogram.py
```

经过了这几个步骤，程序的执行过程变得更加简单。这样做不仅可以不用 IDLE3 启动程序，更大的便利之处在于可以让系统自动运行一些程序，这在接下来的小节中会有所介绍。

获取命令行参数

目前为止的所有程序都是通过一些预设的参数运行，或者是从 GPIO 获取用户的输入。如果能够在运行程序的时候为它提供一些参数，这样会使程序的功能更加灵活。这意味着同样的程序文件在输入不同参数时可以做不同的事情。在命令行中运行程序时，后面可以跟上不同的内容，这部分内容就是命令行参数。比如可以在运行程序时指定 LED 闪烁的频率、间隔时间等。

在 Python 程序中，命令行参数会以列表的形式提供，该列表名为 sys.argv。如果所需求的输入参数非常简单，则可以直接访问这个列表的内容。输入以下代码，并将其存储为 ledtimer2.py。

```
#!/usr/bin/python3
# 能够接受命令行参数的 LED 点灯程序
# 命令行参数用于设定亮灯时间
# 使用键盘控制开灯而不是按键

from gpiozero import LED
import time
```

```
import sys

# 开启 LED 的时间
DEFAULTDELAY = 30

# 用于控制 LED 的 GPIO 端口
LED_PIN = 4

if ((len(sys.argv) > 1) and (int(sys.argv[1]) > 0)):
    delay = int(sys.argv[1])
else:
    delay = DEFAULTDELAY

led = LED(LED_PIN)

while True:
        input("Press enter to turn the light on for "+str(delay)+" seconds")
        led.on()
        time.sleep(delay)
        led.off()
```

这段代码基于第四章中使用开关控制 LED 的案例稍作修改。首先需要指出的是，该段代码同样可以用于“迪斯科”舞灯案例，代码中的 LED_PIN 已经被修改为对应的引脚号，按键部分的代码被去除，取而代之的是使用键盘输入。如果你在使用原有的开关控制 LED 的电路实物，则需要把 LED 连接在物理顺序 22 号的 GPIO 端口，然后将本程序中的 input 函数替换成为原有的按键代码。

原有程序中，LED 点亮后的延时时间是确定的，而本程序中的延迟时间则是来自于程序运行时的“命令行参数”。Python 语言中并不明确区分常量和变量，所以一个确定的潜在规则是，所有使用全大写字母命名的变量，在数值初始化后不再在后面的程序中修改它的数值。

运行该程序之前，首先需要为它添加执行权限：

```
chmod +x ledtimer2.py
```

然后使用如下命令运行程序：

```
./ledtimer2.py
```

现在我们来仔细分析一下代码。首先第一行看到的是解释器的地址字段，只有有了这一行信息，命令行才能直接执行该文件。

接下来加载了 sys 模块，有了这个模块，就可以访问含有命令行输入参数的 argv 列表，在接下来的条件语句中，有两个条件表达式，第一个为：

```
len(sys.argv) > 1
```

这个条件用来检查是否在运行程序时有与之附加的输入参数，但条件为检查参数列表项目是否大于 1，而不是大于 0。这是因为该列表的第一个输入参数就是该程序的程序名，其后的参数从 2 开始。一旦满足了不止一个输入参数的先决条件，接下来运行第二个条件表达式，检查输入参数是否为数字：

```
int(sys.argv[1]) > 0
```

该表达式用来检查参数列表中的第 2 个参数（第 1 个参数的位号为 0，它是该程序的文件名），在该条件表达式中，这个参数被强制转换成为整型。如果这个变量的值大于 0，则该条件通过。如果输入的变量内容不是数字，比如英文单词 four，则测试不通过，程序会报错。如果怕出现因为输入参数的类型错误而导致解释器报错，可以添加 try 和 catch 条件，但这部分的内容超出了本书的范围。但无论如何，如果一个程序需要读取用户输入的参数，在程序中使用该参数之前一定需要预先检查其形式和值是否符合程序要求。

假设该参数符合要求，以下代码将该参数的值赋予 delay 变量：

```
delay = int(sys.argv[1])
```

如果在运行程序时没有跟随输入参数，则延时的时间将会是变量 DEFAULTDELAY 的值。

在 while 循环中，LED 被点亮，经过默认或用户设定的延迟后，关闭 LED。注意，这里等待按键触发的代码替换成为了一个系统输入函数，它要求用户按下回车键来触发 LED。正常情况下，input 函数会将用户的输入内容作为返回值，程序可以获取这个返回值，将其存储在变量中。但在本案例中，程序并不需要在运行中获取用户输入的任何内容，所以直接按回车键即可。

如果想要在运行程序时使用多个命令行参数，只需要在 sys.argv 列表中按顺序读取相应参数即可。如果想要实现更加复杂的参数输入，如在不同的位置设置一些可选输入参数，这时最好使用 argparse 模块。

以服务的形式运行 Python 程序

在第五章的“PIR 传感器和 Pi 摄像头”案例中，程序在每次系统重启后需要手动执行。如果 Raspberry Pi 连接在网络中，这个步骤还可以通过 SSH 连接实现，但如果此时想要将 Pi 置于野外用来拍摄野生动物，显然启动程序就会变成一个问题。一般 Pi 都会放置在一个野生动物检测箱内，只有摄像头是露出箱体的，这时的 Pi 无法连接任何输入和输出设备，如果能让程序在开机后自动启动，就解决了这个问题。这样的启动方式同样适用于其他具有“服务”性质的程序。本小节将通过一个“物联网火车”的案例，向大家介绍如何通过服务的形式运行 Python 程序，这个例子具有普遍适用性，读者可以根据自己需要灵活变通。

在最新的 Raspbian 操作系统中，启动和进程由 systemd 工具控制，它能够让用户启动、监测和管理后台程序。该工具的功能十分强大，但在本书中，只介绍其基本的用法。

将程序文件注册为服务，需要在服务文件目录 /etc/systemd/system/ 中创建一个以 .service 为结尾的服务文件，如这里我们创建一个 pir-camera.service，创建命令必须使用超级管理员权限 sudo。

如果是在图形用户界面中创建，可以使用如下命令：

```
gksudo leafpad /etc/systemd/system/pir-camera.service
```

如果是在命令行中创建，则使用如下命令：

```
sudo nano /etc/systemd/system/iot-train.service
```

在文件中写入如下信息：

```
[Unit]
Description=PIR Camera program

[Service]
Type=simple
ExecStart=/usr/bin/python3 /home/pi/learnelectronics/pircamera/pir-camera.py
User=pi

[Install]
WantedBy=default.target
```

- Unit 下的内容为该服务的一般信息，在这个例子中，它提供了一个便于用户理解的描述信息。除此之外，这一段还可以指明，该服务运行前是否有其他需要首先运行的服务。
- Service 下的内容为该服务的一些具体配置。Type=simple 用来说明该服务只是一个一般程序，不是专门编写的服务程序。
- ExecStart 用来指明运行这个服务所需要的指令，在这个例子中，指令的含义是使用 Python3 解释器，运行 pir-camera.py 文件。而如果在程序文件的第一行指定了解释器目录，就可以直接运行：

  ```
  ExecStart=/home/pi/learnelectronics/pircamera/pir-camera.py
  ```

- User 用来指定该服务所属用户，这个用户是 pi。
- Install 下只有一条信息，它用来指明该服务应该在计算机启动时运行，默认优先级。

使用如下命令启动服务：

```
sudo systemctl start pir-camera
```

创建自动启动，使用如下命令：

```
sudo systemctl enable pir-camera
```

现在可以重新启动 Raspberry Pi，被注册的程序已经可以在进入系统时自动启动。

使用 Cron 规律性启动程序

按照一定的时间周期来启动运行程序是一件非常有趣的事情。这样就可以实现让某个程序在一天中的某个时段运行，或者每天（每周）的固定时段，重复运行某条指令。上一小节所介绍的 systemd 工具可以实现该功能，但在这一小节中，我们将介绍一个更为经典的工具——Cron。

Cron 是一个调度程序，它可以实现以固定的周期执行设定的指令。它有时也被称为 crontab，这是它的配置文件名称，也是用来修改配置文件的工具。

系统下的每一个用户都可以拥有自己的 cron 列表，列表中的命令可以按设定的周期自动运行。通过命令 crontab –e 可以使用默认文本编辑器加载并修改该列表，如果没有指定默认文本编辑器，运行结果会提示选择一个，比较推荐使用 Nano 作为默认编辑器。在该列表中可以添加所有需要定期执行的任务，然后保存结果（在 Nano 中按下组合键 Ctrl+O）后退出编辑器（在 Nano 中按下组合键 Ctrl+X）。退出后，crontab 会自动加载最新的任务列表，按照设定的时间运行指令。

以下是一个 crontab 任务列表的示例：

```
# m h  dom mon dow   command
0 9 * * 6,7 /home/pi/ledtimer.py
30 15 * * 1-5 /home/pi/ledtimer.py
0 11 * * * /home/pi/ledtimer.py
```

这段示例只展示了列表中比较重要的部分（在此部分之前应该还有大量的注释说明），这三条配置是将同一个指令在不同的日期 / 时间下运行。

每一行是一条独立的指令运行信息，它的前 5 个字段用来指明执行的日期 / 时间，最后是需要执行的指令。以下为注释缩写的解释（按顺序）：

```
m - Minutes - 0 to 59
h - Hours - 0 to 23
dom - Days of Month - 1 to 31
mon - Month - 1 to 12 or JAN-DEC
dow - Day of week - 1 to 7 or MON-SUN (or 0 can be used for Sunday)
```

时间的写法可以是单独的数值，可以是“：”分隔的数值，可以是一个数值区间，也可用“*”来表示任意值。

上面任务列表中的第一行所表示的含义是，在周六和周日的 9:00 执行；第二行的含义为，在周一到周五的 15:30 执行；第三行的含义为，每天 11:00 执行。

除了使用时间格式来定义运行时间，还可以使用 @weekly（周日凌晨 00:00），@hourly（每小时一次）和 @reboot（当系统启动时）。

使用红外实现自动控制乐高火车模型

现在让我们通过一个案例将前面章节中所学的知识进行整合，成为乐高火车模型。该火车模型有车体和控制器两个部分，车体上集成有红外接收器，控制器集成有红外发射器，外观和游戏手柄很像。不同型号的乐高火车、汽车模型使用了相同的红外接收器和控制器。如图 6–2 所示的是本案例将要使用到的火车模型和红外遥控器。

首先我们需要的是在第五章中制作的红外发射器电路，该电路十分简单，如果没有保留也可以很快重建。

图 6-2　乐高火车模型和红外遥控器

除了红外，本案例还将使用到一个干簧管，它用来检测火车是否到达了车站。干簧管是一个通过磁场触发的开关元器件，正常情况下是开路状态，当周围有磁场靠近时，它内部的两个触点会闭合。从原理上来讲，这个传感器和门禁系统中使用的传感器有几分相似。如图 6-3 所示的是一个干簧管开关。

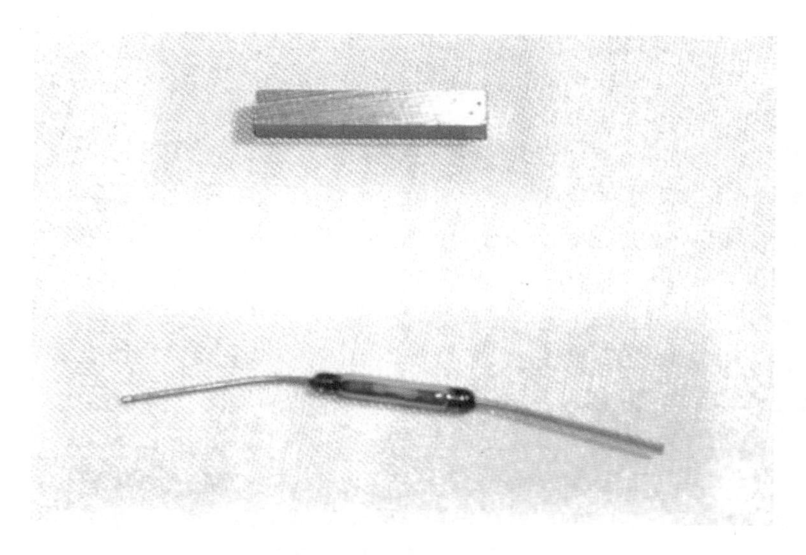

图 6-3　干簧管开关

干簧管开关和之前使用 GPIO Zero 模块控制的轻触开关一样，在触发时会将 GPIO 的电平拉至 0V。

如图 6-4 所示的是红外发射器和干簧管的电路原理图。

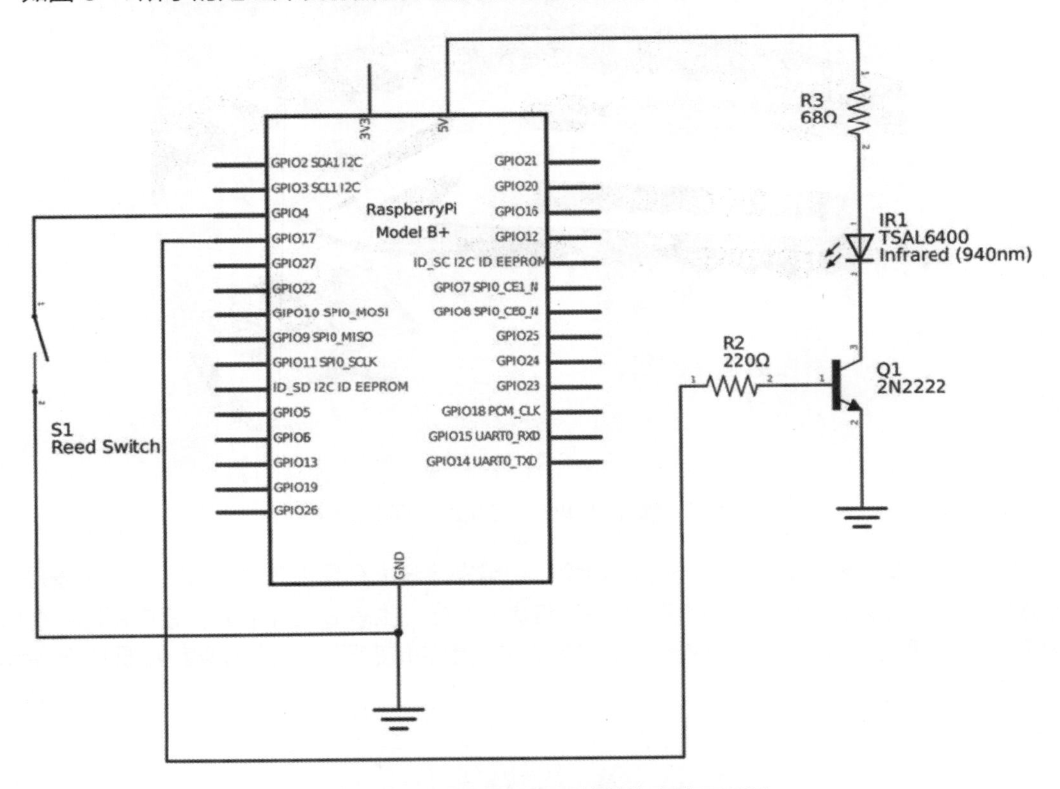

图 6-4　红外发射器和干簧管的电路原理图

在这个电路中，红外发射器部分仍然可以使用面包板构建，在实际过程中，我是用了一根长跳线将红外发射器引出，这样可以让它离火车更近。取决于实际轨道的放置方式，有时火车接收不到红外信号，如遇这种情况，可以在发射器电路中并联两个红外 LED，这样就可以向两个不同方向同时发送相同的红外信号。

干簧管开关需要放置在轨道下方，这样当火车经过时既不产生干涉还能有效触发开关。可以将干簧管的两个引脚分别焊接在两根跳线向上（目前还没有讲过关于焊接的知识，不了解焊接方法的读者可以先简单将两个引脚拧在跳线上），然后引出，如图 6-5 所示。磁铁需要贴在火车的正下方，这里使用的是一种类似于橡皮泥的粘合剂，读者可以在自己的生活场景中找到类似的粘合剂。

现在硬件部分搭建完成，软件部分需要将乐高火车遥控器的控制信息输入到 LIRC 配置文件中，接下来的内容将假设 LIRC 已经配置完成。如果 LIRC 还没有配置，请参考第五章中“使用 LIRC 配置红外发射和接收功能”。

尽管可以使用红外接收器逐键录制乐高控制器的红外编码，但在网络上已经有现成的文件可以直接下载。输入如下命令下载红外编码文件：

```
wget https://github.com/dspinellis/lego-lirc/archive/master.zip
```

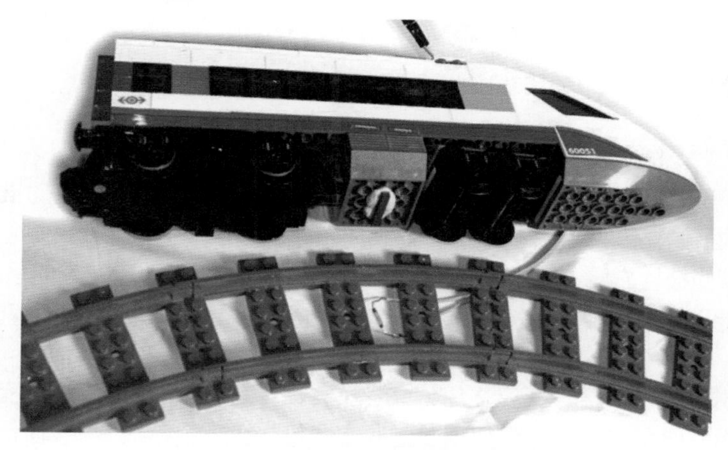

图6-5　干簧管及磁铁的贴合

这个指令会下载一个名为 master.zip 的压缩文件（如果当前目录下已经有名为 master.zip 的文件，则新文件的名称后会有一个编号）。

解压该压缩文件：

```
unzip master.zip
```

解压后当前目录会出现一个名为 lego-lirc-master 的子目录。

然后将该目录中的两个文件复制到之前创建的 lircd.conf.d 目录下：

```
sudo cp ~/lego-lirc-master/Combo* /etc/lirc/lircd.conf.d/
sudo cp ~/lego-lirc-master/Single* /etc/lirc/lircd.conf.d/
```

将该遥控器文件添加到 lircd.conf 配置文件中：

```
gksudo leafpad /etc/lirc/lircd.conf
```

在文件的末尾添加如下语句：

```
include "/etc/lirc/lircd.conf.d/Single_Output"
include "/etc/lirc/lircd.conf.d/Combo_Direct"
include "/etc/lirc/lircd.conf.d/Combo_PWM"
```

最后重启 lirc 进程：

```
sudo systemctl stop lirc
sudo systemctl start lirc
```

检查 lirc 是否正确运行：

```
sudo systemctl status lirc
```

测试一下是不是配置正确：

```
irsend --count=5 SEND_ONCE LEGO_Single_Output 1R_4
```

该指令应该会启动火车，使用如下指令停止火车：

```
irsend --count=5 SEND_ONCE LEGO_Single_Output 1R_0
```

如果火车没有任何反应，不要灰心，首先检查一下红外发射器有没有对准火车。如果红外 LED 是直接插在面包板上，可能需要将它取下，使用“公对母”的杜邦线将它引出，连接过程中需要注意二极管的极性方向。可以将该红外 LED 正对火车轨道，固定在其他乐高积木组件上面。

如果还是不能正常工作，火车控制器的红外输入通道可能配置有误，也有可能传感器工作在其他颜色模式。

Irsend 命令发送了一个和乐高遥控器上按键一样的红外信号，该指令后面跟随了多个命令行参数，包括指明需要发送的红外序列和发送的方式等。第一个参数 --count=5 表明该指令需要重复执行 5 次，这样可以保证被控设备能够有多次接收机会来获取正确信号。SEND_ONCE 指令用来表明只对被控设备发送一套红外编码，这个参数在发送时一般都需要指明。该参数值除了 SEND_ONCE，还可以是 SEND_START，用来开始发送信号，也可以是 SEND_STOP，用来结束发送。这样的用法一般用于音量调节，同一个红外编码持续发送了一段时间。接下来的参数是配置文件中遥控器的名称，该例子中该文件的名称为“LEGO_Single_Output”。该指令每次只用来发送一个红外编码，有一些其他的指令可以一次发送多个红外编码，但对本案例而言，发送一个就足够用了。最后一个参数用来指明需要发送的红外编码名称（如遥控器按下某一个确定的按键的按键名称）。

红外编码的名称由三部分组成，第一部分是乐高控制器的通道号。乐高红外遥控器和接收器分别有 1~4 个通道，所以红外编码名称的第一个数字是将要使用到的通道号。

接下来是一个字母 R（表示红色）或者 B（表示蓝色），这个用来表明乐高火车上的电机连接在红外接收机的哪个控制接口。红外接收机上红色的输出口在左边，蓝色的输出口在右边。

最后一部分由下划线和数字构成，0 表示停止，7 表示最快速度。下划线后也可以跟 BRAKE 参数，表示刹车，火车的速度会逐渐变慢直到停止。

例如，现在有一个使用 2 通道的乐高火车，电机连接在接收机的蓝色端口，现将其设置为最大速度，则红外编码的名称为 2B_7，完整的发送指令如下：

```
irsend --count=5 SEND_ONCE LEGO_Single_Output 2B_7
```

处理软件冲突

关于本案例，我最初的想法是使用 GPIO Zero 模块用来检测干簧管开关，使用 lirc 模块用来发送红外信号。但当整个程序完成后，红外发射器可以正常工作，而干簧管则没有任何信号反应。我分析，可能是由于干簧管的电路连接错误，也可能是磁铁和干簧管的距离太远，或者是程序本身出了问题。

接下来我通过一个简单的测试程序来探测干簧管的信号，此时干簧管工作完全正常。同样的方法，在单独测试红外发射功能时，也没有出现任何问题。

这里的问题是，在 GPIO Zero 模块和 lirc 模块中，对于 GPIO 接口的编码形式不同。所以当它们一起工作时，就出现了冲突。而在电子设计中，软硬件的兼容应该避免这样的冲突，尤其是带有操作系统的硬件。这个也是为什么在使用诸如 I^2C 和 SPI 功能时需要在系统设置中开启对它们的支持，如果系统默认就启动了这些功能，它们之间可能会发生冲突。幸运的是，经过一番分析我发现了这个软件不兼容的问题。

默认情况下，GPIO Zero 是基于系统中的 RPI.GPIO 模块编写的，后者在 GPIO Zero 出现之前是使用最为广泛的 GPIO 控制模块。但这个 RPI.GPIO 模块在 lirc 模块发送红外编码时是不工作的，所以最后不得不使用 NativePins 来为 GPIO Zero 模块提供支持，因为它是纯粹基于 Python 方法来与 GPIO 交互。为了能够使用 NativePins，需要在加载 GPIO Zero 模块（之前介绍的两种加载方式均可）之前插入下列代码。

■ **注意：**在使用 NativePin 时会出现警告信息，因为系统认为此时是在实验状态，所以程序可能随时会停止工作。另一个问题是，不是所有的 Raspberry Pi 版本都可以使用这个方法，在 Raspberry Pi2 上，这个功能是可以允许 lirc 和干簧管同时工作的。介于以上两个原因，不建议在重要的应用程序中使用该方法，但对于本案例的玩具火车而言，这显然没有什么问题。

```
from gpiozero.pins.native import NativePin
import gpiozero.devices

# 强制将默认改为 NativePin 编码模式
gpiozero.devices.DefaultPin = NativePin
```

NativePins 的另一个缺点是，它不支持 PWM（脉宽调制）输出。但这个案例并不涉及 PWM 信号，所以该问题并不棘手。

在运行这个代码时，有时会出现关于内核关闭中断的信息，但这并不影响程序正确发送红外信号和检测干簧管状态。但在编程的过程中，潜在冲突总是值得注意的，这样一旦程序出现了问题可以避免花费大量的时间来分析问题的起因。在一个比较理想的程序测试流程中，软件冲突和潜在错误都应该能够被测试出来。

使用 LIRC 和 GPIO Zero 控制乐高火车模型

该 Python 程序用于启动火车，然后检测火车是否到站，到达车站后将火车减速直至停止，延迟一段时间后再次开始。在火车启动的过程中，速度不是一次到达最大，而是逐渐加速，减速的过程也是一样。如果轨道的行程较短，则可能出现在火车的加速过程中就触发传感器，不过这可以忽略。

最好的理解方式还是看代码：

```
#!/usr/bin/python3
import os
import time
from gpiozero.pins.native import NativePin
import gpiozero.devices
# 强制将默认改为 NativePin 编码模式
gpiozero.devices.DefaultPin = NativePin
from gpiozero import Button

LEGO_CH = "1"
LEGO_COL = "R"

REED_PIN = 4
ACC_DELAY = 0.5

rswitch = Button(REED_PIN)

MAX_SPEED = 5
STATION_DELAY = 10

def send_lego_cmd (lego_ch, lego_col, op):
   os.system("irsend --count=5 SEND_ONCE LEGO_Single_Output " +lego_
ch+lego_col+"_"+op);

# 从停止状态提速到全速
def train_speed_up (maxspeed):
    speed = 0
    while speed < maxspeed:
        speed = speed + 1
        send_lego_cmd (LEGO_CH, LEGO_COL, str(speed))
        time.sleep(ACC_DELAY)


def train_slow_down (currentspeed):
    speed = currentspeed
    while speed > 0:
        speed = speed - 1
        send_lego_cmd (LEGO_CH, LEGO_COL, str(speed))
        time.sleep(ACC_DELAY)

def train_set_speed (speed):
    send_lego_cmd (LEGO_CH, LEGO_COL, str(speed))
```

```
def main() :
    while True:
        print ("Leaving the station")
        # 加速到全速
        train_speed_up(MAX_SPEED)
        # 等待干簧管开关被触发
        print ("Going to station")
        rswitch.wait_for_press()
        print ("Stopping at station")
        train_slow_down(MAX_SPEED)
        time.sleep(STATION_DELAY)
```

在前面小节已经对该代码中的模块加载方式作出了详细解释，这里不再赘述。程序中首先使用宏的方式定义了通道号和控制接口，请注意这里的数据类型为字符串，这样做的目的是方便在后续将该通道号整合到命令行指令代码中。接下来定义了干簧管所连接的 GPIO 端口和加速过程中不同速度间的延迟。

接下来定义了最大的速度值，该值最大可以为 7，但由于火车过快会脱轨，所以这里将其设置为 5。然后定义了火车的停站延迟，也就是当火车完全停止后，距离再次启动的时间间隔。

send_lego_cmd() 函数和第五章中“使用 Python 发送红外信号”小节所提到的函数功能类似，不同点在于该函数所发送的是用于控制乐高火车的红外信号。接下来还有两个函数——train_speed_up() 和 train_slow_down()，这两个函数内部都调用了 send_lego_cmd() 函数。

主程序部分包含一个 while 循环，在循环中分别调用了前面定义的几个函数，其中还有一个直接使用 GPIO Zero 模块的开关控制函数。除此之外，在不同的函数之间，还有一些 print 语句，它们的输出内容可以帮助用户了解到当前程序的运行状态。

使用物联网技术控制火车模型

物联网的概念相信大家都不会陌生，它的技术本质是通过物联网来控制电子设备。本小节将侧重于介绍如何使用物联网技术来控制乐高火车模型。

我们将会使用 Python 建立一个迷你的网页服务器，这一切的实现都将依托于 Bottle 模块。这个过程中会使用到 HTML 语言来编写网页，使用 JavaScript 来使网页具有基本的动态交互。这两个知识点其实已经超出了本书的范围，所以后续内容将会更加着重地讲解 Python 相关的部分。如果你想继续完善本案例或将自己的电子项目做得更加强大，那么就需要去学习更多关于 HTML 和 JavaScript 的知识。

本小节假设前面通过 Raspberry Pi 控制乐高火车的案例已经成功实现，至少是能够通过 Raspberry Pi 发送红外信号，干簧管不会在本案例中出现。

Bottle 是一个非常小巧但高效的微型 Python Web 框架，在使用的过程中我们只需要将该模块加载到代码中，然后运行正确的指令即可。

开始编写代码之前，首先需要下载 Bottle 模块和一个 JavaScript 文件。运行以下指令安装 Bottle 模块：

```
sudo apt-get install python3-bottle
```

创建一个用来保存该案例的目录，在该目录中创建一个名为 public 的子目录用于访问 web 服务器。

```
mkdir ~/iot-train
mkdir ~/iot-train/public
```

现在可以切换到刚刚创建的 public 子目录下，下载 JQuery 文件：

```
cd ~/iot-train/public
wgethttp://code.jquery.com/jquery-2.1.3.min.js
```

返回到案例根目录，程序会存储在这里。

```
cd ~/iot-train
```

由于之前已经编写过了用于发送红外信号的函数，这里可以直接使用。该案例主要由两个文件构成，一个是前一个小节的火车控制程序，另一个则是 web 控制程序，为了让火车控制程序中的函数可以被 web 控制程序直接调用，需要将它稍作修改，加入主函数。代码如下所示，将其输入并以 legotrain.py 命名后保存：

```
#!/usr/bin/python3
import os
import time
from gpiozero.pins.native import NativePin
import gpiozero.devices
# 强制将默认改为 NativePin 编码模式
gpiozero.devices.DefaultPin = NativePin
from gpiozero import Button

LEGO_CH = "1"
LEGO_COL = "R"

REED_PIN = 4
ACC_DELAY = 0.5

rswitch = Button(REED_PIN)

MAX_SPEED = 5
STATION_DELAY = 10

def send_lego_cmd (lego_ch, lego_col, op):
   os.system("irsend --count=5 SEND_ONCE LEGO_Single_Output " +lego_
```

```
ch+lego_col+"_"+op);

    # 从停止状态提速到全速
    def train_speed_up (maxspeed):
        speed = 0
        while speed < maxspeed:
            speed = speed + 1
            send_lego_cmd (LEGO_CH, LEGO_COL, str(speed))
            time.sleep(ACC_DELAY)


    def train_slow_down (currentspeed):
        speed = currentspeed
        while speed > 0:
            speed = speed - 1
            send_lego_cmd (LEGO_CH, LEGO_COL, str(speed))
            time.sleep(ACC_DELAY)

    def train_set_speed (speed):
        send_lego_cmd (LEGO_CH, LEGO_COL, str(speed))


    def main() :
        while True:
            print ("Leaving the station")
            # 加速到全速
            train_speed_up(MAX_SPEED)
            # 等待干簧管开关被触发
            print ("Going to station")
            rswitch.wait_for_press()
            print ("Stopping at station")
            train_slow_down(MAX_SPEED)
            time.sleep(STATION_DELAY)


    # 程序运行后执行 main()
    if __name__ == "__main__":
        main()
```

除了添加主函数，该段代码还在原有基础上添加了一个名为 train_set_speed() 的新函数，该函数用于直接将火车加速到指定速度，而不是逐级加速。

赋予该文件可执行权限：

```
chmod +x legotrain.py
```

只有这样该程序文件才可以直接运行。现在该程序文件同样可以被其他程序文件加载，然后在不运行它的主函数的情况下调用它内部所定义的函数。将速度设置到了，你可以用以下代码：

```
#!/usr/bin/python3
from legotrain import *
train_set_speed(3)
```

只要新的代码文件和该文件处于同一个目录下，以上新添加的 train_set_speed() 函数也可直接调用。

用于运行 web 服务器和请求处理的代码文件应当被命名为 iot-train.py，存储在 /home/pi/iot-train 目录下。代码如下：

```
#!/usr/bin/python3
from legotrain import *
import sys
import bottle
from bottle import route, request, response, template, static_file

app = bottle.Bottle()

# 如果想从其他计算机访问，修改此 IP 地址
IPADDRESS = 'localhost'
# 文件存储目录
DOCUMENT_ROOT = '/home/pi/iot-train'

# public 文件夹
# *** 警告 所有存储在 public 文件夹下的内容都可以被下载
@app.route ('/public/<filename>')
def server_public (filename):
    return static_file (filename, root=DOCUMENT_ROOT+"/public")

@app.route ('/')
def server_home ():
    return static_file ('index.html', root=DOCUMENT_ROOT+"/public")

@app.route ('/control')
def control_train():
    getvar_dict = request.query.decode()
    speed = int(request.query.speed)
    if (speed >=0 and speed <= 7):
        train_set_speed(speed)
        return 'Speed changed to '+str(speed)
    else:
        return 'Invalid command'



app.run(host=IPADDRESS)
```

代码的开始加载了必要的 Python 模块，除此之外还加载了 legotrain.py 文件。在加载 bottle 模块时，有一些没有用到的子模块也一同加载了进来，这是为了方便不同的读者在修改代码时重新修改加载模块的不同部分。

接下来程序创建了一个名为 app 的 bottle 对象，它的本质功能是一个 web 服务器。接下来定义了该服务器需要监听的 IP 地址，本案例为 localhost，这样的话该 web 只能在 Raspberry Pi 桌面的网页浏览器打开。如果想要从家庭网络（如果想要从外网访问，需要对路由设备进行相关配置）的任意设备访问这个 web 服务，将 IP 地址设置为 0.0.0.0，这个表示接受所有地址发来的请求。

Bottle 模块使用 @app.route 方法来处理 URL 请求。第一个实体是用来处理外部的任意文件（/public）请求，如果收到关于 /public 目录下的文件请求，则将该目录下的相应文件返回。

第二个 @app.route 实体用来回应空请求（/），返回默认的主页文件 index.html。最后一个 @app.route 实体用来回应控制请求（/control），这部分也是程序最重要的部分。如果收到了含有 /control 的 URL 请求，则运行 control_train() 函数。该函数会首先获取请求中的速度参数，然后将其转化为整数类型：

```
getvar_dict = request.query.decode()
speed = int(request.query.speed)
```

接下来检查该参数是否在 0~7 的范围之内，由于是通过 URL 请求来传递参数，检查参数这一步非常重要。如果丢失了这一步，万一有人用 URL 将传递的参数替换成为恶意代码，这会使 web 服务器出现极大的安全隐患。

有了速度参数，就可以调用 train_set_speed() 函数来给火车模型发送相应的红外指令。

最终该函数会返回一段信息，该信息用来指出所请求的控制命令是否已经正确发送。在这个例子中，这段信息就是段文本，这段文本可以接下来使用 JavaScript 进行处理。

代码的最后是启动该 web 服务器。

```
app.run(host=IPADDRESS)
```

在这个指令中包含了一个 IP 地址，读者可以根据自己的不同需求进行修改。Web 端口同样可以修改，但是本案例使用的是默认端口——8080。

以上就是一个完整的 web 服务器。它极大地反映了 Python 的优点：我们只使用了一个由其他用户编写的模块，就在 40 行之内写出了一个完整的 web 服务器。

既然服务器部分已经完成，现在需要 HTML 代码和 JavaScript 代码来给服务器发送相应的请求信息。这两种代码都可以写入一个名为 index.html 的文件，以下代码需要在 /home/pi/iot-train/public 目录下以 index.html 的文件名保存：

```
<!doctype html>
<html lang="en">
<head>
<meta charset="UTF-8">
```

```
<title>Lego Train Control</title>
<!-- Add Jquery -->
<script type="text/javascript" src="/public/jquery-2.1.3.min.js"></script>
</head>
<body>
<h1>Lego Train Control</h1>

<div id="status">...</div>

<select id="speed">
    <option selected="selected">0</option>
    <option>1</option>
    <option>2</option>
    <option>3</option>
    <option>4</option>
    <option>5</option>
    <option>6</option>
    <option>7</option>
    </select>

<script>
// call back function from ajax code
function updateStatus (data) {
    // Update screen with new status
    $('#status').html(data);
}
function changeSpeed (speed) {
    $.get('/control', 'speed='+speed, updateStatus);
}
$( "#speed" ).change(function() {
changeSpeed($( "#speed" ).val())
});
</script>
</body>
</html>
```

如之前所提到的，由于这两种语言的知识超出了本书的计划范围，这里只对其做简单解释，方便读者理解。以下代码用于加载 JavaScript 的库函数：

```
<script type="text/javascript" src="/public/jquery-2.1.3.min.js"></script>
```

该库函数的作用是使编程者更加方便，同样的 JavaScript 代码可以在不同的浏览器中实现相同的功能。

接下来的部分就是基本的 HTML，它实现了给网页上显示文本的布局（最好使用 CSS）提供了一个复选框，让用户可以选择不同的速度参数。

最后的部分是 JavaScript 代码段。在高级别的 web 程序中，JavaScript 代码通常会包含在独立的一个文件中，但本案例较为简单，可以直接写入 HTML 文件。这里使用两个简单的函数——updatestatus 来接收服务器发送的信息，然后更新文本信息，changeSpeed() 来将用户选择的速度以 get 请求的形式发送给服务器。

Select 标签原有的 change 函数被 changeSpeed() 重写，所以当标签内容有所改变时，changeSpeed() 函数会被调用。

启动服务器之前，需要修改其代码文件的权限：

```
chmod +x iot-train.py
```

然后启动：

```
./iot-train.py
```

提示信息会显示出当前服务器监听的 IP 地址和端口。当收到请求后，会显示当前的请求内容和服务器状态信息。

访问页面可以使用 iot-train.py 文件中设置的 IP 地址，后跟“:8080”端口号。在默认使用 localhost 作为 IP 地址时，访问方式如图 6-6 所示。

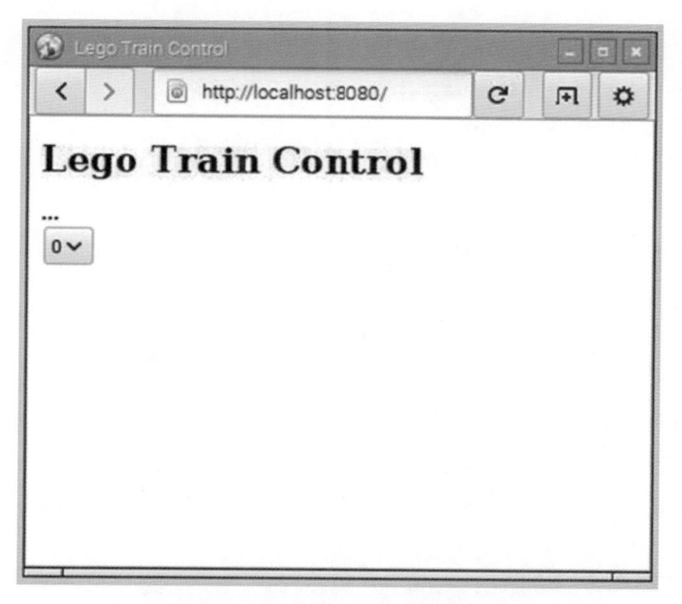

图 6-6　物联网火车模型控制页面

这个程序作为一个简答的示例，没有加入复杂的验证和安全检查代码。这就意味着如果将 localhost 改成 Raspberry Pi 的实际 IP 地址，则在该网络中的每一个人都可以控制火车。对于玩具火车而言这显然没有问题，但如果要使用这样的方式控制更加重要的应用时，需要加入相应的验证环节，以保证只有有权限的人可以操作。

注意： 如果要使用 Python Bottle 控制一些更为重要的应用，可以加入一些必要的访问过滤，这样就可以保证只有确定的 IP 地址可以访问该页面。

虽然该程序的功能已经实现，但它的外观和易用性并没有充分优化，如果想要让操作界面更加“用户友好”，可以使用 CSS（层叠样式表）。

如果需要服务器自动启动运行，则需要创建一个新的服务文件。服务文件需要存储在 /etc/systemd/system/ 目录，并且以“.service”结尾。我将其命名为 iot-train.service，创建该文件时需要使用超级权限 sudo。

如果在图形用户界面下创建，可以使用如下语句：

```
gksudo leafpad /etc/systemd/system/iot-train.service
```

如果在命令行下创建：

```
sudo nano /etc/systemd/system/iot-train.service
```

在该文件中加入如下内容：

```
[Unit]
Description=IOT Lego Train Control
Wants=network-online.target
After=network-online.target

[Service]
Type=simple
ExecStart=/home/pi/iot-train/iot-train.py
User=pi

[Install]
WantedBy=default.target
```

这个过程和前面介绍的例子类似，但是多出来了 Wants 和 After。Wants 用来确保当前网络是可用的，After 意味着只有在网络连通的情况下才启动该服务。在注册一个带有联网需要的服务时，最好能够包含这两条信息。如果需要服务在某个确定的服务启动后再启动，则可以将另一个服务的名称赋予 After。

现在可以使用如下命令启动服务：

```
sudo systemctl start iot-train
```

使用如下命令将其设置为自动启动：

```
sudo systemctl enable iot-train
```

设置完成后就可以重新启动，该服务会在进入系统时自动启动。剩余要做的就是打开浏览器，在相应的地址下控制乐高火车。

使用 NeoPixels 控制彩色 LED 灯条

本章的另一个有趣的案例是使用 NeoPixel 彩色 LED 灯条。NeoPixels 是 Adafruit 为其 LED 系列产品取的名字，这些产品中的 LED 有可以独立寻址的 RGB LED，使用 WS2811、WS2812 或者 WS28xx 控制器。

该案例使用到的是彩色LED灯条，共有150个LED，它们可以通过1根数据线控制。如图6-7所示的就是这种类型的 LED 灯条。

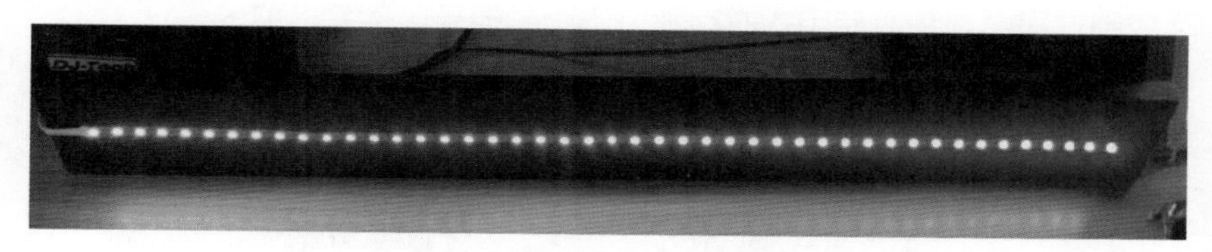

图 6-7　彩色 LED 灯条

这种类型的 LED 产品除了条状，还有很多不同的排列方式。它的灯珠可以被单独地焊接在 PCB 上，排列成圆形、条形，甚至是可以用来显示简单图形的矩阵。

用于控制这个灯条的电路非常简单，由于大部分的控制功能是由集成在 LED 内电路完成的，软件部分又有功能强大的控制函数，所以硬件部分只需要第五章中所介绍的电平转换器。

由于 Raspberry Pi 的 GPIO 工作在 3.3V，而这些彩色 LED 只有在 5V 时才能达到最大亮度，所以需要使用电平转换电路将 3.3V 转换为 5V 进而控制灯条。如图 6-8 所示的是一个使用 MOS 管的基础电平转换电路。

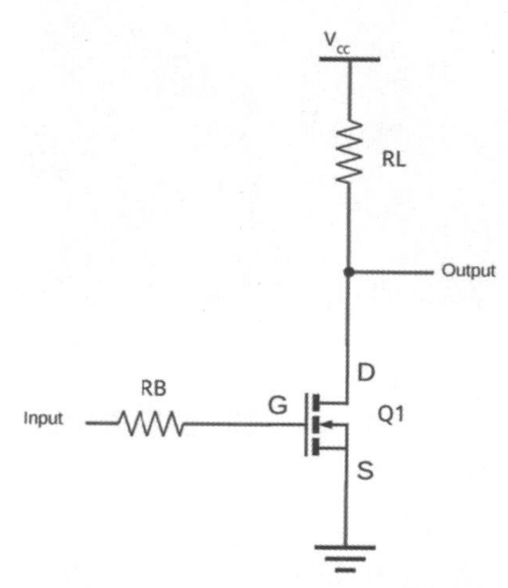

图 6-8　用于控制彩色 LED 灯条的 MOS 管电平转换电路

该电路也可以被称为反相缓冲器（非门），在低输入时为高输出，反之亦然，这个问题可以通过修改软件来克服。但如果不想要修改软件，另一个解决方案是使用非反转的 74HCT125 电平转换器。MyPiFi.net 所设计的 NeoPixel 控制板就是用了该解决方案。在第五章中为 I^2C

LCD 显示屏案例使用的电平转换器对于本案例同样可行。

电平转换器的输入端连接在 GPIO18，这个输出口支持硬件级的 PWM。该电路所使用到的元器件如下：

- R1–2.2kΩ
- RB–470Ω
- Q1–2n70000

NeoPixels 电路的面包板示意图如图 6–9 所示，该图可以帮助读者理解这些 LED 的工作原理。在实际控制过程中，我所使用的方案稍有不同，但元器件是相似的。

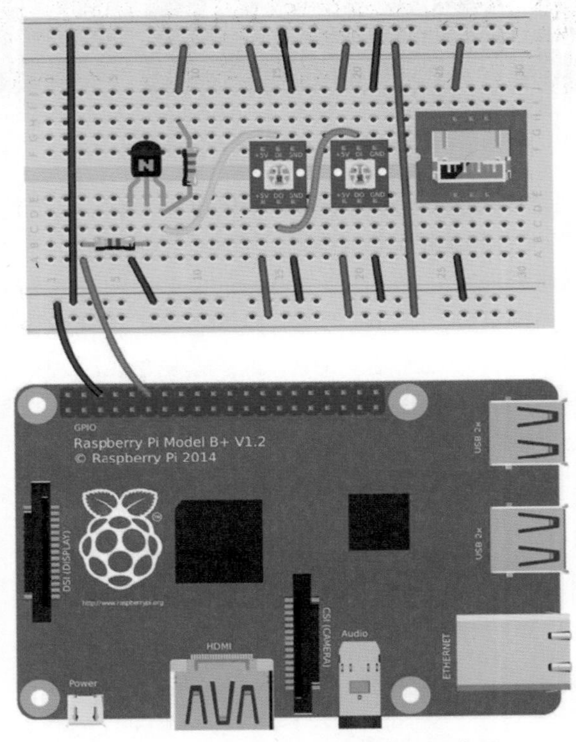

图 6–9　NeoPixel 电路面包板示意图

请注意，在电路中我使用了一个 Micro-USB 接口为电路供电，该接口和 Raspberry Pi 的供电接口型号相同。该独立供电接口在只有 2 个 LED 的情况下不是必须的，但是如果有整个 LED 灯条接入电路，则相应地需要使用更大功率的电源。

在实际的 LED 条中，有两个 V+ 和 GND 接口，这两个不是必须同时连接到电源的，这样的设计是为了让灯条能够更方便地扩展和拆分。使用时只需要确保两个中的任意一个 V+ 和 GND 连接在 5V 的电源适配器即可。

数据线有两个标记，DI 和 DO。前者是数据输入端，后者是数据输出端。经过 MOS 管电平转换器输出的信号应该接入第一个 LED 的 DI 端，该 LED 的 DO 连接到下一个 LED 的 DI，依此类推就构成了 LED 灯条。

贴士： 由于 NeoPixels 可能有不同的生产厂商和布局方式，使用之前请检查灯条上的端口标记是否和电路原理图相符，如果不符合或者标记不清楚，则需要首先判断 DI 和 DO 口。

给 LED 灯条供电

从 WS2812 的数据表中可以看出，每一个彩色 LED 内实际含有 3 个单色 LED，每一个 LED 的工作电流最大为 20mA，所以在白色（三色全亮）最大亮度时，一个彩色 LED 所需要的电流约为 60mA。如果灯条上有 150 个这样的彩色灯珠，则需要要一个 9A 的电源适配器。在实际情况中，我所使用的 LED 灯条大概只消耗了该电流的一半，但这不意味着可以使用一个 4.5A 的电源适配器。电源适配器的输出必须要确保在任何情况下都有一定的冗余量，这样才能够保证适配器不会始终在高负载状态下工作而导致过热。

LED 电源的 GND 需要和 Raspberry Pi 供电电源的 GND 连接在一起，但 5V 端则不需要连接。

LED 灯条的工作原理

灯条上的所有LED都是通过串行数据线连接的，上一个LED的输出作为下一个LED的输入。

每一个 LED 内部都集成有独立的控制器，该控制器含有 DI 和 DO 端口，控制器会收到用于控制所有 LED 的指令信息，然后将一端的数据作为自己的控制数据，然后将剩余的内容输出给下一级 LED。由此可以看出，当控制指令传输到最后一个 LED 时，该 LED 应该只能够收到它自己的控制指令。

为了保证该工作方式的顺利进行，时序的准确性非常重要，只有这样 LED 控制器才能够准确地识别到控制信号。介于此原因，本案例需要使用到 Raspberry Pi 的硬件 PWM 输出功能。

安装 Python 模块

本案例使用到的是 Adafruit 开发的 NeoPixels 库，该库可以在 Raspberry Pi2 和之前的版本上使用，但没有默认包含在 Python 模块中，所以需要自行下载源代码然后编译。

首先需要下载的是开发者库，这个可以用来编译代码。使用如下指令安装：

```
sudo apt-get install build-essential python3-dev git scons swig
```

接下来使用 clone 命令从 GitHub 下载 NeoPexel 源代码：

```
git clone https://github.com/jgarff/rpi_ws281x.git
```

进入到相应目录，使用 scons 命令编译：

```
cd rpi_ws281x
```

```
scons
```

接下来进入 Python 目录：

```
cd python
```

在该目录下安装 Python 模块：

```
sudo python3 setup.py install
```

在该目录下有一些示例程序，除此之外同样可以使用 Python3 建立自己的测试程序。

使用 Python 控制彩色 LED 灯条

现在已经安装完成了 NeoPixel 模块，本案例将通过简单的程序来测试这个 LED 电路并且给出修改显示颜色的示例。这段代码针对的是图 6-9 的示意电路，所以只有两个 LED。

```
#!/usr/bin/python34
from neopixel import *
import time

LEDCOUNT = 2
GPIOPIN = 18
FREQ = 800000
DMA = 5
INVERT = True          # 反转逻辑电平
BRIGHTNESS = 255


strip = Adafruit_NeoPixel(LEDCOUNT, GPIOPIN, FREQ, DMA, INVERT, BRIGHTNESS)
# 初始化对象（需要在其他方法调用前调用一次）
strip.begin()

while True:
    # 设置第一个 LED 白色
    strip.setPixelColor(0, Color(255,255,255))
    strip.setPixelColor(1, Color(0,0,0))
    strip.show()
    time.sleep(0.5)
    # 设置第二个 LED 白色
    strip.setPixelColor(0, Color(0,0,0))
    strip.setPixelColor(1, Color(255,255,255))
    strip.show()
    time.sleep(1)
    # 设置全部 LED 红色
    strip.setPixelColor(0, Color(255,0,0))
    strip.setPixelColor(1, Color(255,0,0))
```

```
strip.show()
time.sleep(0.5)
# 设置全部 LED 绿色
strip.setPixelColor(0, Color(0,255,0))
strip.setPixelColor(1, Color(0,255,0))
strip.show()
time.sleep(0.5)
# 设置全部 LED 蓝色
strip.setPixelColor(0, Color(0,0,255))
strip.setPixelColor(1, Color(0,0,255))
strip.show()
time.sleep(1)
```

程序文件的头部定义的是一些设置参数，如 LED 的个数以及亮度。该程序还有一个 INVERT 选项，是因为使用的 MOS 管电平转换器是反相的。这些参数在使用 Adafruit_Neopixel 创建 LED 灯条对象时会用到。

灯条对象创建完成后，需要首先运行它的 begin () 方法来启动灯条，然后才可以设置颜色。灯条上的每一个 LED 都被认为是一个像素点，所以在使用 setPixelColor() 方法设置颜色时需要提供目标 LED 的坐标和需要被设置成的颜色值。

每一个颜色的值由红、绿和蓝三个颜色值构成，每一种颜色有 0 到 255 个可选值。当三个值同时为 255 时，为白色；当三个值同时为 0 时，LED 关闭。接下来就是分别将 LED 设置为红色、绿色和蓝色，将这三个颜色的值变换组合后可以得到其他的颜色。

设置完灯条的颜色后，调用 show() 方法来将最新的设置更新到硬件中。

NeoPixel 模块需要管理员权限来访问 GPIO 端口，所以在运行程序时需要使用 sudo 命令。该程序存储为 neopixel1.py，使用如下命令运行：

```
sudo ./neopixel1.py
```

使用 Pygame Zero 创建图形界面应用

LED 案例的最后一步是创建“图形化应用”，通常也称之为“图形化用户界面”（GUI）。许多编程人员认为创建图形化用户界面非常困难并需要使用大量的代码。不幸的是，这样的声音和看法在广大编程工作者中有着极大的市场，本质的原因就是因为图形化用户界面需要使用大量的代码来构建窗口、处理点击和保持程序的后台运行。有一些为方便构建图形而设计的编程语言，使用起来相对容易，但它们往往不能够直接访问硬件来与外部电路交互。

幸运的是，Pygame Zero 提供了这样的功能。它和 GPIO Zero 的工作原理类似，都是方便用户使用 Raspberry Pi 的 GPIO 接口，Pygame Zero 是基于 Pygame 游戏模块编写的，它让创建图形界面的过程更加简单。该模块也是基于 Python 编程语言的，所以可以和 GPIO Zero 代码一同使用。尽管 Pygame Zero 是不久之前才编写完成的 Python 模块（第一个版本为 2015 年），但它仍然提供了丰富的功能，并且已经默认安装在 Raspberry Pi 中。

Pygame Zero 设计的初衷是用来编写图形化游戏，但本案例只是利用该模块编写了一个包含矩形按钮的图形界面，不同的按钮可以用来选择不同的 LED 序列。这个应用程序是为控制多个 LED 而设计的，其中的大部分都可以仅使用 2 个 LED 运行，但如果条件允许，可以连接一个 LED 条。图形界面如图 6–10 所示。

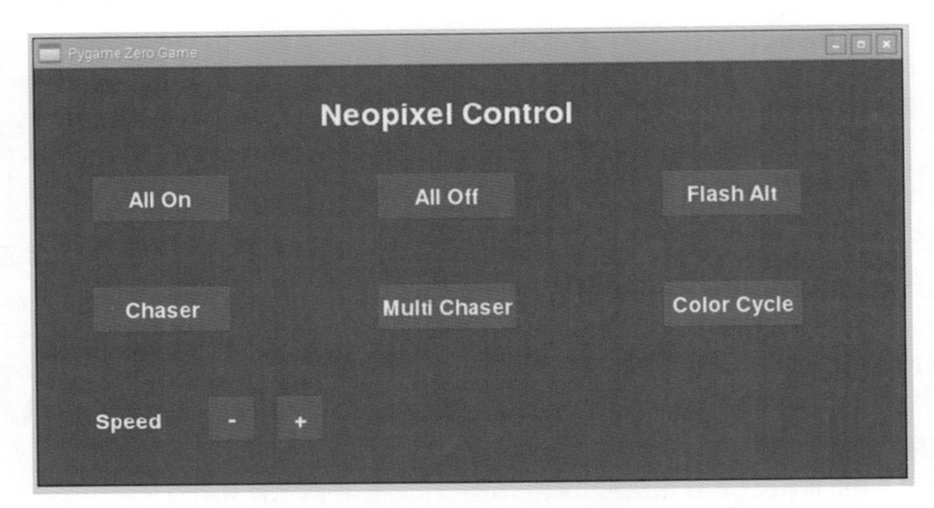

图 6–10 用于控制彩色 LED 灯条的图形应用程序

图 6–11 所示的是一些可以使用该程序控制的 Adafruit NeoPixel 产品。如果使用这类产品，需要自行焊接导线将电源和控制线引出。焊接的步骤并不难，具体的步骤及方法将会在第十章介绍。

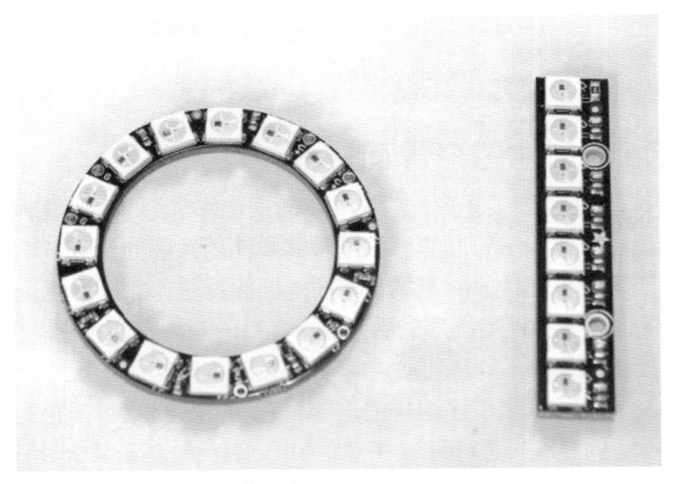

图 6–11 Adafruit NeoPixel 系列产品

本段代码存储为 neopixel-gui.py：

```
#!/usr/bin/pgzrun
from neopixel import *
import time

LEDCOUNT = 10
GPIOPIN = 18
FREQ = 800000
DMA = 5
INVERT = True        # 反转逻辑电平
BRIGHTNESS = 255

WIDTH = 760
HEIGHT = 380

BUTTON_COLOR = 40,40,200
WHITE = 255, 255, 255

buttonText = (
    u"All On",
    u"All Off",
    u"Flash Alt",
    u"Chaser",
    u"Multi Chaser",
    u"Color Cycle"
)
buttonRect = (
    Rect(50, 100, 120, 40),
    Rect(300, 100, 120, 40),
    Rect(550, 100, 120, 40),
    Rect(50, 200, 120, 40),
    Rect(300, 200, 120, 40),
    Rect(550, 200, 120, 40)
)
minusRect = Rect(150, 300, 40, 40)
plusRect = Rect(210, 300, 40, 40)

# 刷新计数，单位 60 次 / 秒
delay_counts = 30
seq_number = 0
sequence = "All On" # 初始状态为点亮所有 LED
timer = 0


# 初始化 NeoPixel 灯条
strip = Adafruit_NeoPixel(LEDCOUNT, GPIOPIN, FREQ, DMA, INVERT,
BRIGHTNESS)
# 初始化对象（需要在其他方法调用前调用一次）
```

```
strip.begin()


def draw():
    screen.fill((80,80,80))

    screen.draw.text(
        "Neopixel Control",
        centerx = 360, top = 30,
        fontsize=40,
        color=WHITE
    )

    box = []
    for i in range(len(buttonRect)):
        box.append(buttonRect[i].inflate (-1, -1))
        screen.draw.filled_rect(box[i], BUTTON_COLOR)
        screen.draw.text(
            buttonText[i],
            centerx = box[i][0] + 60, centery = box[i][1] + 20,
            fontsize=28,
            color=WHITE
        )

    screen.draw.text(
        "Speed",
        (50, 310),
        fontsize=28,
        color=WHITE
        )

    boxMinus = minusRect.inflate(-1, -1)
    screen.draw.filled_rect(boxMinus, BUTTON_COLOR)
    screen.draw.text(
        "-",
        centerx = boxMinus[0] + 20, centery = boxMinus[1] + 20,
        fontsize=32,
        color=WHITE
    )

    boxPlus = plusRect.inflate(-1, -1)
    screen.draw.filled_rect(boxPlus, BUTTON_COLOR)
    screen.draw.text(
        "+",
        centerx = boxPlus[0] + 20, centery = boxPlus[1] + 20,
        fontsize=32,
```

```
        color=WHITE
    )


def on_mouse_down(button, pos):
    global seq_changed, sequence, delay_counts
    x, y = pos
    # 检查 main 按钮位置
    for i in range(len(buttonRect)):
        if buttonRect[i].collidepoint(x,y) :
            sequence = buttonText[i]
    # 检查 speed 按钮位置
    if minusRect.collidepoint(x,y) :
        delay_counts = delay_counts + 5
    if plusRect.collidepoint(x,y) :
        delay_counts = delay_counts - 5


def update():
    global timer
    global delay_counts
    global seq_number
    timer = timer +1
    if (timer > delay_counts) :
        seq_number += 1
        updseq ()
        timer = 0


def updseq () :
    global sequence
    if (sequence == "All On"):
        seq_all_on()
    if (sequence == "All Off"):
        seq_all_off()
    if (sequence == "Flash Alt"):
        seq_flash_alt ()
    if (sequence == "Chaser"):
        seq_chaser ()
    if (sequence == "Multi Chaser"):
        seq_multi_chaser ()
    if (sequence == "Color Cycle"):
        seq_color_cycle()
```

```
###### 模式
def seq_all_on():
    for x in range (LEDCOUNT):
        strip.setPixelColor(x, Color(255,255,255))
    strip.show()

def seq_all_off():
    for x in range (LEDCOUNT):
        strip.setPixelColor(x, Color(0,0,0))
    strip.show()

# 对 2 取模求奇偶
def seq_flash_alt ():
    global seq_number
    if (seq_number > 1):
        seq_number = 0
    colors = [Color(255, 255, 255), Color(0,0,0)]
    for x in range (LEDCOUNT):
        if (x %2 == 1):
            strip.setPixelColor(x, colors[seq_number])
        else:
            strip.setPixelColor(x, colors[1-seq_number])
    strip.show()

def seq_chaser ():
    global seq_number
    if (seq_number >= LEDCOUNT):
        seq_number = 0
    for x in range (LEDCOUNT):
        strip.setPixelColor(x, Color(0,0,0))
    strip.setPixelColor(seq_number, Color(255,255,255))
    strip.show()

def seq_chaser ():
    global seq_number
    if (seq_number >= LEDCOUNT):
        seq_number = 0
    for x in range (LEDCOUNT):
        strip.setPixelColor(x, Color(0,0,0))
    strip.setPixelColor(seq_number, Color(255,255,255))
    strip.show()

# 至少需要 6 个灯才能较好地显示结果
```

```
def seq_multi_chaser ():
    global seq_number
    if (seq_number >= LEDCOUNT):
        seq_number = 0
    colors = [Color(255, 0, 0), Color(0,255,0), Color(0,0,255)]
    for x in range (LEDCOUNT):
        strip.setPixelColor(x, Color(0,0,0))
    # 设置当前 LED，前一个和后一个
    # seq number 总是有效的
    strip.setPixelColor(seq_number, colors[1])
    # 检查有没有前一个 LED，如果没有则设置最后一个
    if (seq_number > 0) :
        strip.setPixelColor(seq_number-1, colors[0])
    else:
        strip.setPixelColor(LEDCOUNT-1, colors[0])
    # 检查有没有后一个 LED，如果没有则设置第一个
    if (seq_number < LEDCOUNT-1) :
        strip.setPixelColor(seq_number+1, colors[2])
    else:
        strip.setPixelColor(0, colors[2])

    strip.show()

def seq_color_cycle():
    global seq_number
    colors = [Color(248,12,18), Color(255,51,17), Color(255,102,68), \
        Color(254,174,45), Color(208,195,16), Color(105,208,37), \
        Color(18,189,185), Color(68,68,221), Color(59,12,189)]
    if (seq_number >= len(colors)):
        seq_number = 0

    # seq number 用来确定第一个颜色，然后通过递增获得其他颜色
    this_color = seq_number
    for x in range(LEDCOUNT):
        strip.setPixelColor(x, colors[this_color])
        this_color = this_color + 1;
        if (this_color >= len(colors)):
            this_color = 0
    strip.show()
```

虽然这段代码看起来很长，但相比于传统的图形用户界面程序来说已经简单了很多，而且这其中还包含了用于控制 LED 的部分。由于篇幅问题，此段代码不对每一个细节都作出介绍，只对其中比较重要的部分进行说明，尤其与 Pygame Zero 相关的部分。

首先需要注意程序开头的解释器地址，这里的解释器并不是 python3，取而代之的是 pgzrun：

```
#!/usr/bin/pgzrun
```

这个解释器仍然是使用 Python 的，只是 pgzrun 会有一些额外的步骤来设置图形用户界面环境。

接下来是基本的 NeoPixel 配置信息，和前面的案例相同，只是 LEDCOUNT 的值增加到了 10。建议此案例的 LED 灯条由 8 个或者 16 个 LED 组成，如图 6–11 所示。

WIDTH 和 HEIGHT 用来设置图形化窗口的尺寸：

```
WIDTH = 760
HEIGHT = 380
```

这是 Pygame Zero 的一个特性，只需要两个变量就可以定义整个程序界面的维度。这里之所以采用该数值，是为了让程序界面刚好能够适配 Raspberry Pi 的官方触摸显示屏，如图 6–12 所示。

图 6–12　Raspberry Pi 触摸显示屏运行 NeoPixel–gui 程序

buttonText 和 buttonRect 是两个列表，前者定义每个按键所需要显示的文本，后者定义每一个按键矩形。

Rect 用来创建按键所需要的矩形，前两个参数为按钮的位置 x 和 y，后两个则是按键在 x 轴向和 y 轴向的长度。用于调节速度的两个按键单独使用 Rect 函数定义。

变量（为后面函数所使用的全局变量）定义完成之后，创建了一个 NeoPixel 对象并使用预设参数将其初始化。到此为止主程序的部分就算结束了，接下来就是函数的定义部分。在一般的 Python 程序中，除了变量定义、初始化和函数定义外，还需要额外的代码来调用这些定义好的函数。而在该程序中，所有的函数都会通过 Pygame Zero 处理，在相应的事件发生后，分别调用 draw()、on_mouse_down() 和 update()。

draw() 用来绘制所有的界面内容，如 screen.draw.text() 用来在界面中显示文字，screen.draw.filled_rect() 用来绘制矩形，这两个语句一同使用就绘制出了一个按键。

在鼠标按下时，系统会调用 on_mouse_down() 函数。该函数会检查当前鼠标所处的位置是否在按键上方，如果是一个按键操作，则修改表示当前 LED 显示状态的全局变量 sequence，或者修改刷新速度 delay_count。

Pygame Zero 会周期性地调用 update() 函数，该函数会更新当前 LED 的显示状态，一般执行频率为每秒 60 次。这就是为什么 delay_count 变量以 60 为计量范围，在每次调用 update 时，定时器 timer 的值增大 1，而当该值超过 delay_count 后，更新 LED 显示状态。

updseq() 函数不用于图形界面，它只用来根据当前显示状态的全局变量值调用相应的 LED 刷新函数。用于设置不同的显示模式的函数在该注释之后定义：

```
###### 模式
```

这些函数通过当前的 sequece 值对 LED 进行不同的显示操作，seq_all_on() 和 seq_all_off() 分别用来开启和关闭所有 LED。seq_flash_alt() 函数使用了取模操作符“%”，该符号以其左边的数作为被除数，右边的数作为除数，结果为商的余数。而在本代码中，变量对 2 取模，所以最终奇数得到的结果为 1，偶数的结果为 0。

chaser 函数会首先关闭所有 LED，然后点亮相应的 LED。最后一个函数是 color-cycle，常规的方法是通过正弦波形或者其他数学公式计算颜色的变换，这里为了便于理解，只设置了一个固定的颜色显示次序。

该文件保存为 neopixel-gui.py。

为其添加执行权限：

```
chmod +x neopixel-gui.py
```

在桌面环境下，使用如下命令运行程序：

```
gksudo ./neopixel-gui.py
```

运行后可能会出现图 6-13 所示的警告信息，这个信息可以忽略，它是在提示当前程序在 root 账户下运行。

假设程序本身没有问题，则它会以 root 的权限运行。在接下来的运行过程中，如果出现任何错误，错误信息不会显示。如果想要查看错误信息，则首先运行如下语句：

```
gksudo lxterminal
```

图 6-13　gksudo 的警告信息

然后在新的窗口中运行：

```
./neopixel-gui.py
```

实际的运行结果中，LED 在大部分的显示模式下都是白色的，这是为了让程序尽可能地简单。可以在程序中添加一些修改颜色的选项，这样就可以在选择显示模式的同时指定所需要显示的颜色。

将图标添加到 Raspbian 桌面

为了能够在程序菜单中启动该程序，可以在桌面上添加一个图标。最新版本的 Raspbian 有菜单编辑器，它可以用来将程序添加进入启动菜单。

在主菜单中找到首选项，打开其中的 Main Menu Editor 工具（如图 6-14 所示）。

图 6-14　Raspberry Pi Main Menu Editor 工具

可以将新的菜单项添加到现在已经有的任意分类中，或者直接创建一个新的菜单（单击“新建菜单”按钮）。有一些菜单默认没有显示，只有在该配置中被选中，此菜单才会显示出来。在左边选择了相应的菜单分类后，可以单击“新建项目”按钮，如图 6-15 所示。

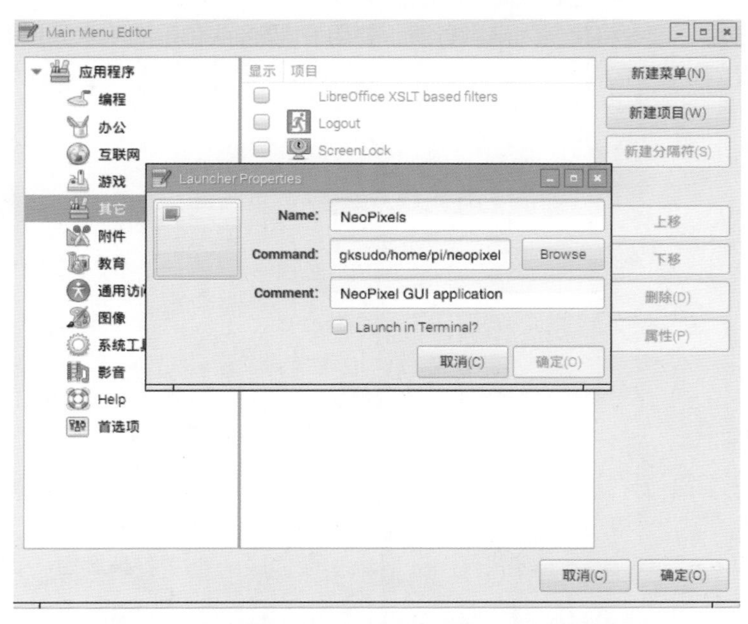

图 6-15　在 Raspberry Pi 中添加一个新应用图标

第一行为该应用的名称，第二行需要输入完整的命令行执行语句，包括 gksudo。如果有需要，可以在第三行添加注释。单击左侧的空白图标按钮，即可为该应用选择一个合适的图标，该图标可以是一个尺寸或是 png 图片。最后单击确定，回到主菜单，新添加的项目应该已经更新。

目前版本的 Raspbian 有一个小 bug，在添加后菜单可能不会及时刷新出新添加的项目。如果出现这个 bug，可以尝试重新启动 Raspberry Pi。如果仍然不能显示，则将该图标在菜单工具中删除，重新添加后应该可以正常显示。

本章小结

从操作系统的角度来说，本章介绍了一些实用的功能特性，比如如何安装软件、如何将程序注册为服务、如何在开机时启动程序、如何以固定的频率执行程序与如何将图形化用户界面程序添加到主菜单等。

从编程的角度来说，本章介绍了 Python 的进阶编程方法，如使用条件语句、创建函数、简化代码及功能化和使用 Pygame Zero 创建图形用户界面。

有了本章内容的基础，读者应该具备开发一些较大、较复杂程序的能力。本章的案例很多是基于前面章节的改进，如为“迪斯科”舞灯添加动态效果、使用红外发射器控制乐高火车模型等。除此之外，本章还介绍了如何创建图形化用户界面程序来控制彩色 LED 灯条。

既然如此，在前面章节中还有很多没有改进过的案例。读者可以尝试使用 cron 运行一个能够定时改变 LED 颜色的红外发射程序，或者为给“迪斯科”舞灯和彩色 LED 灯条添加更多的绚丽效果，或者编写一个能够控制乐高火车的触屏程序。

在下面的章节中，读者将化身为电影导演，使用 Pi 摄像头和乐高积木人拍摄定格动画。

第七章

使用 Pi 摄像头拍摄定格动画

本章将会介绍如何使用 Raspberry Pi 摄像头来录制视频，该摄像头将会通过红外遥控器控制，使用乐高积木人制作一部定格动画。

首先需要做的是将 Pi 摄像头通过排线连接在 Raspberry Pi 机身上的专用接口，除了早期的 Pi Zero 所有版本的 Raspberry Pi 都带有摄像头接口。

再次强调一下，摄像头的专用接口位于 HDMI 和 3.5mm 音频接口之间，连接软排线时，需要先将座子上的白色卡件提起，然后才能插入排线，最后将白色卡件推回即可锁紧接口。连接完成后需要在 Raspberry Pi Configuration 工具中开启内核对摄像头的支持。

完成了连接和设置后，可以使用 raspistill 指令测试摄像头。

```
raspistill -o photo1.jpg
```

红外快门

Pi 摄像头固然可以通过命令行来控制，但如果使用它来拍摄定格动画，这个过程就会变得非常不便。所以当需要拍摄照片时，使用红外来给连接在 Pi 上的红外接收器发送信号，进而控制摄像头是一个不错的方案。

本案例中我使用了一个闲置的红外电子快门作为遥控器，之所以不选择电视遥控器，是因为在控制 Raspberry Pi 的同时可能会同时影响到电视的正常使用。但如果找不到额外的多余红外遥控器，使用电视遥控器也不是不可以，但最好能够在不同的房间。比如可以在车库中使用卧室电视的遥控器控制 Raspberry Pi。

本案例需要一个红外接收器来对遥控器信号做出反应进而控制 Pi 摄像头。如果第五章中红外发射接收器电路（如图 5-6 所示）的实体仍然保存，则可以直接使用。如果没有，则可参考图 7-1，这是一个只有红外接收部分的简易电路原理图。

该电路所使用到的引脚和之前的案例完全相同。

在第六章中，已经介绍过安装 lirc 的相关内容，这里不再赘述，只介绍如何添加遥控器信息。红外信号编码仍然使用 irrecord 工具录制，保存为不同的文件名即可。

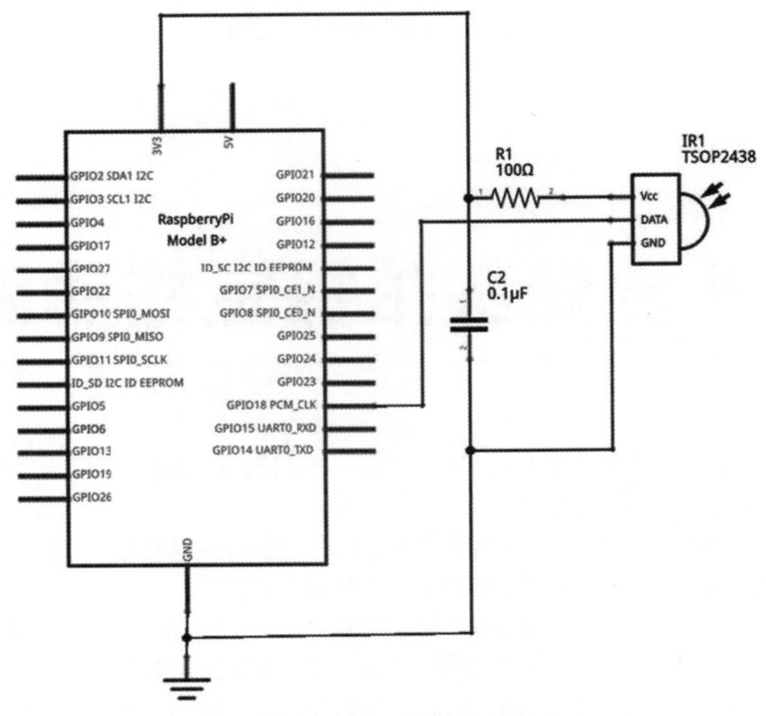

图 7-1　红外接收电路原理图

首先停止 lirc 服务：

```
sudo systemctl stop lirc
```

然后使用如下指令添加一个新的遥控器配置文件：

```
irrecord -d /dev/lirc0 --disable-namespace ~/photoremote
```

disable-namespeace 参数表明用户可以自定义所录制的遥控器按键，运行后根据命令行提示逐个录制按键。

我将此配置文件命名为 photoremote，这方便日后看到文件名能够找到与之相关的遥控器。录制完成后，首先编辑该文件，删除头部 name 参数后的目录信息。

修改后的 name 参数如下：

```
name  photoremote
```

然后将该文件复制到 lircd.conf.d 目录下：

```
sudo cp ~/photoremote /etc/lirc/lircd.conf.d/photoremote
```

修改 /etc/lirc.conf 文件，在已有的配置信息后加入如下内容：

```
include "/etc/lirc/lircd.conf.d/photoremote"
```

以上完成后需要重启 lircd：

```
sudo systemctl stop lirc
sudo systemctl start lirc
```

检查 lircd 运行状态：

```
sudo systemctl status lirc
```

存储红外信号编码的 photoremote 文件与之前案例中所创建的文件非常类似，只是对应的按键编码有所不同。如下信息为我所使用的遥控器的编码信息，这个文件的内容会根据遥控器的不同而不同：

```
begin remote

  name photoremote
  bits          16
  flags SPACE_ENC|CONST_LENGTH
  eps           30
  aeps         100

  header      8942  4524
  one          521  1723
  zero         521  602
  ptrail       520
  repeat      8944  2281
  pre_data_bits 16
  pre_data     0x827D
  gap          107758
  toggle_bit_mask 0x0

      begin codes
          Power                    0x58A7
          Menu                     0xD827
          Up                       0xF20D
          Down                     0xA857
          Left                     0x48B7
          Right                    0xC837
          Enter                    0xCA35
          Random                   0x40BF
          Play                     0x807F
          Repeat                   0xC03F
          VolumeDown               0x7887
          VolumeUp                 0xF807
      end codes
```

```
end remote
```

现在需要修改 lircrc 文件，将特定的红外遥控信号发送给摄像头的控制程序。

编辑（或创建）/etc/lirc/lircrc 文件，如果该文件非空，则可以将已经不再使用的转发条目删除，然后添加：

```
begin
    prog = ircamera
    button = Power
    config = Power
    repeat = 0
end

begin
    prog = ircamera
    button = Enter
    config = Enter
    repeat = 0
end
```

这里我只添加了两个需要转发的红外信号，一个用于释放快门拍摄照片，另一个用于完成后退出。

保存修改后，需要重新启动 lirc：

```
sudo systemctl stop lirc
sudo systemctl start lirc
```

假设摄像头已经配置完成（如果没有，请参考第五章的相关内容），接下来需要将红外控制和摄像头控制的代码结合到一起。为此我创建了一个新的代码文件，并以 infrared-camera.py 命名：

```
#!/usr/bin/python3
import picamera, lirc, time, os.path

# 连续拍摄的最小时间间隔
DELAY = 0.5

# 照片存储目录
photodir = '/home/pi/film';

# 创建用于通信的套接口
sockid = lirc.init("ircamera")

# 实例化摄像头对象
camera = picamera.PiCamera(resolution=(720,576))
```

```
camera.hflip=True
camera.vflip=True

imagenum = 1

while True:
    image_string = u'%04d' % imagenum
    filename = photodir+'/photo_'+image_string+'.jpg'
    # 使用 while 循环来保证照片的名字不会重复
    while os.path.isfile(filename):
        imagenum = imagenum + 1
        image_string = u'%04d' % imagenum
        filename = photodir+'/photo_'+image_string+'.jpg'

    camera.start_preview()
    code = lirc.nextcode()
    if (len(code)>0):
        if (code[0] == "Enter"):
            print ("Taking photo " +filename)
            camera.capture(filename)
            time.sleep(DELAY)
            imagenum = imagenum + 1
        elif (code[0] == "Power"):
            break


camera.close()
```

代码将照片以连续的数字命名，这样在后期过程中更加方便将它们组成视频。为了保证文件不会互相覆盖，在生成新的文件名之前首先确认该文件名是否存在。

程序的开头通过一个语句同时加载了多个模块，其中 os.path 是新出现的，它用来检查目录下是否有某个文件。

DELAY 用于设置每次拍照完成后的短暂延时，这样做可以保证持续按下按键时不会产生太多的照片文件。所有的照片文件都存储在 photodir 变量所指示的目录下，在运行程序前首先需要创建该目录：

```
mkdir /home/pi/film
```

接下来程序创建了一个与红外接收程序通信的套接口（socket），使用 picamera.PiCamera 创建一个摄像头对象。在初始化时，resolution 参数用来设置照片的分辨率。程序中所设置的分辨率数值并不算高，这是为了后期处理起来更方便，如果你的电脑配置足够处理高分辨率的视频编辑，不妨试试高分辨率，这样可以得到更加高清的“电影”。

由于在实际拍摄过程中，我将相机倒置安装（排线由上方接入摄像头），所以设置了 hflip（水平翻转）和 vfilp 参数（垂直反转）为 True，用于将画面旋转 180° 。如果相机没有倒置，则不需要设置这两个参数。

imagenum 变量用来为拍摄的照片计数，也是最终用于命名照片的编号，初始值为 1，但如果照片存储目录下已经有了名为 1 的图片文件，则该变量需要自动递增。

红外信号响应、照片拍摄以及照片编号的计算都被包含在主循环（While True）中。

主循环的第一条语句看起来有些奇怪：

```
image_string = u'%04d' % imagenum
```

开头的字母 u 表示其后内容的最终形式应该为一个 Unicode 字符串，%d 则表示一个整数数字。而 %04d 则指定了该整数数字的格式应该为 4 位字符，编号 1 最终会被显示为 0001。在字符串中只要出现 % 运算符就说明这里是一个变量，需要在字符串后指定该变量。照片的编号通过该语句转化为可以直接使用的 4 位数字字符串并存储在 image_string 变量中，最终的名称应当包含照片的存储目录、前缀“photo-”以及后缀“.jpg”。

在主循环中还有另外一个 while 循环，该循环用于检查照片存储目录下是否有与即将使用的存储名相同的照片文件，防止文件覆盖。在本案例中，如果该照片名已经存在，则会继续累加文件名中的编号，直到不再重复。

接下来 start_priview() 函数会在屏幕上输出一个预览图，从而确认拍摄对象和期望是否相符合。请注意，该函数只有在 Raspberry Pi 外接了实体显示屏（如通过 HDMI 接口连接 PC 显示器）的时候才能预览拍摄内容，如果通过诸如 tightvnc 一类的远程桌面软件访问 Raspberry Pi 的桌面，该函数不能够显示任何预览信息。

后续的程序开始检测是否收到了相应的红外编码信号。如果按下 Enter 键（红外遥控器），则拍摄一张照片，递增照片编号，等待下一个按键指令；按下 Power 键（红外遥控器），则退出主循环，关闭摄像头（释放系统资源），程序结束。

输入上述代码段，将其存储为 infrared-camera.py，修改执行权限：

```
chmod +x infrared-camera.py
```

运行程序：

```
./infrared-camera.py
```

程序开始运行后，应该会出现一个拍摄预览窗口。当按下 Enter 键后，相应目录下产生新的照片文件；当按下 Power 键后，程序结束。

设计电影情节

目前用于拍摄动画的软硬件已经准备就绪，可以开始思考如何设计情节和角色。一般情况下，专业的定格动画会使用非常昂贵的人偶模型，这些人偶一般使用黏土制作，有可以活动的关节。作为代表，《超级无敌掌门狗》就是一部使用这种技术拍摄的定格动画。如果读者擅长制作这样的人偶模型，完全可以发挥自己的想象力和创造力，但如果预算有限，则可以使用类似于乐高的玩具人偶代替。我所使用的人偶来自于乐高玩具的不同套件中（Lego City 和 Lego Friends），所以它们的尺寸有细微差异，利用这样的差异可以营造出更加真实的感觉。如果没有乐高人偶，则可以使用其他类型的玩具人偶，如人形公仔、芭比娃娃、木偶或塑料怪兽。

背景可以使用一些打印的风景照片，幕布则可以使用不同颜色的硬卡纸。如果有能力，可以自己做手工来布置动画的场景。

正式开始拍摄之前，最好能够编写一个简单的剧本。剧本的形式可以是一个用文本书写的故事，但如果能以分镜头的形式大致绘制出角色和场景的相对关系图会更加生动。分镜头可以手绘，其内容要展现在该镜头下的主要角色和场景。如图 7-2 所示的是可以即将用于本案例的分镜头。

图 7-2　用于拍摄动画的分镜头

这个动画讲述了一个“警察抓盗贼”的故事，以下是对动画场景的一些说明：

- 动画的开始是在一个蛋糕店门口，这里设计为一个犯罪现场。
- 抢了现金的盗贼从蛋糕店跑出。
- 他们将抢到的赃款藏在了河边的一个箱子中。
- 警察在追赶这些盗贼。
- 两个盗贼驾驶一辆摩托小艇加速逃跑。
- 剩余的那个盗贼没有了用于逃跑的交通工具。
- 一个大卡车的轮胎飘过。

- 最后的盗贼跳上轮胎，用浆划走。
- 这几个盗贼漂流到了一个瀑布前面。
- 第一个盗贼放弃挣扎，举手投降。
- 第二个盗贼放弃挣扎，举手投降。
- 第三个盗贼跟随着轮胎掉下了瀑布。
- 一个警官乘坐警用快艇营救了第三个盗贼。
- 所有的盗贼都被擒获，警官发现了藏有赃款的盒子。
- 她撬开了盒子，并拿出赃款。
- 结束

拍摄动画

为了顺利的完成动画拍摄，首先需要搭建一个小型的工作站。它可以位于桌子上或者没有桌子的情况下，可以在墙角找一小块空地。由于拍摄过程中背景板需要有力的支撑，找一个靠墙摆放的桌子无疑是最好的选择。

Raspberry Pi 需要连接一个外置屏幕，只有这样才能够看到拍摄的预览图。固定摄像头非常重要，最好能够使用一个专用的安装座和三脚架。连接摄像头需要使用到软排线，本案例中的排线长 30cm（12 英寸）。用于拍摄定格动画的全部设备如图 7-3 所示。

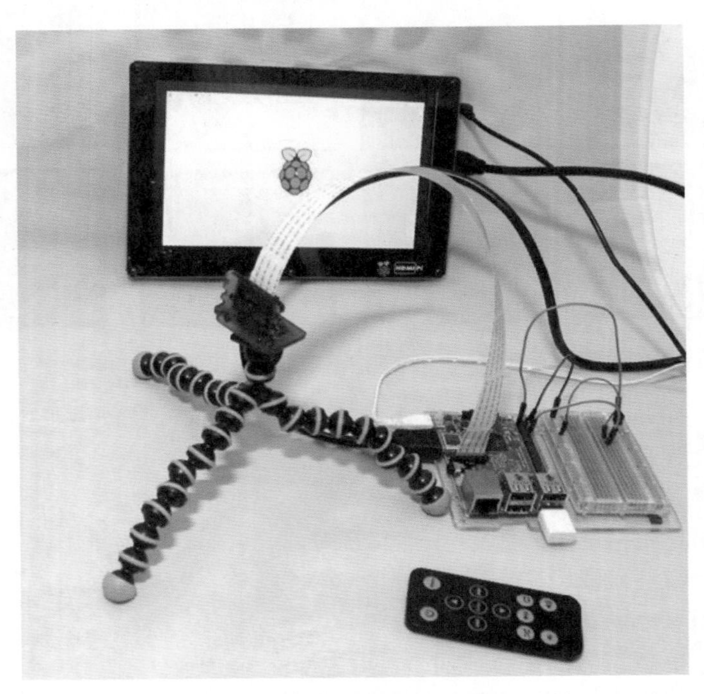

图 7-3　用于拍摄定格动画的迷你工作站

在拍摄过程中，我使用大卷的彩纸作为主要衬景，通过在上面贴不同的照片来营造不同的场景。由于打印机的尺寸有限，这里用于打印照片的就是常规的 A4 纸张，如果能够使用更大幅面的打印机，场景图片就可覆盖整个衬景，效果会更好。

由于环境光可能较弱，在拍摄时需要进行必要的补光。理想状态下，应该使用一个日光灯泡为拍摄场景提供照明，其他类型的光源可能会造成画面颜色失真。一般情况下，不同类型的节能灯泡发出的光可能会改变场景的色调，LED 光源多发出较冷光线，最终拍摄出来的颜色会比摄物体本身的颜色更蓝。

有了布景，接下来只需要根据实际情况设定 infrared-camera.py 程序中的参数，然后启动程序，通过按下遥控器的 Enter 键拍摄照片。在每两张连续的照片中，角色的动作变化应该尽可能的小（例如一次只动一只腿）。动作的变化越小，最终合成的视频帧数（1 秒内照片的数量）就会越高，动画效果会越真实自然。我最终所合成的视频为 10 帧，这个帧数相较于传统电影还是非常低的，但是对于这个小动画来说已经足够了。一般电视信号的标准帧数为 24 或者 25 帧，不同的国家和地区有着不同的制式标准。

编辑视频

拍摄完成后，照片目录下应该会出现以 photo-0001.jpg 开始的一系列图片文件，这些照片可以由 Raspberry Pi 上的脚本转化成为视频，或者将它们转存到其他的电脑上再编辑也可以。本小节将讲解如何在 Raspberry Pi 上使用这些照片生成视频，如果想要简化流程，直接在 Raspberry Pi 上完成是非常好的选择。但如果能转存到 PC，会有更多更强大的编辑软件可以使用。

由于本书的侧重点在如何使用 Raspberry Pi 的软硬件方面，不是视频编辑类图书，所以在后面的内容只介绍一些基本方法，但也会提供一些特效方面的建议。

在 Raspberry Pi 上创建视频

首先需要了解的是如何使用 Raspberry Pi 将一系列的照片转换成视频。

这个过程将会使用到 avconv 工具，它可以在命令行运行。顾名思义，该工具用于对视频文件进行格式转换，但除此之外，它可以将多张照片串连成为视频。

使用之前，建议先安装几个额外的编码器。虽然没有这些编码器 avconv 一样可以正常使用，但这些编码器对稍微复杂的后期制作会有所帮助。使用如下指令安装：

```
sudo apt-get install libavcodec-extra*
```

然后使用如下指令安装 libav-tools 包：

```
sudo apt-get install libav-tools
```

查看视频时需要使用到播放器，这里推荐 vlc：

```
sudo apt-get install vlc
```

除了 vlc，还有很多其他的播放器可以选择，如果使用 mplayer，需要注意它只能从命令行运行，而 vlc 则可以从菜单栏启动。

将当前目录切换至照片目录下：

```
cd ~/film
```

运行如下指令：

```
avconv -r 10 -i photo-%04d.jpg -qscale 2 video.mp4
```

该指令用于将连续的照片文件转换成一个视频文件，帧率 10，品质数 2，这两个参数输出的视频质量相对不错，但在 Raspberry Pi 运行时也不会处理太长时间。但如果在照片的分辨率很高，帧数很大的情况下，这个指令会有较长的处理时间。

该指令中照片名的指定方式和前面的代码类似，使用了 photo-%04d.jpg 的格式。它的含义是照片名以 photo- 开头，接下来会有 4 位数字（不足时使用 0 代替），最后以 .jpg 结尾。这样的表述方式能够保证和在之前的 Python 代码中的命名方式完全相同。

转换指令处理完成后，可以打开 video.mp4 观看视频。

在 PC 上使用 OpenShot 编辑视频

诸如 avconv 一类的命令行工具可以简单地将照片组成视频，但对于视频编辑而言毫无可视性，也没有非线性编辑器，所以本小节将介绍如何使用 OpenShot 编辑视频。

OpenShot 在最初是一款 Linux 软件，但作为一款开源软件，它同样提供了 Apple OS 和 Windows 版本。所以从理论上来说，Raspberry Pi 也可以运行该软件，但受限于其较小的内存和处理器能力，运行起来会非常卡顿并时常崩溃。如果想使用 Raspberry Pi 运行该软件，推荐使用 Raspberry Pi2 或者 3，而且仅能用于编辑较为简单的视频。

在 Raspberry Pi（或者 Debian/Ubuntu 操作系统）安装 OpenShot 的指令如下：

```
sudo apt-get install openshot
```

对于 OS X 或者 Windows，可以在 OpenShot 官方网站下载相应版本。

在接下来的示例中，OpenShot 是使用运行 Linux 的笔记本电脑运行的。在 PC 上编辑照片前需要使用网络传输（如 scp 或者其他类似工具）或者使用 USB 移动硬盘将 Raspberry Pi 上的照片传出。

如果照片已经转换成了视频，打开 OpenShot 后在 File 菜单中选择 Import Files 选项，或者直接将视频拖拽到 Peoject Files 区域，即可导入视频。导入后的视频素材可以拖拽到下部的时间轴上编辑，如图 7-4 所示。

该软件可以将不同的小段视频、照片合成为一个视频，支持导出不同的视频格式。

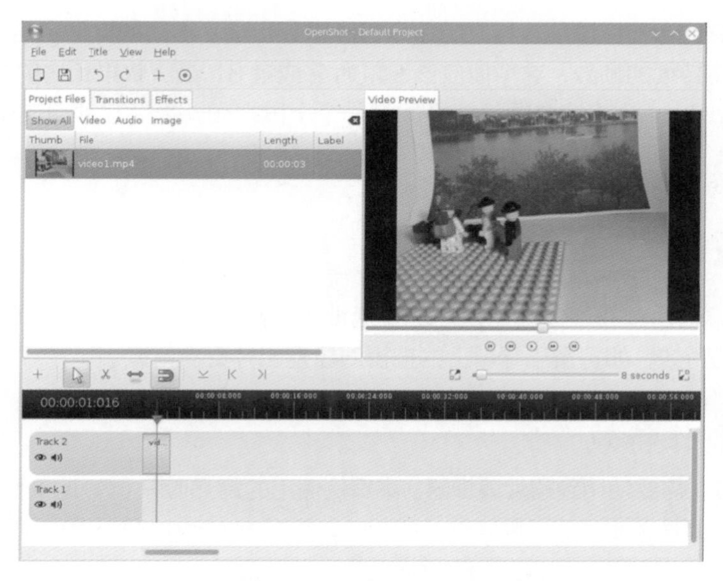

图 7-4 使用 OpenShot 编辑一个视频小样

如果没有使用 Raspberry Pi 将原始照片转换成视频，则可以将它们直接加载到 OpenShot 中。在 Linux 版本中，选择 Import Image Sequence 选项即可实现该功能。在其他的操作系统版本中，选择 Files ->Selecting Multiple Images，然后在弹出的 Import Image Sequence 窗口中选择 Yes。在 Linux 中，选择 Import Image Sequence 后会出现图 7-5 所示的画面。

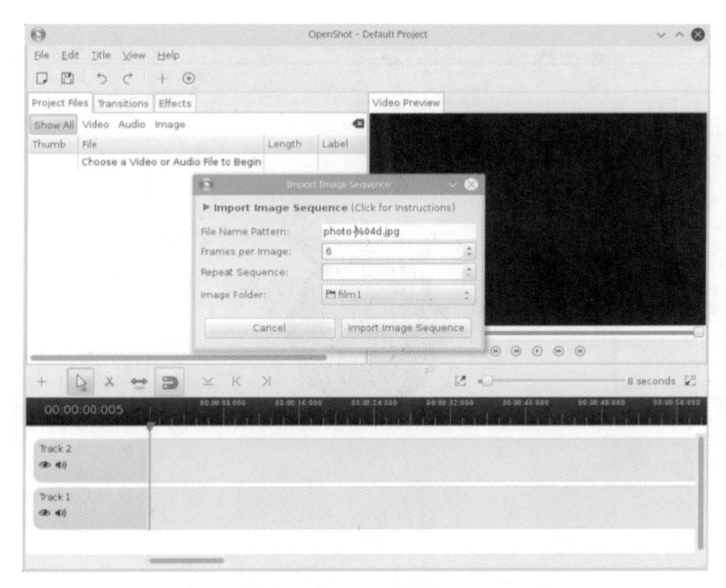

图 7-5 将连续图片文件加载到 OpenShot

File Name Pattern 应该填入与之前命令行操作 avconv 相同的文件名格式。Frames Per image 是每张图将持续的帧数，这个值应该设置为 2 或者 3，最终效果和之前的 avconv 类似。

接下来 OpenShot 会将这些图片转换成为一个小段视频，存储在项目文件中，稍后可以编辑这段视频的属性，修改帧率。

添加视频特效

使用计算机编辑视频的最大优点是能够灵活地添加特效。本小节介绍如何使用 GIMP 视频编辑器制作简单的特效，如将置于绿幕上的拍摄对象抠出并更换背景。

使用 GIMP 制作特效

为了添加特效，需要使用到照片编辑器。本案例使用的是 GIMP（GNU Image Manipulation Program），一款支持多平台的开源软件。在 Linux 和 Raspberry Pi 上可以通过如下指令安装：

```
sudo apt-get install gimp
```

其他平台可以在 GIMP 官方网站下载相应版本。

GIMP 是一款非常强大的照片编辑软件，但是在刚开始使用的时候有些许难度。读者完全可以根据自己的经验，选择自己擅长的图片编辑软件。

对于新手来说，刚上手 GIMP 时会发现同时启动的窗口很多（至少 3 个），如图 7-6 所示。中间的窗口是主编辑区域，用于加载图片；左边的窗口有不同的工具和选项；右边的窗口用于设置图层和使用刷子工具。

图 7-6　GIMP 的多窗口模式

在 Windows 菜单中选择 Single-Window 模式可以将界面设置成为常见的单窗口模式，在接下来的案例中，所有的操作都在单窗口模式下进行。

即便 GIMP 完全可以在 Raspberry Pi 上运行，但是我是在 PC 上使用它来处理照片的，这样更加方便将处理过的照片导入 OpenShot。

修改视频帧

使用 GIMP 可以对拍摄的照片逐个进行编辑，如果最后要合成的动画帧率比较高，就会需要编辑较多的单帧照片，但是好在这些特效在每一张不同的照片上可以进行复制粘贴，或是在不同的图层间复制粘贴。

本案例将会展示如何给警察乘坐的小船加入闪光的警灯，由于篇幅有限，所以只能够为图片上较小的一个部分添加特效。

如图 7-7 所示的是一张没有加过特效的小船图片，这张图片可作为灯光熄灭的帧。

图 7-7　无特效的原帧图

在船灯的周围绘制一圈灯光效果，如图 7-8 所示。

图 7-8　添加特效后的原帧图

以上特效的绘制方式非常基本，保持了与乐高人偶一致的风格。如果要拍摄真实度更高的动画，可以将该特效做得更加复杂，如在不同的帧图上绘制不同的灯光亮度。

使用这样的方式将动画原图逐帧编辑，在相邻的两帧上绘制不同的特效就可以产生连续的动画效果，将修改完成后的图片导入 OpenShot 即可。为了展示该特效，我专门制作了一个 GIF 动画，该文件包含在本书支持文件包的 makingvideo 目录下。

使用绿幕特效

“绿幕”是在专业的电影制作中广泛使用的一种特效技术，它将拍摄对象放置在一个绿色的背景上，在后期制作的过程中可以将该绿色背景替换成为已经录制好的视频。本小节我将这样的技术称之为“绿幕特效”，但其更为专业的一个名称为“色键技术”。虽然称之为“绿幕”，但在实际的制作过程中可以使用不同的背景颜色。之所以绿色被广泛使用，主要原因是摄影机的感光元器件对绿色较为敏感，并且绿色和大多数拍摄物体（如人物的衣服）的颜色能够形成鲜明对比。

这种技术在天气预报的节目中可以使主持人和生动的地图同时出现在画面中；可以制作出扫把飞过天空的效果；也可以让视频中的角色穿戴隐身斗篷。这项技术的本质是在视频处理时，删除画面中的背景颜色，使用其他的图片或视频取而代之。

在本案例中，通过该技术可以制作出盗贼乘船掉下瀑布的场景。

首先需要选取一个颜色和绿色形成鲜明对比的乐高人偶，使用绿色棉线吊起角色，这样可以在后期中将其和背景一起去除。如图 7-9 所示的是这段画面其中的一幅，尚未替换背景。

图 7-9　使用绿幕作为背景

接下来将该图通过 GIMP 打开去除绿色背景。点击 Color 菜单，选择 Color to Alpha 选项，选择背景绿色，该选项用于甄别将哪一种颜色设置为透明颜色通道。它能够大体上去除绿色的背景，但由于光影，有一些部分可能去除不干净。在电影制作的过程中，他们能仔细挑选衣服配色和具备更加完善的技术，拍摄物体会被精准地抠出。但在这个小动画中，通过自动程序无法去除的部分可以直接通过手动的方式去除。图 7-10 所示的是使用 Color to Alpha 选项将背景颜色去除的过程。

图 7-10　GIMP 中 Color to Alpha 工具

可以使用如图 7-11 所示的 GIMP 工具箱去除剩余部分，只需要用到第一行的前四个工具。

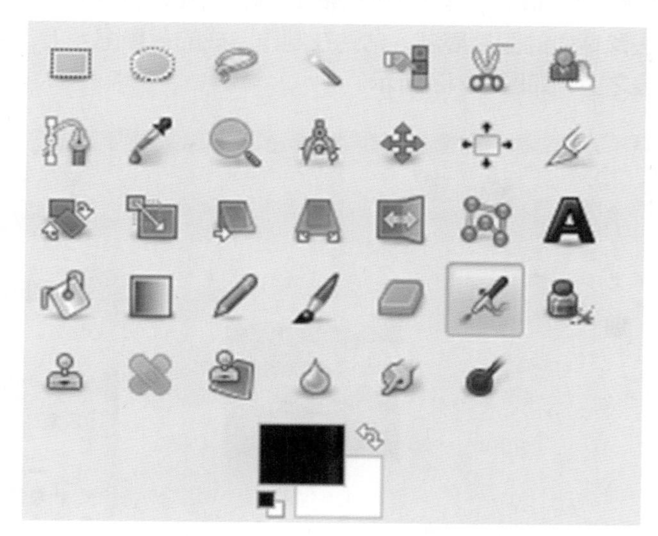

图 7-11　GIMP 工具箱

这些可选工具从左到右分别是: 矩形选择工具、椭圆选择工具、自由选择工具、魔术棒工具。对于去除单一颜色的背景，魔术棒是最为实用的，而其他几个工具只能做到选中一个固定的区域。选中任意一块背景中残留的绿色，然后按下 Delete 键，去除干净的背景应该显示默认的背景网格。

去除背景后的部分需要使用预先准备好的图片替代，将该图片加载到 GIMP 中，截取合适的区域，保持幅面比例与最终动画相同（本案例中帧画的分辨率为 720 像素 ×576 像素）。如图 7-12 所示，使用矩形选择工具选中背景画，设置正确的长宽比截取内容。

图 7-12 选择背景

使用截图工具截取后，在 Image 菜单中选择 Scale Image 重新设置图片长宽比。

接下来将第一张去除背景的图片复制，粘贴在制作完成的背景图片上，它会占用一个新的图层，该图层位于背景层之上，如图 7-13 所示。

图 7-13 在背景上添加图片

如果需要，可以移动和重新设置新图层的大小和位置。

将合成后的图片导出，替换由 Raspberry Pi 摄像头拍摄的图片的相应帧，使用同样的方法编辑其他帧。

为动画添加声音

通过以上步骤制作完成的动画没有任何声音。尽管在一部动画作品中，声音不是必须的，但如果有了声音，则可以实现人物的对话、音效或是背景音乐。声音素材可以从很多网站获得，在使用它们之前请务必遵守相关的版权规定。下载到合适的声音素材后，可以通过 OpenShot 添加到视频中。接下来简要介绍两个自己制作音效和背景音乐的技巧。

贴士：如果想要在互联网上找相关声音素材，最好使用“创作共享授权”标记的。

使用 Audacity 录制声音

由于 Raspberry Pi 没有音频输入接口，本案例使用运行了 Linux 的笔记本运行 Audacity 录制声音。如果使用 Raspberry Pi，则需要额外购置一块扩展板或者 USB 话筒。

尽管各位读者的电脑上可能已经有其他的声音录制软件，但我最常使用的是 Audacity，它是一款开源软件。这是一款功能十分强大的音频录制软件，特性众多，但如果只关注其主要功能，使用难度并不大。

对于 Linux 操作系统来说，Audacity 一般都包含在其标准软件库中，在使用 Debian 工具包的操作系统中，使用如下命令安装：

```
sudo apt-get install audacity
```

使用其他类型操作系统，可在 Audacity 官方网站下载相应版本。

图 7-14 所示的是 Audacity 的截图。

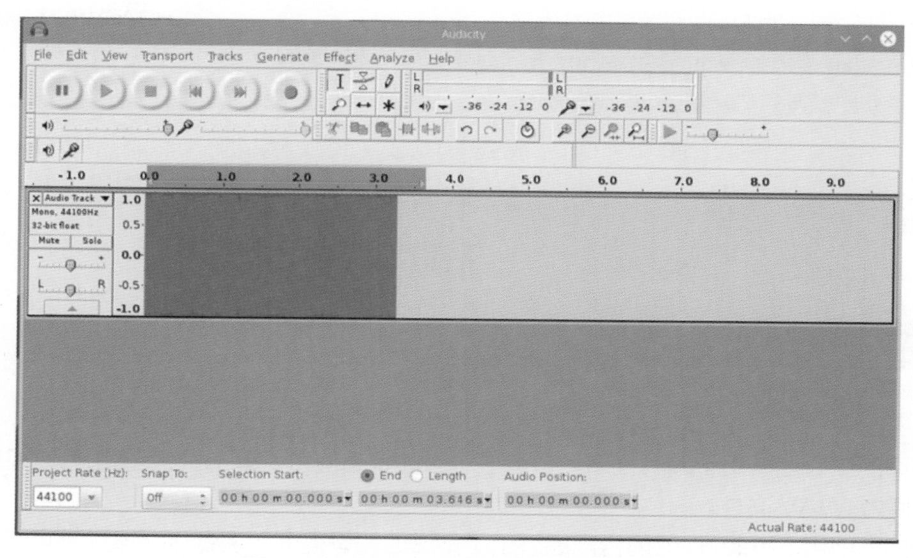

图 7-14　Audacity 声音录制 / 编辑软件

在这个简单的界面中，单击红色的圆形按钮开始录制声音，完成后单击米黄色的方形按钮停止录制，在 File 菜单中，选择 Export 将音频保存为 .WAV 文件。

录制的声音内容可以是一段对话，也可以是音效，如滴水声、踩在沙地的声音，或者使用在地上拍篮球的声音来表示爆炸。

使用 Sonic Pi 制作独一无二的背景音乐

Sonic Pi 是一款声音编程软件，它的执行源码基于 Ruby 编写，通过将简单的音乐小样组合在一起来创作复杂的音乐。除了创作可以保存的音频文件，该软件还可以用来进行实时演奏。推荐各位读者，如果有机会可以去现场观看类似的实时电子音乐演奏会。

Sonic Pi 在 Raspberry Pi Raspbian 官方镜像中已经默认安装。其他类型的操作系统，参考官方网站 http://sonic-pi.net/ 下载对应版本。如图 7-15 所示的是 Sonic Pi 的编程界面。

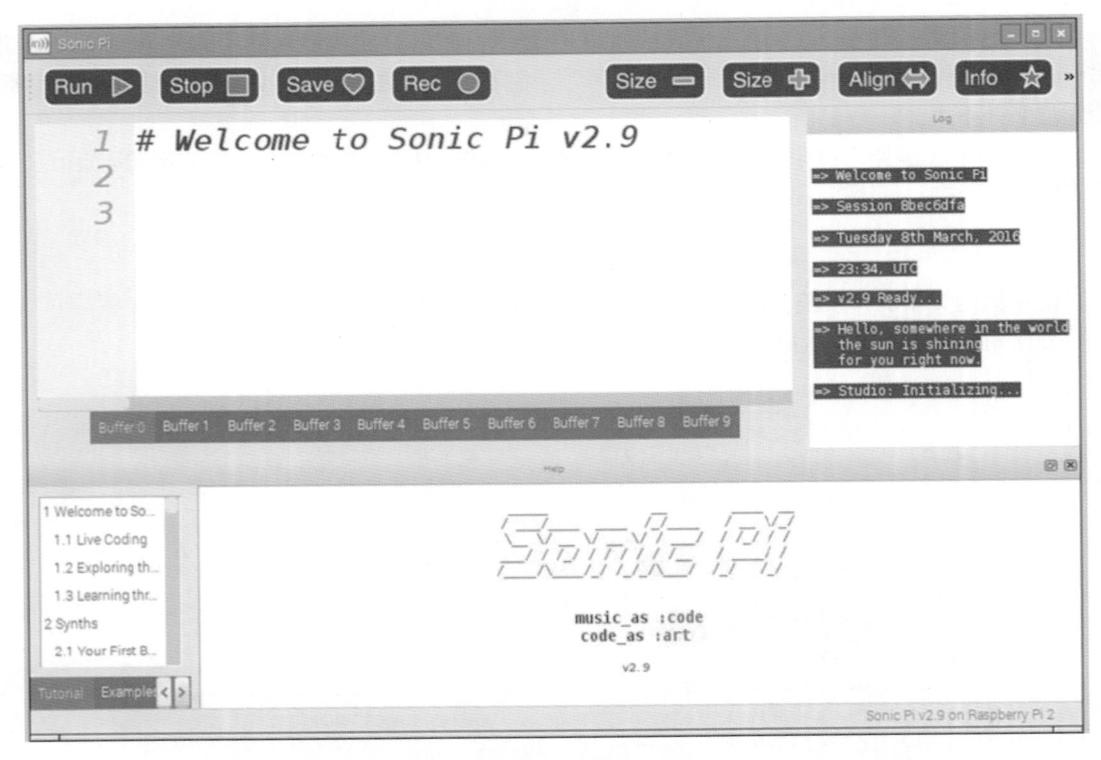

图 7-15 音乐编程软件 Sonic Pi

主窗口的中心区域用于编写程序，右侧显示当前状态信息。单击 Rec 按钮可以将编写完成的音频保存为 .WAV 文件。

关于如何使用 Sonic Pi 的内容已经超出了本书的知识范围，读者可以通过其官方网站找到一些基础教程和实例，这里不再赘述。

将声音添加到 OpenShot

有了用于动画的声音，可以将它们加载到 OpenShot 中。加载的方式和加载照片一样，可以直接将音频文件拖拽到 Project Files 区域，然后再拖拽到时间轴的相应位置即可。如图 7-16 所示，照片序列位于时间轴上的 2 轨道，在其下方的 1 轨道上有一个短暂的音频。

图 7-16　OpenShot，1 轨道为音频，2 轨道为照片序列

完整动画和音频整合编辑后，可以将视频导出为相应的格式，刻录到 DVD 中或者上传到 YouTube 网站上。

本章小结

本章快速介绍了如何使用 Raspberry Pi 拍摄定格动画，以及如何使用不同的软件工具进行后期制作。首先介绍了如何使用红外遥控器触发 Raspberry Pi 和其摄像头拍摄照片，然后使用可视化图形界面软件 OpenShot 在 PC 上将照片合成为视频。接下来介绍了如何使用 GIMP 编辑照片帧，制作特效以及如何使用 Audacity 录制声音和使用 Sonic Pi 制作背景音乐。

本章所介绍的这些软件的使用方法都是基于拍摄好的照片，它们有一些不仅可以处理静态图片，还可以用来处理动态的视频。

当完成了一段完整的动画后，可以使用不同的编辑方式尝试不同的效果。由于定格动画需要逐帧进行编辑，所以会花费大量的时间，但如果能够耐心完成，最终的效果将会是非常棒的。

接下来的一章将会介绍如何制作一个可以通过 Web 控制的机器人。

第八章

设计和制作机器人

本章将介绍如何制作一个机器人，这个过程包括制作底盘、添加电机控制和编写整套程序。这个案例是基于我自己制作的一个机器人，我亲切地称之为 Ruby Robot，但除此之外也会涉及一些其他的机器人结构。这一章的内容形式不再是强调“具体步骤”，而是引导读者宏观地从预算、时间和可用设备方面考虑电子设计问题，侧重如何将一个方案从想法变成实物，从而能能够设计出符合自己需求的机器人。

机器人底盘的选择和制作

制作机器人的首要步骤是确定一个底盘，未来的所有电子元器件都将以此为基础进行选择和设计。底盘有很多种，随着时间的推进，也会有越来越多新的底盘出现。有一些底盘十分昂贵，如回收使用过的材料作为底盘、车轮就可能超过 100 美元。本案例将介绍一种成本较低的底盘方案。

本案例的底盘使用了 Magician Robot Chassis 套件，它的主体由两层塑料板构成，含有两个电机和一个万向轮。使用这种底盘的好处是，市面上有很多其他类型的底盘使用了相似的方案，选配配件很方便。如图 8-1 所示的是组装完成的 Magician Robot Chassis 底盘套件。

图 8-1　Magician Robot Chassis 底盘套件

这个底盘套件最好的一点在于其拥有两层平面，为电池和控制电路提供了足够的空间。但也有一个小缺点，放置在下层的电子元器件无法直接操作（在这个案例中，电池位于下层），必须首先去除上层隔板。一些其他的套件只有一层底盘，但为了补偿空间的不足，一般都会增加底盘的面积。

底盘和车轮的布局根据用途的不同而不尽相同，以下对几种不同类型的底盘布局的优缺点分别进行介绍。

双电机轮和万向轮

这是本章案例所使用的布局方案。一般这样的布局有两个直接由电机驱动的车轮和一个万向轮。万向轮可以是一个牛眼珠，也可以是一个活动转轮。

这种布局方案的主要优点是成本很低、控制板容易安装和控制算法简单易懂。缺点是这种底盘只能适应平面行驶，尤其是需要在光滑的平面。

四电机轮

为了解决万向轮带来的问题，使用四个电机分别驱动四个车轮也是一种可行的方案，四个轮子分别分布在底盘的四个角落。这样的布局方式在上坡时会更加有力，但随之而来的是需要增加额外的电机驱动电路。另一个缺点是该车的转向控制和常规的汽车转向原理不符，在转向的过程中，如果控制策略不到位，车轮的转动会相互阻碍，控制算法较为复杂。

履带车轮

履带车轮底盘应对粗糙的路面会更加有力。通常两侧的履带分别由两个电机控制，控制电路与“双电机和万向轮”底盘方案相同，主要缺点是这种履带底盘的成本通常比简易底盘高。

转向轮

另一种设计方案类似于现实中的汽车底盘。如果想要制作自动驾驶相关的项目，这种底盘是首选。这种转向方法通常由较为复杂的机械结构组成。

有很多基于此方案的其他类型底盘。

购买套件或自行制作

市面上有多种多样的机器人套件可供选择。这里简单列出几种，实际可供选择的空间超出本列表：

- Magician Robot 套件有底盘本体、电机和车轮，但是没有控制电路。
- CamJam Robotick 套件有电机和电机控制电路，但是没有底盘（除非购买额外的支持套件）。
- Ryanteck Robotics 套件有完整底盘和电机控制器，一般只需要添加一个 Raspberry

Pi 和电池即可工作。

- PiBorg 有丰富的组合套件，包括完整底盘、电机、控制器。这种套件的价格较贵，但可靠性也相对较好。

除了购买现成机器人套件，还可以选择自己制作。如果有激光切割机或者 3D 打印机，就可以将任何脑海中的想法付诸实践。如果没有此类设备，则可以使用卡纸或者木头，主要需要注意的是需要合理安置电机和车轮，以确保在使用的过程中它们与底盘稳固连接不至于脱落。

尽管 CamJam 套件没有包含底盘，但它的包装盒十分坚固，完全可以用作为底盘来建造完整的机器人。如图 8-2 所示的机器人就是使用了 CamJam 的包装盒，两个电机轮分别安装在侧面，万向轮则在盒子另一端的中间。这个盒子的大小足够容纳两个电机、4 个碱性 AA 电池盒、Pi Zero 和电机驱动控制板。

图 8-2　CamJam 机器人套件，包装盒作为底盘

选择一款 Raspberry Pi

在本书开始的部分，我曾建议不要购买 A 或者 A+ 版本的 Raspberry Pi，主要是由于它们是完整版的删减版，没有网络接口，USB 接口也少。一般来说，这样的精简意味着在实际使用过程中可能需要额外添加一个 USB 分线器来接驳更多的外部设备。但这个版本和完整的 Raspberry Pi 比起来还是有其优点的，比如成本更低、消耗的功率更小和尺寸更小。在制作机器人的过程中，由于使用电池供电，所以功耗是一个十分重要的考量因素，这时 A 或者 A+ 版本就有了用武之地。Pi Zero 也是用于制作机器人的不二选择，但在使用时同样需要 USB 转接线来接驳额外的电子设备，GPIO 在使用之前需要先焊接排针。

■ **贴士：**当 Raspberry Pi 只有一个 USB 接口时，可以使用 USB 分线器来同时接驳键盘、鼠标和无线网卡，当无线网卡配置完成后，再将其插回到唯一的 USB 接口。

电机控制

电机控制是机器人控制中至关重要的一个环节。

直流电机和步进电机

大多数的机器人使用的是普通直流电机，如果需要高精度的动作控制，可以使用步进电机。

直流电机的工作原理基于电流流过导线时产生的磁场。电机中的转子一般由铜制漆包线绕制而成，当电流通过时会产生强大的磁场，这个磁场和电机定子上的固定磁场产生磁力作用，从而电机可以转动。电流流过电机的方向可以决定转子磁场的方向，该磁场方向决定了电机的转动方向。所以如果想要电机反向转动，只需要交换电机的两个连线即可。直流电机通电后通常转动速度会非常快，超过了控制机器人转向所需的速度，所以通常直流电机的转子轴会连接在一个集成减速箱上。如图 8-3 所示的是一个带有减速齿轮组的直流电机，在实际使用中，可以通过改变减速齿轮组的齿比来改变实际的输出速度。

图 8-3　带有可调减速齿轮组的直流电机

可调减速齿轮组有助于帮助读者理解它的工作原理，但对于一般的机器人来说，它的尺寸太过庞大。在实际的机器人制作中，如图 8-4 所示（该电机来自 CamJam 机器人套件）的是最常使用的集成了固定齿比减速箱的直流电机，该减速箱的输出速度是专门为小型机器人设计的。

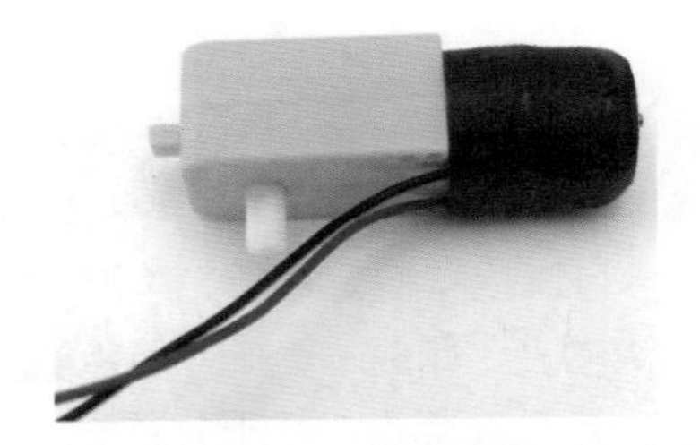

图 8-4　带有固定齿比减速箱的直流电机

直流电机虽然方便控制转动速度（控制方式在稍后的小节中会介绍），但其无法做到精确控制转动角度。尽管可以通过计算直流电机的通电时间和转动距离或添加旋转编码器来检测电机的转动，但如果想要精确地将电机转动到一个角度并保证该过程可以重复，这些方法仍然是不可行的。

区别于直流电机，还有一种电机称为“步进电机”，它专门为精确的旋转控制所设计。步进电机的工作原理和直流电机相同，都是通过电流流过导线产生的磁场。但不同点在于，步进电机每次只转动一个“步距角”而不是无止境地旋转。转动每一个步距角后，只有在磁场进行了正确的换相后才能转动下一个步距角，所以它的旋转角度可以被精确控制。步进电机的用途非常广泛，如打印机中墨车的移动和数码相机镜头内的对焦马达都使用到了它。

如图 8－5　一种名叫 Mercury Motor 的步进电机

最常见的步进电机为双相步进电机，这意味着这种电机只有一对绕组。在电机内部，有两个磁场，连接在四根导线上：红色（A）和绿色（C）构成一个绕组，黄色（B）和蓝色（D）构成另一个绕组。由于驱动步进电机需要给绕组顺序地输入信号，所以它的控制电路和控制程序相对于直流电机更加复杂。

如果想要达到更加精确的控制效果，步进电机无疑是最好的选择，但在使用中需要注意，步进电机并不能弥补轮胎打滑，这样的打滑可能会造成控制精度的下降。

本章的案例只会使用到带有固定齿比减速箱的直流电机。

H 桥电机控制电路

在正式设计电机控制电路之前，首先需要了解它的工作原理。为了使电机在被控制的同时具有双向的转动能力，需要使用到 H 桥控制电路。

在需要改变直流电流方向的应用中，H 桥电路被普遍应用。顾名思义，H 桥电路名称的由来是因为电路的布局类似英文字母 H，它由两对开关电路组成。最好的理解方式是通过电路原理图。

如图 8-6 所示的是一个处于关闭状态的 H 桥电路。电路中有 S1 到 S4 标记的四个开关，全部处于开路状态，此时电机没有连接电路。

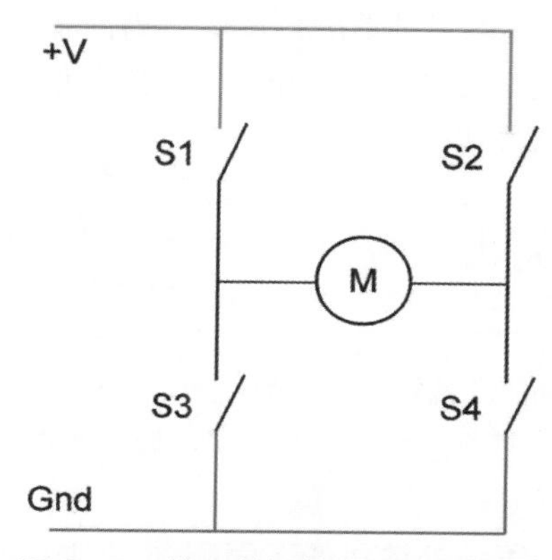

图 8－6　处于关闭状态的 H 桥电路

在图 8-7 所示的 H 桥电路中，开关 S1 和 S4 闭合，电流可以从一个方向流经电机。

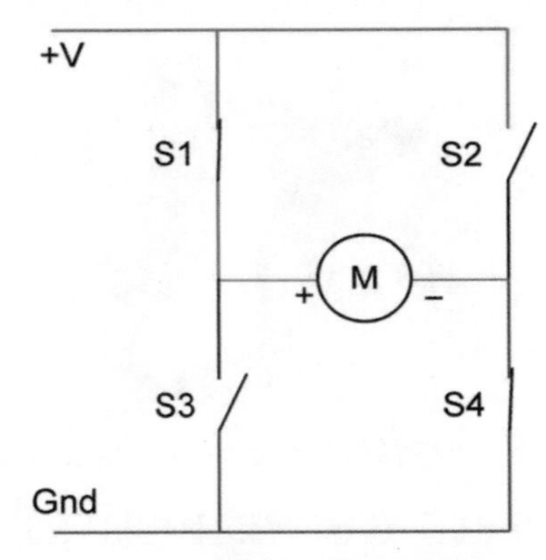

图 8-7　正向开启的 H 桥电路

图 8-8 所示的 H 桥电路处于另一种状态，开关 S1 和 S4 开路，S2 和 S3 闭合。这允许电流从与图 8-7 所示电路相反的方向流经电机，从而达到让电机反向转动的效果。

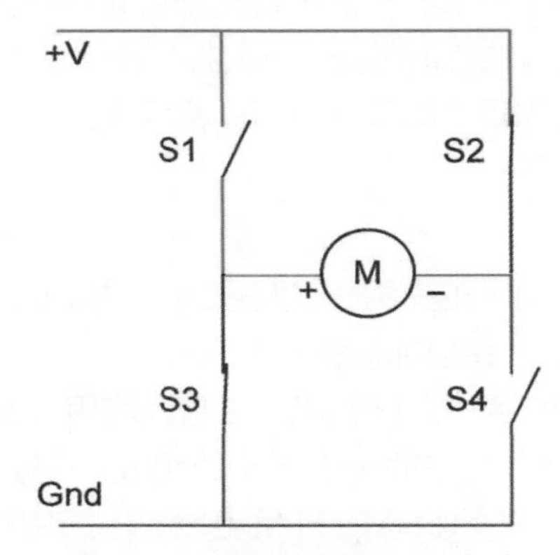

图 8-8　反向开启的 H 桥电路

H 桥的正常工作状态只有以上这三种情况。在实际的控制过程中，绝对不可以将 H 桥同侧的开关同时闭合。比如，如果将 S1 和 S3 同时闭合（即使时间很短），会直接造成电路的短路，如果没有适当的保护措施，会直接烧坏电源。

■ **注意：**任何情况下都不能够将 H 桥同侧的两个开关同时闭合，在实际的电路设计中，应当尽量在硬件连接上避免这样的情况发生。

可以使用第四章中提到的 MOS 管实现 H 桥电路，唯一的一点不同是，在正电源一侧（S1 和 S2）需要使用两个 P 通道型 MOS 管。P 型 MOS 管和之前使用的 N 型 MOS 管工作原理类似，但只有当门极电压低于漏极电压时才会导通。

这样的电路有一个风险，如果意外地导通了同侧的 MOS 管，则电路会短路。所以在实际电路中，最好能够使用集成控制芯片，它会从物理层面上防止这样的情况发生。本案例使用到的是SN754410，它是一款4半桥驱动芯片。使用该芯片全向驱动双电机的电路原理图如图8-9所示。

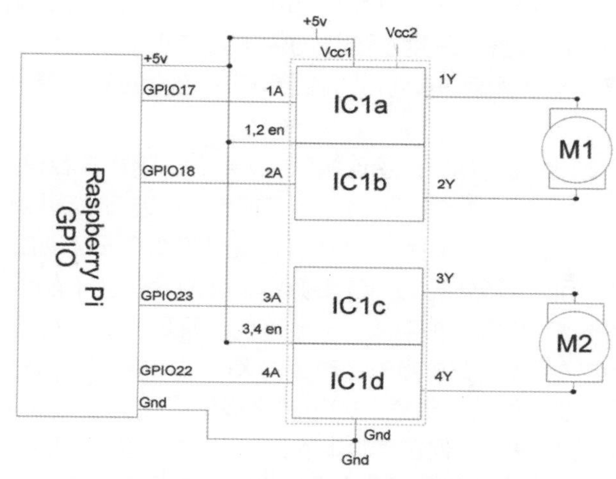

图8-9　使用SN754410驱动双电机电路原理图

在图8-9中有4个半桥。每两个半桥分为一组，构成一个全H桥电路，1a和1b构成一组，1c和1d构成另一组。控制引脚分别是1A和2A为一组H桥输入，3A和4A为一组H桥输入。H桥的输出接在电机两端，分别是1Y、2Y和3Y、4Y。

请注意，图8-9所示的电路原理图和本书中的其他电路原理图看起来有所不同，因为它主要用于展示电路的功能而非像Frizing电路原理图那样突出连接关系。使用Fritzing绘制的电路原理图如图8-10所示。

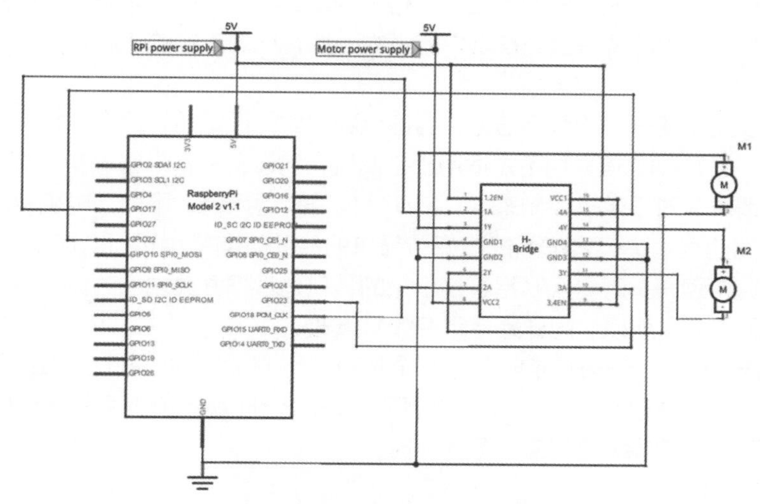

图8-10　使用Fritzing绘制的SN754410驱动双电机电路原理图

可以看出，这两幅电路原理图十分相似，相比于图 8-10，图 8-9 更容易让人理解。

以上的电路原理图有一个值得注意的地方，同一幅图中出现了 2 个 5V 电源，这就意味着电机控制芯片的电源不需要从 Raspberry Pi GPIO 中的 5V 端口获取。如果电源适配器的输出功率足够，用于给 Raspberry Pi 供电和电机控制芯片供电的 5V 可以同时连接在同一个电源上（我自己制作的机器人采用了这样的供电方式）。但是由于在电机控制的电路中通常存在着较大的电路噪声，而且在电机堵转时会产生较大的到压降，所以在实际情况中尽量将两个电源分离。

电机控制芯片的 EN（使能）端口直接连接到 5V 电源，这意味着只要控制芯片接收到相应的控制信号，电机就会立即转动。如芯片的 1A 端口或者 2A 端口收到控制信号时，第一个电机会立即有所动作，第二电机也是同样。另一种连接方式是将两个 EN 端口连接到 Raspberry Pi 的 GPIO，但由于这会占用两个额外的 GPIO 资源，本案例没有这样连接。

本电路中没有使用外置二极管保护电路。一般来说，只要电路中使用了诸如电机或者继电器一类的元器件时，由于这类元器件在掉电时会产生强大的反向电动势，该电动势有可能会损坏电路元器件，所以会采用并联“续流二极管”的方式来保护电路。SH754410 芯片在每一个输出端口上都并联有这样的续流二极管，但在老版本的数据手册中，仍然建议在外部连接这些二极管。由于 SH754410 只能够用来控制小型电机，有无外置续流二极管对电路本身并没有太大的影响，所以这个要求在德州仪器 2015 版的数据表中被移除。

使用脉宽调制波（PWM）控制速度

使用 H 桥电路可以实现电机的全向控制，但仍然需要另外一种控制方式来实现对电机速度的控制。对于直流电机来说，可以通过调节输入电压的方式改变其速度。高电压意味着更大的电流会流经电机线圈，产生更强大的磁场力，所以转速也会更高。绝大多数的计算机、Raspberry Pi 一类的设备只能够输出开关量的数字信号，但即便如此，有一些技术仍然可以实现近似控制输出电压。本小节将要介绍的就是这类技术中的其中一种，广为人知的“脉宽调制波”，也称之为 PWM。

PWM 的本质是快速开关的数字信号，当连接到相应的设备后，这个数字信号可以被认为是一种变电压信号。但 PWM 信号也不是适用于控制所有的设备，有一些设备会将这样的快速开关理解为多次数据请求。对于电机控制来说，PWM 信号是适用的。因为在电机转动的过程中存在惯性，即使短时间信号消失，它仍然能够保持原来的转动方向继续运行。LED 的亮度控制原理类似，当灯珠快速持续开关时，人眼是看不出来的，只是根据开关之间的比例不同，反映出来的是灯珠发光亮度的不同，所以这同样是使用 PWM 实现。

在 PWM 信号中，每一段开启信号称为一个脉冲，而开关的时间则反映在这段脉冲的脉宽上，所以当改变脉宽后，也就改变了输出的等效电压。如图 8-11 所示，上面的曲线是 GPIO 输出的脉宽调制信号，下面的曲线则是对应的等效电压。

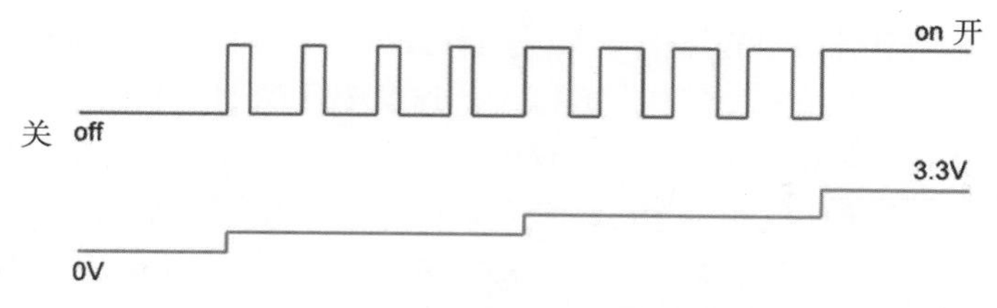

图 8-11　使用 PWM 实现模拟输出

在这幅图中，Y 轴方向表示输出的电压，X 轴表示时间。时间的测量单位是毫秒，所以可以看出脉冲的频率是非常之高的。前四个脉冲的开关比是 3:7，也就是开启时间占整个周期时间的 30%，关闭时间占整个周期的 70%。假设这是一个 3.3V 电平的 GPIO 端口，则等效的输出电压就约为 1V。再接下来的四个脉冲的脉宽是前四个的两倍，所以开启时间占整个周期的 60%，最终的等效电压约为 2V。最后一部分的脉冲为全开，等效电压为 3.3V。

以上的输出等效电压是基于 Raspberry Pi 的 GPIO 端口，如果使用该 PWM 控制电机，则对应 5V 的供电电压，等效电压分别为 1.5V、3V 和 5V。

变化的输出电压会改变电机的转动速度，但这不意味着输出电压和电机转速呈现线性的变化关系。尤其是在电机启动时，由于输出电压太小而不能驱动电机，所以通常会有一个死区电压范围。

PWM 的输出既可以通过硬件控制，也可以通过软件控制。在使用硬件时，脉宽的控制由处理器内的定时器提供；使用软件时，则通过软件内定时器实现。一般情况下在可以使用硬件输出 PWM 时，就不会使用软件控制，后者会占用较多的 CPU 资源。但是早期的 Raspberry Pi 只有 1 个硬件 PWM 端口，后来的新版本则增加到 3 个，其中的一个用于控制音频驱动芯片。在实际使用过程中，除非同时控制多个电机，一般都可以使用软件控制的 PWM，本案例也不例外。

为 Raspberry Pi 和电机供电

如图 8-10 所示的电路原理图中，Raspberry Pi 和电机分别需要两个 5V 电源，而实际是可以采用一个电源为两个设备同时供电的，这两种供电方案各有利弊。

使用两个独立电源供电的最大好处是可以给电机控制电路提供更大的输入电压。Raspberry Pi 需要稳定的 5V 电压，而实际电机的标准工作电压为 6V，如果考虑 H 桥电路的 MOS 管压降，可以实际将控制电路的电源输入提高到 7V。尽管使用 5V 电源给电机供电也能够正常工作，但如果使用 4 节碱性 AA 电池会让电机输出变得更加有力。分离供电的另一个优点在于噪声的隔离，电机在运行的过程中会产生电路噪声，这种噪声会潜在地影响 Raspberry Pi 上某些敏感电子元器件的工作。

使用单电源好处是可以节约成本，而且不需要同时为两个电池组充电或更换电池。在本案例中，我最终决定使用单电源方案。如果在实际的制作过程中，遇到任何与电源相关的问题，请考虑使用分类供电方案。

为 Raspberry Pi 和电机供电的是由 4 节可充电镍氢 AA 电池构成的电池组，单节电池的典型电压值为 1.2V，整个电池组的输出电压为 4.8V。这个电压值对于 Raspberry Pi 来说只能是刚好，当电机启动时可能会造成电压的下降，这时 Raspberry Pi 的供电电压也会随之下降。对于质量较好的大容量镍氢充电电池来说这样的电压下降不足以引起电路问题，但如果是较为便宜的普通 AA 电池，在电机堵转时会造成较为严重的电压不足，这会直接引起无线网卡的连接断开。

我使用了一根带有 2.5mm DC 端口的导线将电池组的电源端口转接到面包板上，然后使用了一根带有 MicroUSB 接口的导线将面包板上的电源接入 Raspberry Pi。另一种方案是直接使用杜邦线通过 Raspberry Pi GPIO 中的 5V 端口为其供电。

■ **注意：**如果使用 GPIO 向 Raspberry Pi 供电时需要注意，Raspberry Pi 上默认的 USB 供电端口集成有保护电路，而 GPIO 则没有。如果使用 4 节 AA 电池构成的电池组通过 GPIO 供电没有太大问题，但如果使用其他类型的电源进行此方式供电，需要考虑额外添加保护电路。

如图 8-12 所示的线缆可以用于将外部电源转接到 Raspberry Pi。USB 线缆中共有 4 根导线，供电时只需要使用到其中的两根，5V（红色）和 GND（黑色）。

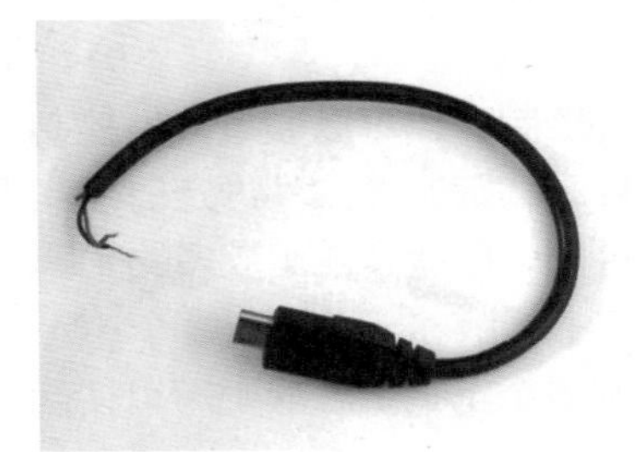

图 8－12　MicroUSB 电源转接线

使用面包板构建电路

在第一版本的机器人硬件中，最好能够使用面包板构建电路，这样方便测试各个部分是否工作正常。本案例的面包板布局如图 8-13 所示，最大的部分是 26 针的排线连接器，用于转接 Raspberry Pi 上的 GPIO 接口。如果不想转接全部 26 个 GPIO，可以使用杜邦线分别转接。如果使用新版本的 Raspberry Pi，则需要 40 针的转接口，需要更换更大的面包板。

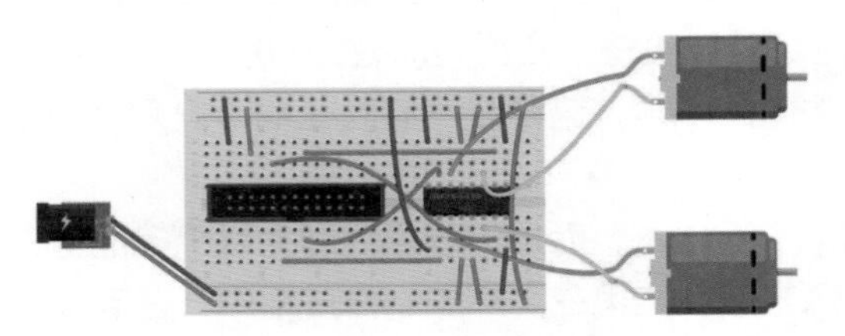

图 8－13　机器人电机控制电路的面包板布局图

连接的过程中需要注意电机的连线方向，确保电机能够以正确的方向旋转。这些方向在实际中取决于电机的安装，如果反向，在代码中也是可以修改的，但最简单的办法还是直接将电机的两个连线交换。

电机控制扩展板

在面包板上构建电路有助于理解电路的工作原理，但在实际的使用过程中还是印制电路板更加方便，如直接使用 Raspberry Pi 的电机控制扩展板，它可以直接插入 GPIO 接口。这类扩展板的种类很多，但本小节只介绍其中的两种，Ryanteck 电机控制板和 CamJam 机器人套件中的控制板。

Ryanteck 即可以作为机器人套件的一部分购买，也可以单独购买。这种单独购买的一般会以 PCB 和元器件的形式提供，使用之前需要自己动手焊接在一起，如果预算充足也可以购买预先焊接好的。推荐这块控制板的主要原因是它和之前小节中面包板电路的构成方式相同，可以共享同一套代码。

在一开始我使用面包板构建电路的时候，使用了完全相同的连接方式，但 GPIO 端口不同。Ryanteck 控制板很巧合地使用了相同的电路，所以在使用时只需要修改程序中相应的控制端口即可。该控制板还引出了 I^2C 接口，可供其他电路使用，如果将控制板的 26Pin 排座换成长针型号，还可以在上面继续叠加扩展板。如图 8-14 所示的就是 Ryanteck 电机控制板。

图 8-14 Ryanteck 电机控制板

88 在 CamJam 机器人套件中，有一个小块 PCB 电路板，这就是电机控制模块，它已经预先焊接好，可直接插在 Raspberry Pi 的 GPIO 上。尽管工作方式和之前所介绍的 SN754410 相似，但它实际使用了不同的控制芯片。它连接在 GPIO 的 7、8、9 和 10 端口（该编号为物理位号）作为电机控制，其余还以排座的形式引出了一些 GPIO，其中有用于 SPI 通信的，也有用于 I^2C 通信的。如图 8-15 所示的是插接在 Pi Zero 上的该型号控制板。

图 8-15 CamJam 机器人套件中的电机控制板

这两个电机控制板都是为最初的 26Pin GPIO 接口设计，如果使用了新版本 40Pin GPIO 的 Raspberry Pi，只需要将其接在前 26 个 GPIO 上，剩余的引脚为连接其他传感器带来了可能，本章稍后的小节会对此进行详细介绍。

除了以上两种电机控制板外，还有其他的板子可供选择，如来自 PiBorg 的 Gertduino，这一款控制板相对来说比较贵，但其功能也不仅仅限于控制本章所用到的基础直流电机。

使用 Python 控制机器人

本章将会使用到一些不同的方式控制机器人。第一种方式是通过命令行运行一个简单的程序，该程序用来对不同的按键做出反应。通过数字小键盘控制机器人，因为小键盘的布局规则，方向控制按键也很容易指定。如果使用的是无小键盘的紧凑型键盘布局，则可以使用相应的字母代替。如图 8-16 所示的是本案例所使用的数字小键盘键位图。

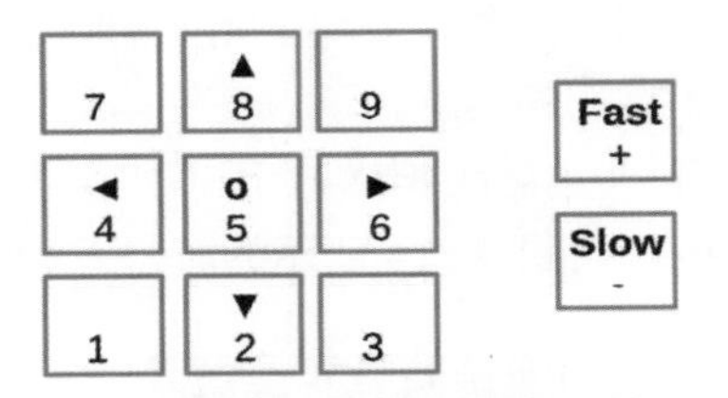

图 8-16　机器人的方向控制键

数字 0 用来触发摄像头拍摄照片，Q 用来退出程序。

机器人的控制基于 GPIO Zero 模块，程序首先会初始化速度和方向，然后等待具体控制键的按下，一旦有按键被触发，则将当前的方向和速度值更新。本案例的软件代码可以在本书的支持文件包中找到，其位于 robot 目录下，文件名为 robotcontrol.py，具体代码如下：

```
#!/usr/bin/python3
import sys, tty, termios
import picamera, time
from gpiozero import Robot

robot = Robot(left=(17, 18), right=(22, 23))
camera_enable = False
try:
    camera = picamera.PiCamera()
    camera.hflip=True
    camera.vflip=True
    camera_enable=True
except:
    print ("Camera not found - disabled");
91
photo_dir = "/home/pi/photos"
```

```
# 从命令行获取一个字符
def getch() :
    fd = sys.stdin.fileno()
    old_settings = termios.tcgetattr(fd)
    try:
        tty.setraw(sys.stdin.fileno())
        ch = sys.stdin.read(1)
    finally:
        termios.tcsetattr(fd, termios.TCSADRAIN, old_settings)
    return ch


# 按键-功能对照表
# 方向键使用数字小键盘
# 8 = 前进， 4 = 左转， 5 = 停止， 6 = 右转， 2 = 后退
# 列表中的每一个按键都是一个字符
direction = {
    # 数字按键
    '2' : "backward",
    '4' : "left",
    '5' : "stop",
    '6' : "right",
    '8' : "forward"
}

current_direction = "stop"
# 速度的单位是百分比（例如 100 代表全速）
# 初始速度为 50%，在平坦的表面相对较慢
speed = 50

print ("Robot control - use number keys to control direction")
print ("Speed " + str(speed) +"% - use +/- to change speed")

while True:
    # 将速度百分数转换成为 0~1 的浮点数
    float_speed = speed / 100
    if (current_direction == "forward") :
        robot.forward(float_speed)
    # 后退
    elif (current_direction == "backward") :
        robot.backward(float_speed)
    elif (current_direction == "left") :
        robot.left(float_speed)
    elif (current_direction == "right") :
        robot.right(float_speed)
    # 停止
```

```
        else :
            robot.stop()

        # 获取下一个输入
        ch = getch()

        # 按键 q 用来退出
        if (ch == 'q') :
            break
        elif (ch == '+') :
            speed += 10
            if speed > 100 :
                speed = 100
            print ("Speed : "+str(speed))
        elif (ch == '-' ) :
            speed -= 10
            if speed < 0 :
                speed = 0
            print ("Speed : "+str(speed))
        elif (ch in direction.keys()) :
            current_direction = direction[ch]
            print ("Direction "+current_direction)
        elif (ch == '0' and camera_enable == True) :
            timestring = time.strftime("%Y-%m-%dT%H.%M,%S", time.gmtime())
            print ("Taking photo " +timestring)
            camera.capture(photo_dir+'/photo_'+timestring+'.jpg')
robot.close()
```

该代码使用了 GPIO Zero 模块中的 Robot 对象，它的初始化过程需要知道用于控制左右电机的 GPIO 端口号，这四个端口号分别对应两个 H 桥电路各自的两个输入。

机器人上面可以安装 Raspberry Pi 摄像头，这样就可以在行驶的过程中连续拍摄照片。由于不是所有的读者都有摄像头，所以在本代码中将摄像头的初始化放在了 try 语句中，这是异常处理语句，如果没有该语句，又没有连接摄像头，运行该程序时会报错。我的机器人上的摄像头是倒置安装（这样可以从上方走线），所以初始化之后又设置了水平和垂直翻转。

getch() 函数用于获取字符，该函数名从 C 语言中一个类似的系统函数得来。该函数通常用来获取标准输入设备（键盘）输入的字符，在 C 函数中，这是一个状态标记设备，当所有的字符输入完成后，需要按下回车才会处理。而在这里该函数设置为元字符模式，当每个按键按下后，独立发送，当字符发送后，命令行的输入恢复到标准模式。如果不这样处理，可能会造成命令行的指令混乱。

接下来程序使用一个名为 direction 的列表存储了所有的方向键，如果想要添加更多按键，可以自行在该列表中添加条目。current_direction 变量（用来表示当前方向）的初始值设置为 stop，speed 变量（用来表示当前速度）初始值则为 50%。之所以选择这个速度值，是因为这是能够让我的机器人电机转动的最小值，读者在设置该初始值时需根据自己机器人的具体情况调高或调低。这里的速度值使用的是百分比，但 GPIO Zero 函数只接受 0~1 的数值，所以需要在主循环开始将该值转换成浮点形式，然后存储在 float_speed 变量内。

设置机器人的移动状态非常简单，通过调用函数 robot.forward() 、robot.backward() 、robot.left() 和 robot.right() 即可实现机器人的前进、后退、左转和右转，这几个函数的可选参数为 PWM 占空比，用来设置执行机器人的速度。robot.stop() 用来停止机器人，它会停止所有电机的运转。当主循环退出后，robot.close() 用来释放机器人程序所占用的系统资源。

这段代码需要存储在机器人上安装的 Raspberry Pi 中，控制可以使用带有数字小键盘的无线键盘。为了让机器人操作顺利进行，控制程序需要在 Raspberry Pi 启动的时候自动运行。在没有屏幕的情况下，可以通过无线网络连接，使用 SSH 登录到 Raspberry Pi 进行相应配置。如果在控制过程中发现按键和动作执行不符，如移动方向和控制按键相反，可以通过调换电机物理接线或者修改程序中初始化 Robot 对象时所使用的参数顺序。

以上代码适用于一般的基于 GPIO Zero 编写的机器人控制程序。如果使用了 Ryanteck 或者 CamJam 套件中的电机控制器，由于电机控制端口已经指定，所以需要稍作修改。主要是程序的模块加载部分，如使用 Ryanteck 控制器，需要将加载部分和初始化 robot 对象的语句替换为如下：

```
from gpiozero import RyanteckRobot
robot = RyanteckRobot()

or
from gpiozero import CamJamKitRobot
robot = CamJamKitRobot()
```

使用电机控制板和“一般的”机器人制作过程唯一的不同是，在程序中无法修改电机引脚。所以如果机器人的操作指令和实际动作不符，需要交换电机的两根输入线。使用常规的 GPIO Zero 来操作电机控制板也是可行的，这样就能够从软件的角度解决这个问题。

使用超声波传感器测距

机器人平台工作后，就需要考虑为它添加更多的传感器，使其自动化程度更高。本案例中的传感器是超声波距离传感器，它可以测量机器人距离某个其他物体的距离。对于机器人来说，这样的距离测量可以帮助其判断前方是否有墙壁或者其他障碍。如图 8-17 所示的是一个超声波距离传感器，它的工作原理和汽车上的倒车雷达类似，通过发送超声波信号后捕捉反射信号来测量间隔时间从而判断出与障碍物之间的距离。

图 8-17　超声波距离传感器

超声波测距传感器模块有四个引脚，其中两个为 5V 电源和地。另外两个中，一个用于触发信号输入，另一个用于回声信号输出。传感器为 5V 电路设计，但使用 Raspberry Pi GPIO 的 3.3V 电压作为触发电平是没有问题的，不过要注意模块的输出电平为 5V，如果也直接连接在 GPIO，可能会损坏 Raspberry Pi。这就需要使用到第五章中所介绍的分压电平转换器，它能够将 5V 电平转换为 3.3V，从而保证 Raspberry Pi 的安全。如图 8-18 所示的是该传感器和 Raspberry Pi 相连接的电路原理图。

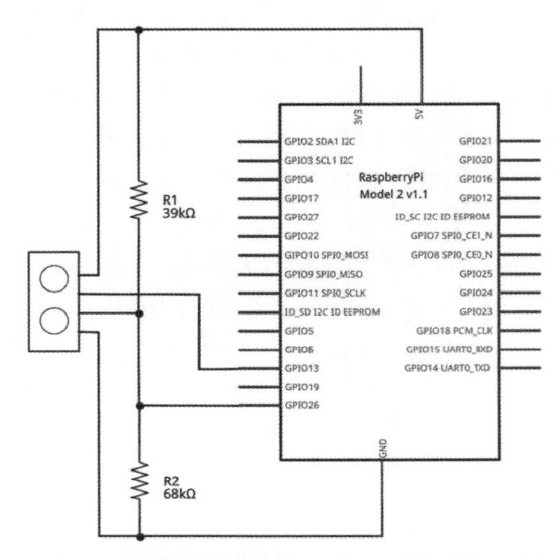

图 8-18　超声波测距传感器与 Raspberry Pi 连接的电路原理图

这个电路原理图只展示了超声波测距传感器和 Raspberry Pi 的连接关系，而且假设电机部分已经连接完成。触发引脚连接在 GPIO13，回声检测连接在 GPIO26。之所以使用这两个引脚，是因为它们没有被 26 针的电机驱动板所覆盖，后面还将使用到其余没有使用到的 GPIO。如果使用的是早期只有 26 个 GPIO 引脚的 Raspberry Pi，则需要修改这两个引脚，同样也需要修改对应的程序部分。

在将超声波测距的代码加入到机器人程序之前，首先最好能够测试一下，观察模块工作是否正常。首先创建一个名为 distance.py 的代码：

```
#!/usr/bin/python3
import time
import RPi.GPIO as GPIO

# 超声波距离传感器所使用的 GPIO 端口
pin_trig = 13
pin_echo = 26

# 设置 GPIO 输入 / 输出，关闭警告
```

```
GPIO.setmode(GPIO.BCM)
GPIO.setwarnings (False)
GPIO.setup(pin_trig, GPIO.OUT)
GPIO.setup(pin_echo, GPIO.IN)

# 关闭超声波传感器，恢复初始状态
GPIO.output(pin_trig, 0)
time.sleep(0.5)

while True:
    # 适当延迟，保证传感器恢复初始状态
    time.sleep(0.5)

    # 检查到达前方障碍物的距离
    # 发送 10 微秒超声波脉冲
    GPIO.output(pin_trig, 1)
    time.sleep(0.000001)
    GPIO.output(pin_trig, 0)

    # 等待输入信号拉高，然后等待再次拉低
    while (GPIO.input(pin_echo)==0):
        pass
    # 启动计时
    start_time = time.time()

    # 等待再次拉低
    while (GPIO.input (pin_echo)==1):
        current_time = time.time()
        # 如果在规定的时间内没有响应，则本次超时（距离障碍物太远或太近）
        if ((current_time - start_time)>0.05):
            # 在屏幕上输出一个“.”字符，说明测量超时
            print (".")
            break

    # 计算响应时间
    response_time = current_time - start_time;

    # 距离的计算公式为 时间 * 声速 (34029cm/s) - 由于是反射，结果除 2
    distance = response_time * 34029 / 2

    print ("Distance is "+str(distance));
```

超声波模块的控制并没有包含在 GPIO Zero 模块中，所以需要使用基础的 RPi.GPIO 模块编写。使用该模块会相对繁琐，需要自行配置所需使用的端口的输入输出状态，然后使用 GPIO.output 设置输出值，使用 GPIO.input 读取输入值。

程序代码首先将触发信号关闭，然后等待一段时间，让超声波传感器恢复初始状态。接下来

发送一个 10 微秒的超声波信号，使用 while 循环判断是否接收到返回信号并不断读取时间。超声波的传输速度为声速，所以最后测得的时间应该是传播和反射时间的总和。计算结果会最后以厘米为单位输出（2.5 厘米约为 1 英寸）。

计算出的距离值对于控制机器人来说有着非常重要的意义。如果有一个障碍物距离太近或者太远，距离值应该显示为 850 厘米，这是系统所设定的超时参数所决定的（在等待返回信号的 while 循环中）。这种情况会发生在障碍物距离传感器只有 3 毫米以内时，因为发送出去的信号无法被反射回接收器。准确的来说，当输出值小于 5 厘米时，测量结果都不可靠，这些结果基本是处于 3.5~5 厘米的随机数。但 5 厘米 ~3 米（10 英尺）之间的读数都是相对准确的。

只要测量范围在 5~300 厘米，这段代码是能够正常运行的。我创建了一个名为 robot-distance.py 的程序来控制机器人直行前进，当检测到前方 13 厘米有障碍后，控制其向右转。如果接下来机器人检测到前方无障碍，则选择继续直行，否则继续右转。13 厘米的距离值是通过实际实验获得的，这个范围允许在读到值和改变方向的语句之间，机器人还能够保持原来的运动状态继续移动，这样可以防止机器人困在墙的角落。对于不同的机器人尺寸和使用的电机，初始速度和距离阈值需要具体设置，以下为实现此功能的代码：

```
#!/usr/bin/python3
import time
from gpiozero import Robot
import RPi.GPIO as GPIO


robot = Robot(left=(17, 18), right=(22, 23))

# 超声波距离传感器所使用的 GPIO 端口
pin_trig = 13
pin_echo = 26

## 以下参数需根据机器人的实际尺寸和电机速度进行调整
# 最小转向距离，单位：厘米
min_distance = 13
# 前进速度（介于 0~1）
speed_forward = 0.8
# 转向速度（介于 0~1）
speed_turn = 0.6

# 设置 GPIO 输入 / 输出，关闭警告
GPIO.setmode(GPIO.BCM)
GPIO.setwarnings (False)
GPIO.setup(pin_trig, GPIO.OUT)
GPIO.setup(pin_echo, GPIO.IN)

# 关闭超声波传感器，恢复初始状态
```

```
    GPIO.output(pin_trig, 0)
    time.sleep(0.5)

    while True:
        # 适当延迟，保证超声波传感器恢复初始状态
        time.sleep(0.5)


        # 检查到达前方障碍物的距离
        # 发送 10 微秒超声波脉冲
        GPIO.output(pin_trig, 1)
        time.sleep(0.000001)
        GPIO.output(pin_trig, 0)

        # 等待输入信号拉高，然后等待再次拉低
        while (GPIO.input(pin_echo)==0):
            pass
        # 启动计时
        start_time = time.time()

        # 等待再次拉低
        while (GPIO.input (pin_echo)==1):
            current_time = time.time()
            # 如果在规定的时间内没有响应，则本次超时（距离障碍物太远或太近）
            if ((current_time - start_time)>0.05):
                break

        # 计算响应时间
        response_time = current_time - start_time;

        # 距离的计算公式为 时间 * 声速 (34029cm/s) - 由于是反射，结果除 2
        distance = response_time * 34029 / 2

        # 如果距离障碍物太近，则右转
        if (distance < min_distance) :
            print ("Too close " + str(distance) + " turning")
            robot.right(speed_turn)
        else :
            robot.forward(speed_forward)

robot.close()
restore_terminal()
GPIO.cleanup()
```

可以看出，本段代码中的机器人控制部分使用 GPIO Zero 模块编写，而超声波测距传感器的发送和接收控制则使用 RPi.GPIO 编写。在实际情况中，机器人对于大型的障碍物反

应良好，如墙壁。但如果障碍物相对于传感器的安装位置过高或者过低，都可能会引起机器人的误判。

使用 Wii 手柄控制机器人

在前面的代码中，使用了 Python 编写的程序读取键盘输入（既可以是无线键盘，也可是 SSH 登录后的命令行）进而控制机器人的动作。但在实际的生活场景中，很多的设备是通过遥控器控制的，尤其是机器人。本小节将着重讲解如何使用 Wii 手柄控制前面所制作的机器人。Wii 手柄基于蓝牙通信，在最新的 Raspberry Pi3 上已经板载集成有蓝牙接收模块，而早期的 Raspberry Pi 版本也可以在 USB 口外接小型的蓝牙适配器，这样就可以通过 Wii 手柄控制机器人。对于我自己而言，我使用了一块 Raspberry Pi A+，唯一的 USB 接口用来连接蓝牙适配器。

该控制功能可以通过现有的软件库实现。但有一点不好的是，该库目前不支持 Python3，仍然使用的是老版本的 Python2.7。前面所介绍的机器人的控制程序虽然基于 Python3 编写，但仍然可以通过 Python2.7 运行，只是在运行时不再使用 python3 命令，取而代之的是使用 python 命令。如果使用 IDLE 调试程序，则需要打开标记有 Python2 的 IDLE。

假设各位读者所使用的 Raspberry Pi 上也只有一个 USB 接口，在设置的过程中需要使用到 USB 分线器，因为需要通过网络下载 USB 接收器的驱动程序，所以在此过程中 USB 网卡和蓝牙适配器需要同时连接在一起。但此过程一旦完成，便可以拿掉 USB 分线器，只连接蓝牙适配器。

首先需要做的是更新 Raspberry Pi 的操作系统。在做任何新的操作之前，都别忘记首先更新操作系统，尤其是在连接了蓝牙适配器后，系统可能会针对某些型号的外设软件定期更新。假设 Raspberry Pi 已经连接到了互联网，接下来执行命令：

```
sudo apt-get update
sudo apt-get dist-upgrade
```

现在可以插入 USB 蓝牙适配器。

检查蓝牙服务的运行状态：

```
sudo service bluetooth status
```

请确保该服务处于激活状态，如果没有，则需要检查连接的蓝牙适配器是否在 Raspberry Pi 的支持名单内。接下来查看 Wii 控制器是否可见：

```
hcitool scan
```

输入该指令后，同时按下 Wii 遥控器上的 1 键和 2 键，让其处于“可被发现”状态。然后在命令行窗口中应该可以看到一个任天堂的手柄控制器。我所使用的遥控器版本为 MotionPlus，最终在命令行中显示的名称为“Nintendo RVL-CNT-01”。

假设以上的步骤已经完成，手柄已经成功被 Raspberry Pi 检测到（如果同时检测到其他的设备如手机或笔记本电脑等为正常现象），接下来就可以编写 Python 程序来监听按键的动作信息了，编写 Python 程序需要使用 cwiid 模块，首先需要安装该模块：

```
sudo apt-get install python-cwiid
```

如前面章节中使用超声波距离传感器模块一样，在正式编写程序之前先通过一个小的测试程序检查硬件是否工作正常，用于 Wii 手柄的测试程序名为 wii-remote.py，源代码如下：

```
#!/usr/bin/python
import cwiid
import time

delay = 0.2

print ("Press 1 + 2 on the Wii Remote")
time.sleep(1)


wii = cwiid.Wiimote()

print ("Connected\n")

# 测试按键模式
wii.rpt_mode = cwiid.RPT_BTN


while True :

    buttons = wii.state["buttons"]

    button_string = ""

    # 所有按键的状态整合在一个数据中，使用“掩码”获取独立的按键状态
    if (buttons & cwiid.BTN_1):
        button_string += " 1"
    if (buttons & cwiid.BTN_2):
        button_string += " 2"
    if (buttons & cwiid.BTN_A):
        button_string += " A"
    if (buttons & cwiid.BTN_B):
        button_string += " B"
    if (buttons & cwiid.BTN_UP):
        button_string += " up"
    if (buttons & cwiid.BTN_RIGHT):
        button_string += " right"
    if (buttons & cwiid.BTN_DOWN):
```

```
        button_string += " down"
    if (buttons & cwiid.BTN_LEFT):
        button_string += " left"
    if (buttons & cwiid.BTN_PLUS):
        button_string += " plus"
    if (buttons & cwiid.BTN_MINUS):
        button_string += " minus"
    if (buttons & cwiid.BTN_HOME):
        button_string += " home"

    if (button_string != ""):
        print ("Buttons pressed :" + button_string)
    time.sleep(delay)
```

代码的大部分篇幅都在检测按下的按键。程序的开始首先加载需要使用到的 Python 模块，然后输出提示连接的信息。当按键 1 和按键 2 同时按下后，程序会开始连接遥控器，而如果连接失败，程序会结束运行。这里假设连接成功，程序接下来会设置按键的模式，然后进入主循环，不断地判断是否有按键按下，如果有则输出相应的信息。

wii.state 命令收到的信息不止包含 1 个按键，而是含有所有的按键信息，所以为了判断出某一个确定的按键是否被按下，需要进行一个简单的“逻辑运算”，使用相应的掩码和接收到的按键状态码进行与运算。不同按键的掩码在 cwiid 模块中定义成为了常量，所以可以直接调用，也可以用来检测是否有按键同时按下。每当有一个按键按下时，该按键的名称会加入一个字符串，该字符串会按顺序显示出所有按下的历史按键。

假设测试程序成功运行，接下来就可以将机器人控制程序中键盘检测部分的代码替换成为该程序中 Wii 遥控器按键检测部分的代码。本段代码的文件名为 wii-robotcontrol.py：

```
#!/usr/bin/python
import sys, tty, termios
import picamera, time
import cwiid
from gpiozero import Robot

robot = Robot(left=(17, 18), right=(22, 23))
camera_enable = False
try:
    camera = picamera.PiCamera()
    camera.hflip=True
    camera.vflip=True
    camera_enable=True
except:
    print ("Camera not found - disabled");

photo_dir = "/home/pi/photos"
```

```
# 最小连续按键间隔时间
delay = 0.2

current_direction = "stop"
# 速度的单位是百分比（例如 100 代表全速）
# 初始速度为 50%，在平坦的表面相对较慢
speed = 100

print ("Press 1 + 2 on the Wii Remote")
time.sleep(1)

# 尝试连接 wii 遥控器
while True:
    try:
        wii=cwiid.Wiimote()
        break
    except RuntimeError:
        print ("Unable to connect to remote - trying again")
        print ("Press 1 + 2 on the Wii Remote")

print ("Robot control - use arrow buttons to control direction")
print ("Speed " + str(speed) +"% - use +/- to change speed")

wii.rumble = 1
time.sleep(0.5)
wii.rumble = 0

wii.rpt_mode = cwiid.RPT_BTN

while True:
    last_direction = current_direction
    # 将速度百分数转换成为 0~1 的浮点数
    float_speed = speed / 100
    if (current_direction == "forward") :
        robot.forward(float_speed)
    # 后退
    elif (current_direction == "backward") :
        robot.backward(float_speed)
    elif (current_direction == "left") :
        robot.left(float_speed)
    elif (current_direction == "right") :
        robot.right(float_speed)
    # 停止
    else :
        robot.stop()
```

```
        time.sleep(delay)

        # 获取下一个输入
        buttons = wii.state["buttons"]

        # 如果没有按键按下，则停止
        current_direction = "stop"

        # 同时按下“+”和“-”为退出
        if ((buttons & cwiid.BTN_PLUS) and (buttons & cwiid.BTN_MINUS)) :
            break
        if (buttons & cwiid.BTN_PLUS):
            speed += 10
            if speed > 100 :
                speed = 100
            print ("Speed : "+str(speed))
        if (buttons & cwiid.BTN_MINUS):
            speed -= 10
            if speed < 0 :
                speed = 0
            print ("Speed : "+str(speed))
        if (buttons & cwiid.BTN_UP):
            current_direction = "forward"
        if (buttons & cwiid.BTN_DOWN):
            current_direction = "backward"
        if (buttons & cwiid.BTN_LEFT):
            current_direction = "left"
        if (buttons & cwiid.BTN_RIGHT):
            current_direction = "right"
        if (buttons & cwiid.BTN_A and camera_enable == True):
            timestring = time.strftime("%Y-%m-%dT%H.%M.%S", time.gmtime())
            print ("Taking photo " +timestring)
            camera.capture(photo_dir+'/photo_'+timestring+'.jpg')
        # 只显示当前方向
        if (current_direction != last_direction) :
            print ("Direction "+current_direction)

    robot.close()
```

除了按键的部分，本段代码还做了另外一个修改，使得程序在无法连接到 Wii 手柄的时候仍然可以持续地运行。这个过程需要使用到异常捕获语句 try。该语句意味着如果其内部代码运行失败，可以进行持续的重新运行。当程序成功地连接到 Wii 手柄后，手柄会震动，以提示用户此时已经连接成功。

另一个改动是 speed 的值被修改为了 100%。在前面的代码中，speed 使用的值较小，主要是为了防止使用键盘调节速度时因为延迟造成机器人的失控。而这里使用的 Wii 手柄比键盘输入灵敏得多，所以速度不再是问题。

由于不再需要无线键盘或者网络连接，现在所需要做的就是去除 Raspberry Pi 上的 USB 分线器，只连接蓝牙适配器，这样机器人就可以自由地移动了。按照第六章物联网火车中提到的设置方法，将程序设置为开机自动运行。

为了让程序自动运行，首先创建一个名为 /etc/systemd/system/wii-robot.service 的文件，创建文件应该使用 sudo 权限，文件内容如下：

```
[Unit]
Description=Wii Remote Robot Control
Wants=bluetooth.target
After=bluetooth.target

[Service]
Type=simple
ExecStart=/home/pi/robot/wii-robotcontrol.py
User=pi

[Install]
WantedBy=default.target
```

该文件的意义在之前的章节中已经做出过详细的解释，但这里新出现的内容是，该服务需要在蓝牙服务启动之后启动，使用了关键字 Wants 和 After。

使用如下语句测试该服务是否可以正常运行：

```
sudo service wii-robot start
sudo service wii-robot status
```

假设工作正常，将该服务设置为自动启动：

```
sudo systemctl enable wii-robot
```

设置完成后，该服务就可以在没有 Wi-Fi 的情况下自动启动。服务会在后台一直运行，直到检测到 Wii 手柄后会开始尝试连接，连接成功后就可以按下相应的按键对机器人进行控制。对于我自己而言，使用手柄比使用键盘更容易控制机器人。

本章小结

本章首先介绍了一些不同的机器人底盘制作方案，使用面包板实现了一个电机控制电路，随后又介绍了几款基于 PCB 的成品电机控制器。这些电机控制器能够使用 GPIO Zero 模块控制，甚至有一些在 GPIO Zero 中还单独进行了封装。除此之外，还介绍了有关脉宽调制波（PWM）的相关知识，以及如何使用超声波距离传感器让机器人变得更加自动化和如何使用 Wii 手柄控制机器人。

本章对 Raspberry Pi 制作机器人的流程进行了系统的介绍，意在让读者对 Raspberry Pi 的潜能有一个宏观的认识。如果想要制作更加强大的机器人，可以参考前面的第六章，使用 Python 的 bottle 模块制作一个简单的交互页面，也可以使用 CamJam 机器人套件中的红外寻线套件让机器人能够沿黑线行驶。

在下一章中，我们将一起探索如何构建虚拟世界和实体世界的联系，使用街机摇杆控制游戏 Minecraft（我的世界）。

第九章

■ ■ ■

自定义游戏：Minecraft 硬件编程

Minecraft（我的世界）是一款模块化的游戏，在游戏中玩家可以创建建筑物和其他类型的实体。这也是一款当下非常流行的跨平台游戏，有对应的 PC 版本、主机版本、平板电脑版本和手机版本。对于 Raspberry Pi 也不例外，Raspbian 操作系统默认搭载了一个特别版的 Minecraft，特别之处在于游戏可以使用 Python 与外界交互，这意味着可以在游戏中控制实体世界中的传感器和执行器。

本章将会使用到第三章中制作的街机控制器来控制 Minecraft 中的角色——史蒂芬（Steve）在“世界”中移动控制器上的按钮将用来执行游戏中的特定功能，游戏还将使用到一些 LED 来显示游戏中的不同状态信息。

标准版的 Minecraft 包含多种模式，如生存模式、冒险模式等，在这些模式中玩家需要自行防卫一些怪兽。但 Raspberry Pi 所搭载的只是基础版本，所以只有创造模式。

■ **贴士：**尽管所有版本的 Raspberry Pi 都可以运行其所搭载的 Minecraft，但由于该游戏会消耗较多的硬件资源，所以在实际使用过程中，Raspberry Pi 的版本越高，游戏的运行就会越流畅，本案例所示用的是 Raspberry Pi B+。

使用 Python 与 Minecraft 交互

在使用 Python 之前，首先需要在 Minecraft 中建立一个新的“世界”。在与 Minecraft 交互的时候，需要使用到“应用程序接口”（也被称为 API），Python 与游戏的交互就是通过这些接口实现的。

在主菜单的游戏子菜单中可以启动 Minecraft，选择“开始游戏”（Start Game），选择“创建新游戏”（Create New）来创建第一个“世界”。这个过程中我们可以发现，该游戏的运行是基于命令行的，如果想要修改游戏的窗口大小，需要在命令行中输入相应指令。使用 ESC 按键可以暂停游戏，在暂停的过程中可以修改游戏窗口或是切换 Python 程序。单击“回到游戏”（Back to Game）可以返回游戏模式，使用 Tab 按键可以在不暂停的情况下切换 Python 程序。

■ **贴士：** Minecraft 的 Raspberry Pi 特别版在运行的时候会将画面直接写入显存，所以无法使用远程桌面的方式进行游戏，如使用 TightVNC 是不可以的。

开始游戏后，就可以控制游戏角色史蒂芬，他拿着一把短剑。在游戏中可以使用 W、A、S、D 按键分别控制角色向上、左、下、右移动，空格键用来控制角色跳跃，双击空格键可以让史蒂芬开启飞行模式，E 键可以打开角色储物箱，在这里可以更换手持的工具或武器，或者选择使用储物箱中的其他物品。鼠标可以用来移动角色的视野，单击左键可以使用当前手持的工具或武器。

只要熟悉了角色在 Minecraft 中的移动方式，便可以开始创建第一个 Python 程序。该程序可以使用 Python3 的 IDLE 创建，将下列代码输入后，在 Run 菜单中选择 Run menu 选项。

```
from mcpi.minecraft import Minecraft
mc = Minecraft.create()
mc.postToChat("Hello Minecraft World")
```

该程序首先加载了 Minecraft 模块，然后创建了一个名为 mc 的 Minecraft 对象，该对象的 postToChat 方法用于在屏幕上输出一段信息，如图 9-1 所示。

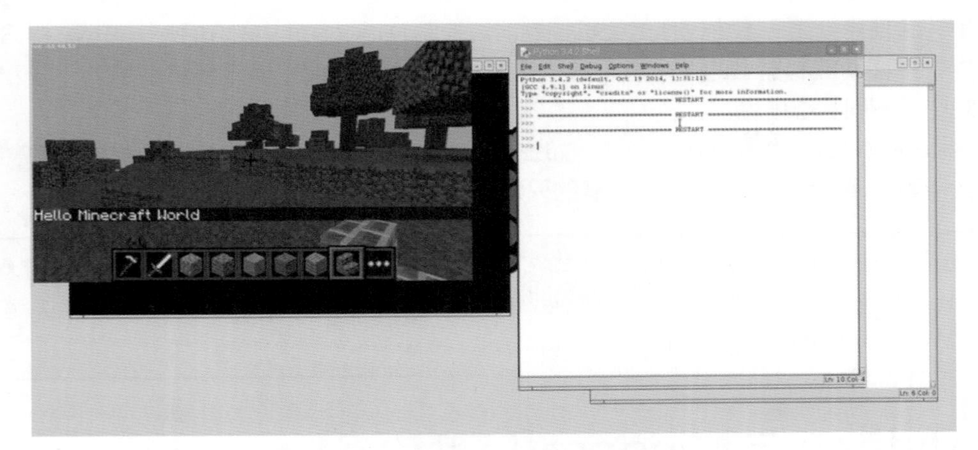

图 9-1 “Hello Minecraft World”消息

除了向 Minecraft 发送消息，还可以获取角色在“世界”中的实时位置，以下代码可以用于获取史蒂芬和环境的实时信息。

```
from mcpi.minecraft import Minecraft
mc = Minecraft.create()
position = mc.player.getTilePos()
print ("X position :"+str(position.x)+", Y position :"+str(position.y)+",
Z position:"+str(position.z))
```

当这段程序运行后，它会显示当前角色的位置。由于 Minecraft 是一个 3D 游戏，所以位置的坐标有 3 个值。

- *X* 坐标显示的是经度（东边到西边方向）。当角色越向西边移动，*X* 的坐标值就越大；当角色越向东边移动， *X* 的值越小。坐标的原点是初始位置，所以如果从初始位置向东移动，*X* 坐标会成为负值。
- *Y* 坐标显示的是海拔（相对于海面的高度）。当角色向上移动时（如到山顶或者云中），*Y* 坐标值增加；而当角色向下移动时，如果相对位置低于海面，则该值为负。
- *Z* 坐标显示的是纬度（北边到南边方向）。当角色向北方移动时，*Z* 坐标值减小；当角色向南方移动时，*Z* 坐标值增加。输出信息在 IDLE 的 shell 窗口中，如图 9-2 所示。

图 9-2　找到角色在 Minecraft“世界”中的位置

除了读取角色的位置，还可以使用 setPos 方法修改角色在“世界”中的位置。以下这个程序用于将角色置于初始位置。

```
from mcpi.minecraft import Minecraft
mc = Minecraft.create()
mc.player.setPos(0, 0, 0)
```

但如果运行此段程序，可能会出现一个问题。一般情况下角色的初始坐标的经纬度为 0，但海拔不一定为 0，除非角色的初始位置位于海面，但一般都不会。所以如果运行以上程序，可能造成史蒂芬处于“地下”的某个位置而无法移动。所以在执行操作之前，最好能够首先确认目标点的地形情况。

接下来的一段代码用于检查“世界”中某个坐标点的地形情况。如果目标点为“空气”方块，*Y* 的值会降低，直到找到第一个“固态”的方块；而如果目标点为“固态”方块，则增大 *Y* 值，直到找到第一个“空气”方块。这个过程需要使用到 mcpi.block 模块中的 getBlock 方法，它以坐标值为参数，返回该坐标点的方块类型。该部分代码被写成了函数的形式，方便之后的调用。

```
from mcpi.minecraft import Minecraft
import mcpi.block as block
```

```
# 在给定坐标 x y z 的周围寻找最近的可用空间块
def getSafePos(x_pos, y_pos, z_pos):
    block_id = mc.getBlock(x_pos, y_pos, z_pos)
    # 如果目标点为空气，则降低 y 坐标值，直到为固体块
    if (block_id == block.AIR.id):
        while (block_id == block.AIR.id):
            y_pos = y_pos - 1
            block_id = mc.getBlock(x_pos, y_pos, z_pos)
# 找到地面后，将 y 坐标增大为第一个可用空间块（空气方块）
        y_pos = y_pos + 1
    # 如果目标点为固体块，则增大 y 值，直到为空气块
    else :
        while (block_id != block.AIR.id):
            y_pos = y_pos + 1
            block_id = mc.getBlock(x_pos, y_pos, z_pos)
    # 返回 x y z 坐标
    return (x_pos, y_pos, z_pos)
mc = Minecraft.create()
mc.player.setPos(getSafePos(0, 0, 0))
```

在这个函数中，程序不断检查目标点的方块类型是否为 block.AIR.id，该种类型的方块表示目标点为可设置的“安全点”，如 block.WOOD.id、block.COBBLESTONE.id 和 block.GLASS.id 都是可以放置角色的方块。

使用摇杆移动角色

对如何使用 Python 与 Minecraft 交互有了概念后，就可以接入一些实体的硬件来控制 Minecraft。在本章中用来控制的硬件部分在第三章中已经完成，只需要再额外连接几个 LED 用来指示游戏状态。本小节将着重于如何使用街机控制器中的摇杆和按钮控制史蒂芬在游戏中的行为和动作。

在游戏中，当角色前方遇到阻碍时需要有一种办法越过障碍，所以需要有一个按钮来控制跳跃，我还设置了额外两个按键，分别用于自动跳跃和长跳跃。前者可以让史蒂芬自动爬上一级方块；后者取决于实际情况，可以让史蒂芬爬上多级方块或者安全地下降多级方块，实现该动作时需要将摇杆同时拉下。

```
# 使用摇杆控制 Minecraft 角色移动
from mcpi.minecraft import Minecraft
import mcpi.block as block
from gpiozero import Button
import time

# 设置按键所连接的 GPIO 端口 & 将程序连接到 Minecraft
```

```
mc = Minecraft.create()

JOY_NORTH = 23
JOY_EAST = 17
JOY_SOUTH = 4
JOY_WEST = 25

BTN_JMP = 22
# 启动自动跳跃一个目标块
BTN_AUTOJMP = 9
# 跳跃或安全降落任意个目标块
BTN_LGEJMP = 11

# 按键操作最小间隔时间
DELAY = 0.2

# 用于检测按键的主循环
def main():

    joy_north = Button(JOY_NORTH)
    joy_east = Button(JOY_EAST)
    joy_south = Button(JOY_SOUTH)
    joy_west = Button(JOY_WEST)

    btn_jmp = Button(BTN_JMP)
    btn_autojmp = Button(BTN_AUTOJMP)
    btn_lgejmp = Button(BTN_LGEJMP)

    # 自动跳跃设置
    auto_jump = False


    while True:
        # 跳跃模式: 0 = 不跳跃 , 1 = 立即跳跃 , 2 = 自动跳跃 , 3 = 长跳跃
        jump = 0
        # 检查按键状态，设置对应的跳跃模式
        if (btn_jmp.is_pressed) :
            jump = 1
        # 反转自动跳跃设置
        if (btn_autojmp.is_pressed) :
            if (auto_jump == True):
                auto_jump = False
                mc.postToChat("Auto jump disabled")
            else :
                auto_jump = True
                mc.postToChat("Auto jump enabled")
```

```
        if (auto_jump == True):
            jump = 2
        if (btn_lgejmp.is_pressed):
            jump = 3

        # 本段移动代码没有检查目标位置是否可以放置角色
        # 获取当前位置，应用摇杆的移动
        position = mc.player.getTilePos()
        if (joy_north.is_pressed):
            position.z = position.z - 1
        if (joy_south.is_pressed):
            position.z = position.z + 1
        if (joy_east.is_pressed):
            position.x = position.x + 1
        if (joy_west.is_pressed):
            position.x = position.x - 1

        if (jump == 2):
            # 只有在下一个位置为固体块时跳跃
            block_id = mc.getBlock(position)
            if (block_id != block.AIR.id):
                position.y = position.y + 1
        # 应用正确的跳跃模式到达目标位置
        if (jump == 1):
            # 立即跳跃
            position.y = position.y + 1
        # 使用 getSafePos 进行自动跳跃
        if (jump == 3):
            position = getSafePos(position.x, position.y, position.z)

        # 有了需要被移动到的坐标位置，检查其是否为固体块
        block_id = mc.getBlock(position)
        if (block_id == block.AIR.id):
            mc.player.setTilePos(position)
        # 如果为固体块，忽略本次操作

        # 处理下一个操作前稍微延迟
        time.sleep(DELAY)


# 在给定坐标 x y z 的周围寻找最近的可用空间块
def getSafePos(x_pos, y_pos, z_pos):
    block_id = mc.getBlock(x_pos, y_pos, z_pos)
    # 如果目标点为空气，则降低 y 坐标值，直到为固体块
    if (block_id == block.AIR.id):
        while (block_id == block.AIR.id):
```

```
            y_pos = y_pos - 1
            block_id = mc.getBlock(x_pos, y_pos, z_pos)
# 找到地面后，将y坐标增大为第一个可用空间块（空气方块）
        y_pos = y_pos + 1
    # 如果目标点为固体块，则增大y值，直到为空气块
    else :
        while (block_id != block.AIR.id):
            y_pos = y_pos + 1
            block_id = mc.getBlock(x_pos, y_pos, z_pos)
    # 返回x y z坐标
    return (x_pos, y_pos, z_pos)


# 程序运行后执行main函数
if __name__ == "__main__":
    main()
```

本段代码同时使用到了 GPIO Zero 模块和 Minecraft API。

使用摇杆控制角色方向存在一个小小的问题，由于坐标的方向是正南正北的，所以只有当角色正对着初始方向的时候，摇杆的移动才是正确的。但 Minecraft Pi 版本不能够检测当前角色正对的方向。

除了以上提到的按键和摇杆之外，街机控制器上还有额外的三个按键。其中一个用来显示当前的坐标位置，一个用于建造房屋，最后一个（最大的红色按键）用于将角色快速传送到最近建造的房屋。这些按键的功能在“生存模式”中非常有用，可以快速地让史蒂芬脱离危险。

如图 9-3 所示的是街机模拟器的按键布局图。

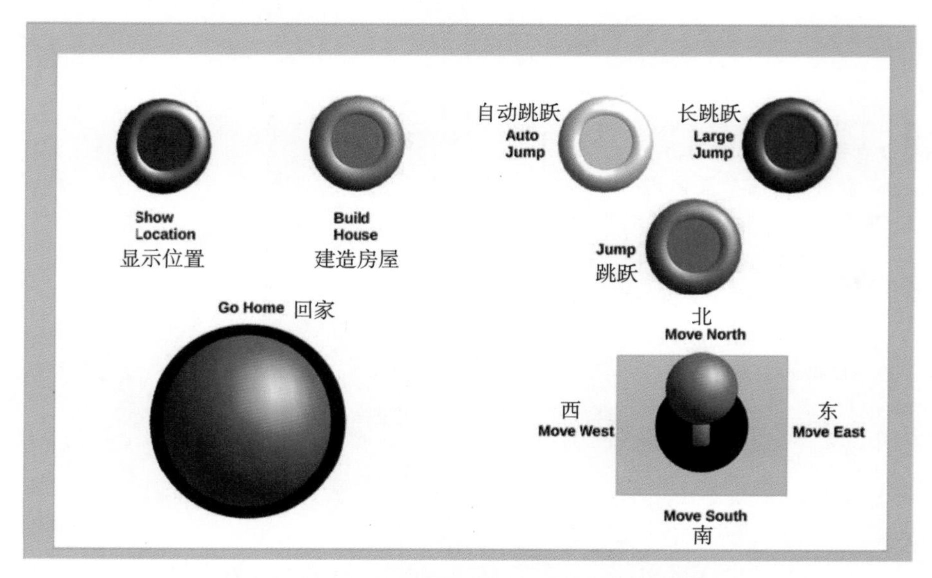

图 9-3　Minecraft 所使用的街机模拟器的按键布局

在 Minecraft 中建造房屋

编程写代码的一大好处就是能够将烦琐的需要人为操作的工作自动化和简单化。在 Minecraft 中建造房屋就是一个很好的例子，可以在程序中使用 for 循环来重复放置方块，建造围墙。所以使用代码来建造房屋的效率比手动放置每一块方块来建造高很多。

在建造围墙之前，首先需要创建用于建造房屋的空间，否则可能出现地面穿过房屋的情况。这个过程在每次建造房屋时会需要一些额外的代码和额外的时间，但好在有一种简单的方式可供采用。使用 setBlocks 方法可以将一定区域内的所有方块转换成为想要的方块类型。

有了空间，需要在该空间创造 4 面墙和 1 个屋顶。初始情况下墙面应该是平整的，稍后可以在其上添加门窗。以下为用于建造房屋的代码：

```
# 在 Minecraft 中建造房屋
import mcpi.minecraft as minecraft
import mcpi.block as block
from mcpi.minecraft import Minecraft
from gpiozero import Button
import time

# 设置按键所连接的 GPIO 端口 & 将程序连接到 Minecraft
mc = Minecraft.create()

BTN_HOUSE = 18

# 房屋尺寸
house_size_x = 16
house_size_y = 6
house_size_z = 10

# 将房屋坐标保存，方便传送
# 如果没有定义，则设置为 0, 0, 0
# Vec3 可以用来创建位置向量
house_position = minecraft.Vec3(0,0,0)

# 移动前的延迟
DELAY = 1

# 用于检测按键的主循环
def main():
    btn_house = Button(BTN_HOUSE)

    while True:
        if (btn_house.is_pressed) :
            # 将当前坐标设置为房屋坐标
            # 该坐标将会是房屋的中点
```

```
            house_position = mc.player.getTilePos()
            build_house(house_position, house_size_x, house_size_y, house_size_z)
            # 处理下一个操作前稍微延迟
            time.sleep(DELAY)
    time.sleep (0.2)


def build_house (house_position, house_size_x, house_size_y, house_size_z):
    # 平整地面
    mc.setBlocks (                                   \
        house_position.x - (house_size_x / 2),       \
        house_position.y,                            \
        house_position.z - (house_size_z / 2),       \
        house_position.x + (house_size_x / 2),       \
        house_position.y + house_size_y,             \
        house_position.z + (house_size_z / 2),       \
        block.AIR.id)
    # 建造地板
    mc.setBlocks (                                   \
        house_position.x - (house_size_x / 2),       \
        house_position.y - 1,                        \
        house_position.z - (house_size_z / 2),       \
        house_position.x + (house_size_x / 2),       \
        house_position.y - 1,                        \
        house_position.z + (house_size_z / 2),       \
        block.COBBLESTONE.id)
    # 建造前面墙壁 - 北面墙壁
    mc.setBlocks (                                   \
        house_position.x - (house_size_x / 2),       \
        house_position.y,                            \
        house_position.z - (house_size_z / 2),       \
        house_position.x + (house_size_x / 2),       \
        house_position.y + house_size_y,             \
        house_position.z - (house_size_z / 2),       \
        block.BRICK_BLOCK.id)
    # 建造后面墙壁 - 南面墙壁
    mc.setBlocks (                                   \
        house_position.x - (house_size_x / 2),       \
        house_position.y,                            \
        house_position.z + (house_size_z / 2),       \
        house_position.x + (house_size_x / 2),       \
        house_position.y + house_size_y,             \
        house_position.z + (house_size_z / 2),       \
        block.BRICK_BLOCK.id)
    # 建造侧面墙壁 - 东面墙壁
    mc.setBlocks (                                   \
        house_position.x + (house_size_x / 2),       \
```

```
    house_position.y,                              \
    house_position.z - (house_size_z / 2),         \
    house_position.x + (house_size_x / 2),         \
    house_position.y + house_size_y,               \
    house_position.z + (house_size_z / 2),         \
    block.BRICK_BLOCK.id)
# 建造侧面墙壁 - 西面墙壁
mc.setBlocks (                                     \
    house_position.x - (house_size_x / 2),         \
    house_position.y,                              \
    house_position.z - (house_size_z / 2),         \
    house_position.x - (house_size_x / 2),         \
    house_position.y + house_size_y,               \
    house_position.z + (house_size_z / 2),         \
    block.BRICK_BLOCK.id)
# 建造屋顶
mc.setBlocks (                                     \
    house_position.x - (house_size_x / 2),         \
    house_position.y + house_size_y + 1,           \
    house_position.z - (house_size_z / 2),         \
    house_position.x + (house_size_x / 2),         \
    house_position.y + house_size_y + 1,           \
    house_position.z + (house_size_z / 2),         \
    block.WOOD.id)

# 建造门和窗
# 将门面向空气块建造
mc.setBlocks (                                     \
    house_position.x,                              \
    house_position.y,                              \
    house_position.z - (house_size_z / 2),         \
    house_position.x + 1,                          \
    house_position.y + 2,                          \
    house_position.z - (house_size_z / 2),         \
    block.AIR.id)

# 添加两扇窗
mc.setBlocks (                                     \
    house_position.x + (house_size_x / 4),         \
    house_position.y + (house_size_y / 2),         \
    house_position.z - (house_size_z / 2),         \
    house_position.x + (house_size_x / 4) + 2,     \
    house_position.y + (house_size_y / 2) + 2,     \
    house_position.z - (house_size_z / 2),         \
    block.GLASS.id)

mc.setBlocks (                                     \
```

```
        house_position.x - (house_size_x / 4),     \
        house_position.y + (house_size_y / 2),     \
        house_position.z - (house_size_z / 2),     \
        house_position.x - (house_size_x / 4) - 2, \
        house_position.y + (house_size_y / 2) + 2, \
        house_position.z - (house_size_z / 2),     \
        block.GLASS.id)

# 程序运行后执行 main 函数
if __name__ == "__main__":
    main()
```

这段代码看起来行数很多，这主要是因为每调用一次 setBlock 都占用了 8 行，而这 8 行实际是一条指令，所以在每一行的结尾使用了“\”符号来说明该条指令并没有结束而是换行书写。分列成 8 行的书写方式并不是必须的，但这样可以让代码看起来更加容易理解如何计算 *X*、*Y* 和 *Z* 的坐标值。

在计算房屋建造位置的时候需要非常小心，如果房屋超出了所设置的空间，看起来会非常奇怪，如将房屋建在了空中或者房屋上的门面向山壁而导致角色无法进出。理想情况下，房屋应该是基于一个平面建造的。

如果想要将角色传送到最新建造的房屋中（街机控制器上最大的红色按钮），房屋的位置存储于 house_position 变量中，使用 setTilePos() 即可传送。

如图 9-4 所示为建造完成的房屋。

图 9-4　使用代码在 Minecraft 中建造房屋

添加状态 LED

以上的内容介绍了如何使用摇杆和按钮与 Minecraft 游戏进行交互，这是一种以输入的方式来进行的交互，而除了输入，Minecraft 也可以进行输出交互。在 Minecraft 游戏过程中最为重要的一个环节是采集地下资源，而如果能有一种方式辅助侦测地下是否有可以利用的资源将会非常方便，如果地下是岩浆，还可以提醒玩家不要坠入。这个侦测过程可以通过代码实现，并将结果用 LED 显示。本案例将会使用到一个三色 LED，顾名思义，这种 LED 能够显示 3 种颜色。

这种三色 LED 内部由两个不同颜色的 LED 灯珠组成，一个为红色，另一个为绿色，当两种灯珠一起点亮后，灯珠会变为橘黄色。这两个灯珠共用一个负极，这种形式的连接方式常常称为共阴极型。尽管市面上有其他类型的彩色 LED，但这里使用这个灯的好处在于它只占用 2 个 GPIO 接口却可以显示 3 种不同的颜色。

■ **贴士：** 如果购买不到三色 LED，可以使用全彩 RGB LED 替代，只是全彩的 LED 会多出一个用于蓝色灯珠的引脚，不连接也没有问题。全彩 RGB LED 通常有两种不同类型——共阴极型和共阳极型。如果是共阴极型，和三色 LED 的连接方式是相互兼容的，将蓝色引脚悬空即可。

三色 LED 将用于显示每一种可用资源的数量——红色表示没有，橘黄色表示少量，绿色表示大量。另外还有一个独立的红色 LED 用于指示岩浆。

可以将这些 LED 布置在纸质的 Minecraft 方块上，或者将它们安装在 Minecraft 纸盒上，用不同的标签标记灯光的含义。对于本案例来说，使用了纸质的 Minecraft 方块，含义如下：

- 煤炭 COAL_ORE（点燃的火炉）
- 钢铁 IRON_ORE（未点燃的火炉）
- 宝石 DIAMOND_ORE（玻璃）
- 岩浆 LAVA（木块上的闪烁 LED）

括号中的标记用于说明相应 LED 和纸盒方块的对应关系。布局如图 9-5 所示，木头方块上的 LED 用来闪烁。

图 9-5　使用了三色 LED 的 Minecraft 方块

这些信息在标准版的 Minecraft 中是必须的，而 Raspberry Pi 所搭载的特别版是没有岩浆 LAVA 和宝石 DIAMOND_ORE 的。所以取而代之，用于警示岩浆的 LED 将会在玩家挖掘得过深的时候闪烁提醒。在标准版中，玩家挖得过深首先遇到的应该是基岩，而在 Raspberry Pi 版本中，史蒂芬会因为挖得过深而丢掉生命。为了模拟标准版本的情况，在后面将会使用代码人为放置一些宝石。

所有的 LED 都连接在面包板上，经过限流电阻后，最终连接在 Raspberry Pi 的 GPIO 上。连接面包板和 Raspberry Pi 时需要使用到“公头－母头”的杜邦跳线，如果引出 LED 时导线长度不够，也可以使用这种类型的跳线串联成为延长线。

图 9-6 是这些 LED 和 Raspberry Pi 连接的电路原理图。

这张原理图仅仅展示了几个 LED 和 Raspberry Pi B+ 的连接方式，游戏摇杆和按钮的连接方式和之前保持一致。但在这个案例中将不会同时用到摇杆控制和 LED 指示，这个功能留给读者自行尝试。关于街机控制器的连接方式请参考第三章，见图 3-24。

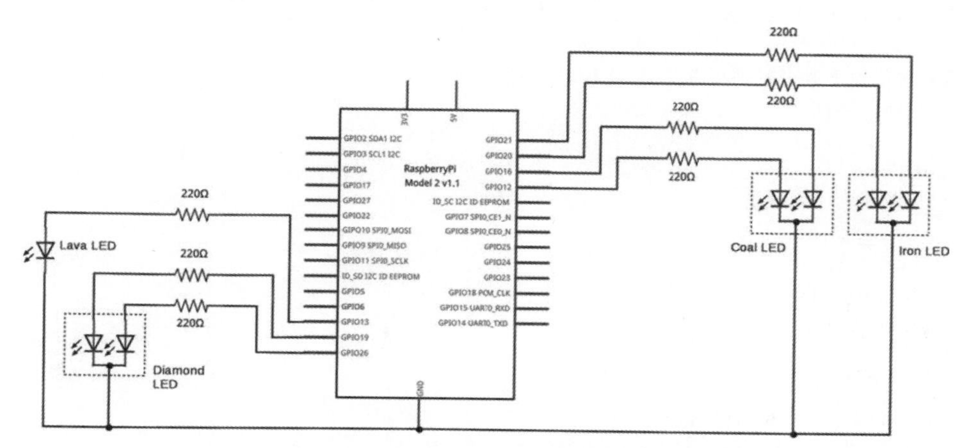

图 9-6　三色 LED 和 Raspberry Pi 连接原理图

以下是用来勘探资源和控制相应 LED 的代码。

```
# 扫描地下资源情况并使用 LED 提示
from mcpi.minecraft import Minecraft
import mcpi.block as block
from gpiozero import Button, LED
import time

# 连接到 Minecraft
mc = Minecraft.create()

DELAY = 0.2

# 需要探测的资源块
DEPTH = 50

COAL_RED = 12
```

```
COAL_GREEN = 16
IRON_RED = 20
IRON_GREEN = 21
DIAMOND_RED = 26
DIAMOND_GREEN = 19
LAVA_RED = 13

coal_red = LED(COAL_RED)
coal_green = LED(COAL_GREEN)
iron_red = LED(IRON_RED)
iron_green = LED(IRON_GREEN)
diamond_red = LED(DIAMOND_RED)
diamond_green = LED(DIAMOND_GREEN)
lava_red = LED(LAVA_RED)

# 记录当前地下岩浆状态，用来控制 LED 闪烁
lava_flash = 0

while True:
    # 资源块计数变量
    coal_found = 0
    iron_found = 0
    diamond_found = 0
    lava_found = 0

    # 获取位置
    position = mc.player.getTilePos()

    for i in range (0, DEPTH):
        # 获取下一个资源块 ID
        block_id = mc.getBlock(position.x, position.y - i, position.z)
        if (block_id == block.COAL_ORE.id):
            coal_found = coal_found + 1
        elif (block_id == block.IRON_ORE.id):
            iron_found = iron_found + 1
        elif (block_id == block.DIAMOND_ORE.id):
            diamond_found = diamond_found + 1
        elif (block_id == block.LAVA.id):
            lava_found = lava_found + 1

    print ("Checking position "+str(position.x)+" "+str(position.y)+"
"+str(position.z)+" Coal "+str(coal_found)+ " Iron "+str(iron_found)+" Diamond
"+str(diamond_found)+" Lava "+str(lava_found))
    # 根据当前的探测状态更新 LED 状态: 0 = 红色 , 1 =橘黄色 , s+ = 绿色
    if (coal_found < 1):
        coal_red.on()
        coal_green.off()
```

```
    elif (coal_found < 2):
        coal_red.on()
        coal_green.on()
    else: # 2 个或更多
        coal_red.off()
        coal_green.on()

    if (iron_found < 1):
        iron_red.on()
        iron_green.off()
    elif (iron_found < 2):
        iron_red.on()
        iron_green.on()
    else: # 2 个或更多
        iron_red.off()
        iron_green.on()


    if (diamond_found < 1):
        diamond_red.on()
        diamond_green.off()
    elif (diamond_found < 2):
        diamond_red.on()
        diamond_green.on()
    else: # 2 个或更多
        diamond_red.off()
        diamond_green.on()

    # 使用 LED 闪烁频率表示与岩浆的接近程度
    # 每次循环迭代后反转 LED 状态
    if (lava_found > 0 or position.y < -50) :
        lava_flash = 1 - lava_flash
        if (lava_flash == 1) :
            lava_red.on()
        else :
            lava_red.off()
    else:
        lava_red.off()
```

以上代码用来检测当前经纬度（X 和 Z 坐标）下方的方块类型，侦测范围为 Y=0 到 Y=−50。程序会记下每一种符合要求资源的数量，随后根据该数量决定点亮红色、绿色还是橘黄色的 LED。用于指示岩浆的 LED 和其他不同，这是一个标准 LED。它的闪烁频率由变量 lava_flash 决定，使用 1 减去该变量的值可以让灯珠状态在 0 和 1 之间不断变换，于是就有了闪烁的效果。

以下是用于在随机位置放置宝石方块的代码。

```
# 在地下随机位置放置一些宝石
from mcpi.minecraft import Minecraft
import mcpi.block as block
import random

mc = Minecraft.create()

# 如果随机位置重复，最终可能没有 50 个宝石
num_diamonds = 50

# 最小深度和最大深度都需要为整数（相较于 0）
max_depth = 30
min_depth = 5
max_distance = 100

for i in range (0, num_diamonds):
    x_pos = random.randrange(0, max_distance * 2)
    x_pos = x_pos - max_distance
    z_pos = random.randrange(0, max_distance * 2)
    z_pos = z_pos - max_distance
    y_pos = random.randrange(min_depth, max_depth,1)
    y_pos = y_pos * -1

    # 将对应的块设置为宝石
    print ("Setting diamond at "+str(x_pos)+" "+str(y_pos)+" "+str(z_pos))
    mc.setBlock (x_pos, y_pos, z_pos, block.DIAMOND_ORE.id)
```

代码中使用了 random.randrange 来在一个确定的区间中产生随机数。由于该随机数只能是正数，所以在实际的生成过程中将范围设置为 0~200，然后再将结果减去 100，这样就构成了 −100~100 的 *X* 坐标和 *Z* 坐标（实际范围最多到 99，因为范围最大值永远都不会计算成为随机数）。而对于 *Y* 坐标，只需要把正的随机数乘以 −1 即可转换成为一个负数。最后使用 setBlock 方法在这个随机的坐标放置宝石方块。

有了这些指示地下资源的 LED，游戏的过程变得更加简单，但仍然需要玩家自行在“世界”中移动来找到这些资源。为了不丢失这些资源的信息，角色的移动速度不能够太快。如果想要 Python 程序的扫描速度增快，可以修改循环的延迟。但过快的扫描速度会占用 Raspberry Pi 的系统资源，这就可能会导致 Minecraft 卡顿。

寻找萤石

本章的最后一个小节是 Minecraft 中的一个小游戏——寻找萤石，没错，这就是一个嵌入在“游戏”中的“游戏”。

当游戏开始运行后，萤石会被隐藏在“世界”中的某个地方，玩家的工作就是以最快的速度

找到这块萤石。这块萤石会被埋藏在地下，寻找的过程中唯一的参考是一个LED指示灯，当角色接近萤石时，绿色亮起；当角色在距离萤石一定的范围内移动时，黄色亮起；当角色远离萤石时，红色亮起。所有的*X*、*Y*和*Z*三轴坐标只有一个LED指示灯。如果在水平方向上向着正确的方向移动，但由于地形变化，高度随之增加时，这时的状态既不是远离，也不是接近。萤石通常处于这样一个区域中，所以当角色从萤石的上方穿过时，指示灯应该没有变化，萤石的上方都属于距离其一定范围的区域。

最好的理解方式是玩游戏，以下为该游戏的代码。

```
# 寻找萤石
from mcpi.minecraft import Minecraft
import mcpi.block as block
from gpiozero import LED
import time, random

mc = Minecraft.create()

RED_LED = 12
GREEN_LED = 16

red_led = LED(RED_LED)
green_led = LED(GREEN_LED)

# 最小深度和最大深度都需要为整数（相较于0)
max_depth = 30
min_depth = 5
max_distance = 100

# 隐藏萤石
x_pos = random.randrange(0, max_distance * 2)
x_pos = x_pos - max_distance
z_pos = random.randrange(0, max_distance * 2)
z_pos = z_pos - max_distance
y_pos = random.randrange(min_depth, max_depth,1)
y_pos = y_pos * -1
mc.setBlock (x_pos, y_pos, z_pos, block.GLOWSTONE_BLOCK.id)

print ("Glowstone is at "+str(x_pos)+" "+str(y_pos)+" "+str(z_pos))

start_time = time.time()

last_position = mc.player.getTilePos()

while True:
    position_difference = 0
    current_position = mc.player.getTilePos()
```

```
        print_string = "Current "+str(current_position.x)+" "+str(current_
position.y)+" "+str(current_position.z)
        # x 坐标方向距离差
        old_diff = abs(x_pos - last_position.x)
        new_diff = abs(x_pos - current_position.x)
        position_difference = position_difference + new_diff - old_diff
        print_string = print_string + " X diff:"+str(new_diff-old_diff)
        # y 坐标方向距离差
        old_diff = abs(y_pos - last_position.y)
        new_diff = abs(y_pos - current_position.y)
        position_difference = position_difference + new_diff - old_diff
        print_string = print_string + " Y diff:"+str(new_diff-old_diff)
        # z 坐标方向距离差
        old_diff = abs(z_pos - last_position.z)
        new_diff = abs(z_pos - current_position.z)
        position_difference = position_difference + new_diff - old_diff
        print_string = print_string + " Z diff:"+str(new_diff-old_diff)

        if (last_position.x != current_position.x or \
            last_position.y !=  current_position.y or \
            last_position.z != current_position.z):
            print (print_string+" Total:"+str(position_difference))

            if (position_difference > 0) :
                red_led.on()
                green_led.off()
            elif (position_difference < 0) :
                red_led.off()
                green_led.on()
            else :
                red_led.on()
                green_led.on()

            last_position = current_position

        # 检查萤石是否被破坏
        block_id = mc.getBlock(x_pos, y_pos, z_pos)
        if (block_id != block.GLOWSTONE_BLOCK.id):
            break

        time.sleep (0.1)

    end_time = time.time()
    timetaken = int(end_time - start_time)
    mc.postToChat("Well done - it took you "+str(timetaken)+" seconds")
```

将此代码保存为 minecraft-game.py，在 Minecraft 中开始一个新的游戏，然后在 IDLE 中运行或者在命令行中使用如下指令运行：

```
python3 minecraft-game.py
```

游戏启动后，计时也随即开始。操作史蒂芬在“世界”中移动，观察 LED 指示灯状态，尝试着寻找萤石。当 LED 为绿色时，说明正在接近；红色时说明正在远离；橘黄色则说明既没有在接近也没有在远离，但这个灯只会在角色向两个轴向移动时提示。

本章小结

本章通过一个当下十分流行的游戏 Minecraft 向读者展示了如何让软硬件更加紧密地结合。章节的开始首先介绍了如何使用街机模拟器的摇杆和按钮与 Minecraft 交互，包括一键造房子等功能。接下来介绍了如何使用 LED 来指示游戏中的不同状态。最后通过一个“寻找萤石”的游戏介绍了如何使用 LED 来指示与“世界”中某个确定位置的距离。

这一章所涉及的硬件部分非常简单，主要将精力集中在使用 Python 与 Minecraft 的交互方式上，所以硬件部分并不是重点。但有了前几章的积累，读者可以自己发挥创造力，将更多的传感器整合到与 Minecraft 的交互中，如可以将 Minecraft 游戏中的状态读取出来控制机器人。

前面提到，街机模拟器上最大的红色按钮用于将角色传送回最近建造的房屋，但没有提到该功能具体该如何实现，作为给各位读者的一个“课后作业”。为了实现此功能，需要在创建房屋时记住房屋的坐标，当按下传送按钮时，可以调用 setTitlePos() 方法将角色传送到房子的坐标位置。

在下一章中，我们将会学习如何将面包板上的电路焊接在洞洞板上，使之更加稳固，同时还将学习如何焊接及测试电子电路。

第十章

焊接电路板

前面章节中的大多数电路都是基于面包板制作的。使用面包板制作电路方便、快速，能够迅速地将想法转换成实物，在电路调试中，电子元器件更换方便，电路调试完毕后，所有元器件都可以回收再利用。但即便如此，使用面包板构建的电路有一个致命的弱点——可靠性太差。在使用的过程中，面包板上的连线和元器件随时都有脱落的可能。本章将会介绍一种更加稳固可靠的电路构建方式，它足以保证被构建的电路可以多次重复使用而没有元器件和导线脱落的风险，这就是焊接电路板。使用焊接电路板的另一个好处是能够兼容很多不支持面包板的元器件，如有一些传感器在连接面包板之前，需要先焊接排针或导线将引脚引出，第六章中的 NeoPixels 就是这样的一个例子。

本章内容会涉及电路焊接的相关知识，对于没有任何焊接经验的读者而言，这听起来可能会非常困难，但其实不然。本章将会介绍一些焊接方面的技术技巧，一旦有所了解，就会发现焊接并非想象的那么困难。

除了焊接之外，本章还将介绍如何为电路添加外壳，让它们看起来更加产品化。如果电路遇到问题，如何使用正确的设备检测分析问题。

焊接基础

焊接是一种将两个金属物体通过溶解的焊剂连接在一起的技术。在电子领域，PCB 上的电子元器件或导线都是通过焊接的方式组装连接的。

一般来说，在微电子焊接领域中用来连接两个焊点的材料为“焊锡”，它的熔点比需要焊接的电子元器件的熔点低得多，所以在被电烙铁加热融化后，就可以附着在焊接点周围。当焊锡冷却后凝固，一个焊点就完成了。练习焊接的最好方式是用一些简单的电子套件，它们不必与 Raspberry Pi 相关，但如 Ryanteck 电机控制板这类的 Raspberry Pi 扩展板套件也是非常好的选择。这类电子元器件一般由分离的 PCB 和电子元器件组合而成，在使用之前需要用户自行将它们焊接到一起。

除了合适的电子套件，焊接过程中合适的工具必不可少。最基本的工具是电烙铁，但为了更方便地进行焊接，通常还需要烙铁架、斜口钳。除了基本工具外，还有一些专门为焊接设计的工具，如剥线钳、热风枪等，它们为焊接作业提供了更加灵活和多样的方式。

准备基础工具

电烙铁一般有两种不同的种类，一种是直接将手柄通过导线插头接入家用电插座的“简易电烙铁”；而更为专业的一种是带有独立烙铁头和温控底座的电烙铁，也称之为“温控焊台”。由于后者的价格并不是很高而更加专业，推荐给读者，可以在购买时优先考虑后者。我自己所使用的是带有数字温度控制功能的焊台，如图 10–1 所示。带有温度数显功能的焊台略有奢侈，对于初学者而言则完全可以选择无数显的温控焊台，它们往往性能相同但价格更低。

图 10－1　带有数显温控功能的焊台

电烙铁的一个重要参数是功率。但功率的大小不能够代表烙铁头所能达到温度的高低。一般来说，功率越大的焊台（如 50W 或者更高）可以在越短的时间内达到设定的温度，在焊接过程中温度保持也更加稳定。在焊接多芯导线时，由于焊锡会从烙铁头迅速吸收热量，功率大的烙铁会更容易使用。但印制电路板上的焊点往往都很小，功率的大小不是非常重要。

大多数电烙铁的焊头是可以更换的，根据不同的焊接需要，有不同形状的焊头可供更换。一般情况下，我所使用的是“一字形”焊头，在焊接时它与焊点的接触面积更大。稍后如图 10–4 所示的就是我日常所使用的烙铁头。除此之外还可以选择尖头的，它在焊接体积小的元器件时更为有用。

烙铁架的用途是在电烙铁闲置的时候为其提供支撑。一般的烙铁架都带有一块海绵，在使用烙铁时需要浸湿海绵，它可以用来清洁残留在烙铁头上的多余焊锡。除了海绵以外，除锡网也有同样的效果，它由一个合金铜丝球和外壳组成，优点是不用像海绵那样经常需要用水浸湿。

斜口钳通常用来剪切导线，也可用来剪去元器件多余的引脚。除此之外，在没有剥线钳的情况下，斜口钳也可用来剥除导线外的绝缘皮。如果想要使用斜口钳代替剥线钳，较为锋利的刀口会更便于使用。

■ **贴士：** 千万不要尝试使用牙齿来剥离导线的绝缘皮，剥线钳的价格比修补一颗牙齿的价格低得多。

图 10-2 所示的是一种十分常用的斜口钳，钳头十分纤薄，可以近距离剪切掉焊接后剩余的元器件引脚。

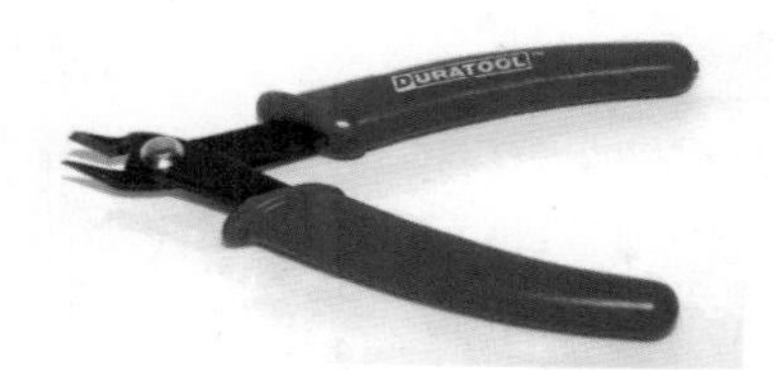

图 10-2 斜口钳

选择焊锡

电子爱好者们所能够买到的品质较高的焊锡通常是由银、铜和锡制成的合金材料，它通常也包含无腐蚀性的助焊剂。助焊剂是一种由松香制成的材料，在焊接时会随着焊锡一同熔化而浮在金属表面，起到了防止氧化的作用，也可以让焊点看起来更加整洁。

在过去，焊锡中通常含有铅。但由于铅会对人体健康造成危害，现在已经越来越少使用有铅焊锡了，甚至在有一些国家禁止消费级产品使用有铅焊锡。虽然仍然有一些人喜欢使用有铅焊锡，但对于初级的焊接来说，无铅焊锡也是足够好用的。

尽管在无铅焊锡中不含有金属铅，但仍然有一些其他的重金属有毒物质可能引起健康问题。为了保证在焊接时蒸发的有毒物质不会吸入体内，通常焊接工作台需要配备抽风机，在一些环境下甚至是必须配备的。专业的焊台烟雾净化器对于爱好者来说非常昂贵，我所使用的是一个简易的“排烟扇”（也称为排烟仪），如图 10-3 所示。这种类型的排烟扇不会真正地净化带有有毒物质的焊接烟雾，它只能够改变这些烟雾的飘散方向，或者将烟雾抽离房间。所以在使用时，请尽量保证通风顺畅，使有毒烟雾可以尽快飘散而不至于伤及他人。

图 10-3 排烟扇

焊接时需要注意的安全事项

虽然手持温度极高的电烙铁进行焊接听起来是一件非常危险的事，但通常只要遵守一定的注意事项，焊接作业是相对安全的。以下就是在焊接的过程中需要注意的地方。

- 过热的电烙铁——电烙铁在使用的过程中和未通电的状态没有什么区别，很难相信通电后的烙铁头足以将金属熔化，所以误触烙铁头会造成轻微的烫伤，但小面积的误触不会留下太大的伤疤。而如果整个手掌抓住了烙铁头，则会造成非常严重的大面积烫伤。同样需要记住的是，在电烙铁的电源拔掉后，烙铁头的温度依然很高，请勿触摸。如果不小心误触，造成轻微烫伤，请立即使用冷水冲洗被烫伤部位至少 10 分钟。如果有更加严重的情况，请立即就医。
- 电烙铁支架——在电烙铁闲置的时候，请务必将烙铁头稳定地放置在支架上，这样烙铁头不会因为导线的移动而给你造成不必的烫伤。
- 焊接烟雾——吸入焊接产生的烟雾可能会导致健康问题，在焊接时需要保持房间的通风良好或是使用焊接烟雾净化器。
- 保护眼睛——当剪除元器件多余的引脚时，请注意被剪切部分可能会弹入眼睛中。为了避免这种情况的发生，可以在剪切时用手固定住多余的引脚，也可以佩戴护目镜。
- 不要焊接通电中的电路——在任何焊接之前，请首先切断目标电路的电源，这样做对于保护电源（或者电池）和元器件非常重要。
- 成年人监护——焊接对于年龄较小的读者来说并不算困难，但需要有成年人的监护才能更加安全。

焊接 PCB

入门焊接最好的方式是焊接印制电路板（PCB）。通常印制电路板上已经清晰地标注了不同元器件的物理位置，只需要将引脚插入相应过孔然后在反面焊接即可。焊接的时候需要尽量保证元器件和电路板的贴合，最大的挑战在于焊接时能够稳定地保持元器件的位置，尤其是对于引脚较长的元器件。一个实用的技巧是在焊接时首先选择较小的元器件，将 PCB 置于合适的垫板上，我自己在焊接时有时会用到乐高积木砖来支撑电路板。

当元器件被插接在了合适的位置后，按以下步骤进行焊接。

1. 将烙铁头接触到焊点和元器件引脚。
2. 将焊锡丝点在焊点，并保证锡量足够包裹整个焊点。
3. 移除焊锡丝，但将烙铁头保持在焊点一段时间，这样能够让焊点上的锡更加均匀。
4. 移除烙铁头让焊点冷却。
5. 检查焊点是否牢固（是否有虚焊），如果不合格则重新焊接。
6. 检查焊锡是否溢出焊点，这可能会造成不同引脚之间的短路。
7. 将多余的引脚部分切除。

图 10-4 所示的是如何将烙铁头同时接触到焊点和元器件引脚。

学习焊接的最好方式就是实践。如果第一次焊接时焊点看起来不是很干净，完全不必灰心，经过一段时间的练习就会有很大提高。

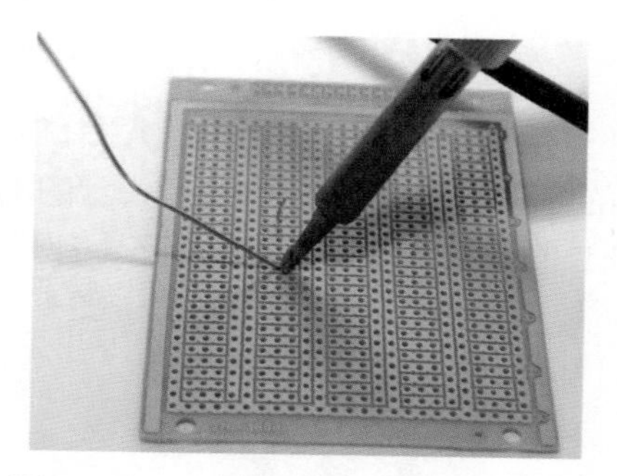

图 10－4　完成焊点焊接前的烙铁动作

■ **贴士：**在将焊接后的电路板通电之前，请反复检查是否有焊点被短路或残留多余的焊锡。

以下是在焊接时需要额外注意的一些问题：

- 经常清洁烙铁头上残余的焊锡，使用沾湿的海绵或除锡网均可。
- 使用少量的焊锡让烙铁头沾锡。
- 避免在焊点上熔化过多的锡。

直接将引脚焊接到导线

直接将元器件引脚和导线焊接在一起相对来说操作难度更大，主要的问题是很难将导线始终保持在需要焊接的位置，这时就需要使用到焊接辅助支架。传统的焊接辅助支架是由带有鳄鱼夹头的可弯折固定臂组成，有的还带有放大镜。我所使用的支架上面有 4 个固定臂，其中两个带有裸露的鳄鱼夹头，另外的两个则是使用热缩管包裹过的夹头。图 10-5 所示就是我所使用的焊接辅助支架的构造，上面夹持着需要被焊接的 LED 和导线。

图 10－5　焊接辅助支架

有了这个支架，在焊接时只要将烙铁头同时接触到被焊接的导线和引脚即可，然后在焊接处将焊锡熔化。如果需要将焊点绝缘，可以在焊接之前套上一截热缩管，焊接完成后将其移动到相应的位置即可。

热缩管，顾名思义，是一种中空的导管，在受热后可以收缩。可以使用打火机或者热风枪加热。

洞洞板

关于自己定制印制电路板的内容将会在下一章节进行介绍，但在制作自己的印制电路板之前，使用洞洞板是一种简单而便宜的方案。洞洞板是一种通用设计的电路板，通常其板上布满标准的IC 间距（2.54mm）的圆型独立的焊盘，看起来整个板子上都是小孔。在实际的使用中，洞洞板有不同的尺寸和布局可供选择，有的布局和面包板类似。图 10-6 所示的是一些不同类型的洞洞板。

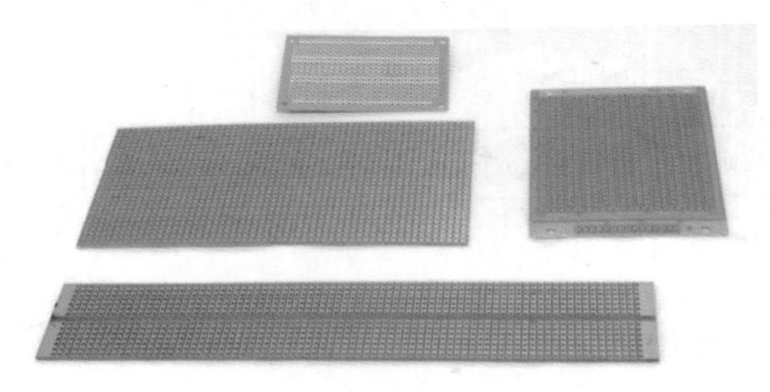

图 10－6　洞洞板

在使用洞洞板时，元器件需要插入其上的小孔中，和面包板类似，但不同的是元器件需要被焊接后才能够固定。有一些洞洞板的铜线连接方式和面包板类似，中间是分隔开的，两侧的行线连接在一起。如果不是这样的布局，可以使用 PCB 刻刀按需要自行分割导线。这种刻刀看起来像是手钻，专门用来分割 PCB 上的覆铜。

除了有将引脚预先连接好的洞洞板，也有独立焊盘的。这种洞洞板上的每一个过孔独立存在，不互相连接。在实际使用中可以根据需要自行用导线或者焊锡连接不同的引脚，灵活性更好。但在实际的实践中，我更倾向于使用带有预先连线的，因为后者在将不同引脚导通时焊点的整洁度很难保证。

适用于 Raspberry Pi 的洞洞板

之前所介绍的洞洞板有一个最大的缺点，它们无法直接插到 Raspberry Pi 的上方。由于用于连接 Raspberry Pi 的 GPIO 插座必须插在反面，所以很难保证洞洞板的位置和 Raspberry Pi 主板完全契合。这类的洞洞板适用于构建不与 Raspberry Pi 组装在一起的外围电路，然后通过杜邦线与 GPIO 进行连接，这样保证了其余没有被使用的 GPIO 的可用性。

如果想要将外部电路和 Raspberry Pi 装配在一起，可以选择一种特殊类型的可适配于 Raspberry Pi 的洞洞板。这里以之前所提到的两个电路为例，分别使用带有“预先连线”的洞洞板和“过孔独立”的洞洞板。首先，图 10-7 所示的是第六章中所介绍的用于控制彩色 LED 条的 MOS 管电路，它所使用的是一块“过孔独立”的洞洞板，可以看出，由于需要自己决定连线方式，洞洞板反面的布线十分凌乱。

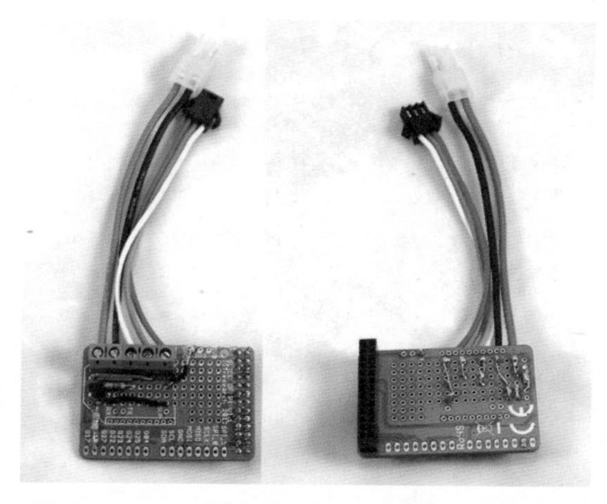

图 10-7　用于控制 NeoPixel 的 MOS 管电路

在平时的使用中，我更倾向于带有“预先连线”的洞洞板。图 10-8 所示的是第五章中所介绍的红外发射和接收电路，使用的是刚好能够适配于 Raspberry Pi B+ 以上版本的洞洞板，它的连线布局和面包板类似，并且板载了一个 EEPROM，可以用来存储用于初始化 GPIO 接口状态的信息。从图中可以看出，元器件被安置在洞洞板的一侧，这是刻意而为之，剩余的空间还可以在未来有效利用。但如果该洞洞板只用于红外发射和接收电路，则可以将元器件的间距适当增大，合理利用有效空间。

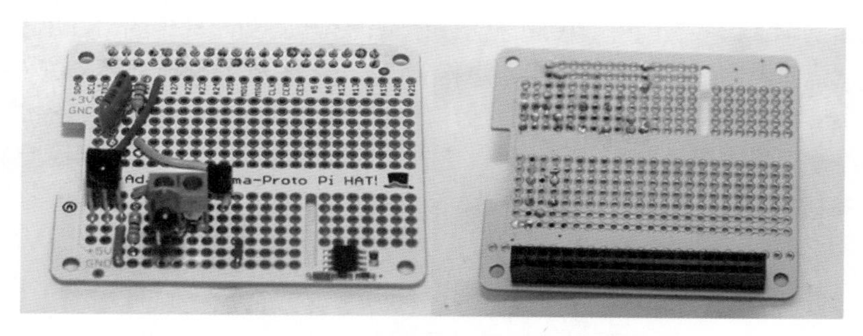

图 10-8　用于红外发射和接收的电路

外壳

一旦有了用洞洞板构建的电路，就可以想办法将它和 Raspberry Pi 装进外壳，让它们的整体性更强，也更加专业。如果有 3D 打印机，大家也可以尝试自行打印外壳。除了打印外，更加灵活的方案是使用已有的材料 DIY 外壳。正常情况下，大多数外壳是盒子形状的，但也有特殊的，如第四章中的“迪斯科”舞灯案例就使用了一个金属的架子。

制作外壳最简单的材料是塑料，它容易被切割分离，也容易被重新塑形，用来满足不同的情况。图 10-9 所示的是一个为第五章中“问答游戏”案例所制作的外壳。

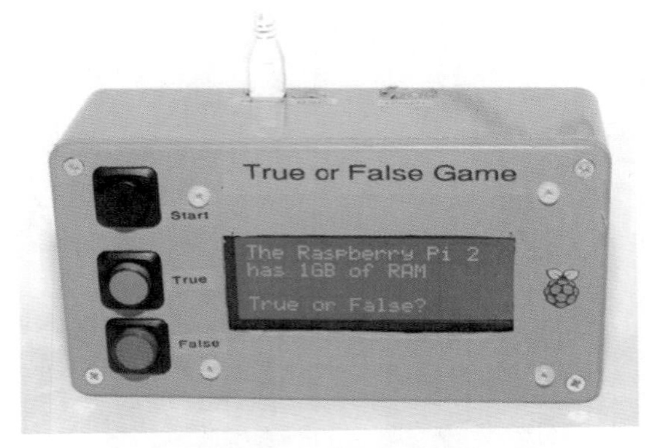

图 10－9 问答游戏机

这个外壳基于一个立方体的盒子制作，其内部是一个 Pi Zero 和与之 GPIO 相连接的电平转换器。Pi Zero 采用双面胶固定在壳体内壁，侧壁上的开孔为 USB 电源和 HDMI 接口预留空间。原先案例所使用的按键被替换成为了适用于面板安装的按钮，按键的开孔可以通过钻头自行钻出。显示屏位置可以使用电磨开孔，切除屏幕大小的区域让屏幕外露。最后可以定制一些文字标签贴在外壳上，整个案例就非常完美地完成了。

测试工具

在前面的案例中，大多数时候假设电路工作正常，这当然只是理想的最好情况，当电路不能正常工作时，需要使用合适的工具来对电路进行测试。这样的电路测试过程与软件开发中的调试工作类似，本小节将介绍两个主要的工具。最广为人知和最常被使用到的工具是“万用表”，这个仪表在电子维修工具中是最为基础的。除此之外，有时问题分析还需要使用到示波器，这里介绍一款基于 Raspberry Pi 的数字示波器。

万用表

作为一款测试工具，万用表可以测量多种不同的电路物理量。一般来说，测量功能越为强大、读数精度越高的万用表售价也相应越高。作为一般用途，中等价位的万用表即可满足需求。图10-10 所示的是我个人正在使用的一款万用表。廉价的万用表在大多数情况下也是足够使用的，但还是推荐购买带有通断测试提示音的万用表（在一些低价的万用表上并无此功能）。这个功能虽然不是必需的，但在大多数时候能够让检修工作变得更加容易，可以想象，当使用表笔点按在合适的触点时，再看屏幕判断通断是一件十分烦琐的事情。

在万用表最下方有三个连接表笔的端口，其中的两个上面连接有表笔，这样的连接方式是最常被使用到的。黑色的表笔连接在公共端（Common），红色的表笔连接在毫安电压电阻端（VΩmA）。在测试电路时，需要将两个表笔点在电路需要被测试的两端，如果测试电流很大，则需要将红色表笔插入左边的端口。

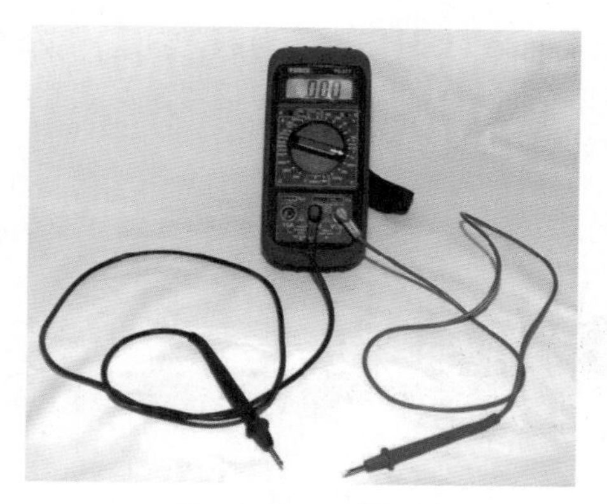

图 10-10　万用表

万用表的主旋钮用来选择测试功能，最常用的功能如下。

- 电压——将黑色表笔连接在电路中的公共端（地），红色的表笔点按在电路中的任意一点即可测试这一点的电压值，但前提是该电路已经通电。
- 电流——测试电流时需要将原有电路断开，然后将万用表串联在断点之间，接下来万用表就会显示该断点的电流水平。对于微电流使用的是带有 mA 标识的端口，而大电流则需要使用左侧带有 A 标识的端口。如果使用了较小的端口来测试较大的电流，可能会导致万用表中的保险丝熔断。
- 电阻——该挡位可以用来测试某种元器件或者导线的电阻值。在测试时，首先需要断开电源，将测试笔点按在需要被测量的元器件两端，如果该元器件连接在电路之中，其他元器件可能会影响实际的测试结果。使用该功能时请注意千万不要连接电源。
- 连通性——在大多数万用表上，电阻的低限（一般为 200Ω）通常可以使用旋钮调节，当在电阻挡测试时，如果实际电阻低于低限则认为这两点在电路中是短路（连通）的，高于低限则认为是断开的。如果万用表具备蜂鸣器，则会发出“哔”的提示音，无需再看屏幕。
- 其他测量——一些较为高级的万用表还有其他的测量功能。图 10-10 所示的万用表还可以测试三极管、测量电容以及频率。

有一些挡位所测量的物理量相同，但量程范围不同。尤其是在测量电流和电压时，千万不要超出量程。如果不确定被测物理量的大小，则首先使用最大挡位进行测量，然后逐次减小到合适的量程。

在图 10-10 所示的这款万用表上，还有一个专门用于切换直流 / 交流测量模式的开关，在其他的万用表上，该功能可能会通过主旋钮实现。

示波器

万用表只能用来测试电路信号某个确定时间点的值，但不能够看出信号随时间的变化情况。示波器可以用来测试电路中某一点的电压随时间的变化情况。过去示波器的价格非常昂贵，对于电子爱好者来说是很难负担得起的。但现在越来越多的是基于计算机的电子示波器，价格自然也低了很多。这里以 BitScope Micro USB 示波器为例，它是一款非常低成本的数字示波器，可以直接连接到 Raspberry Pi。它能够提供 2 路模拟信号输入或者 8 路数字信号输入，可以通过 USB 连接。图 10–11 所示的就是 BitScope。

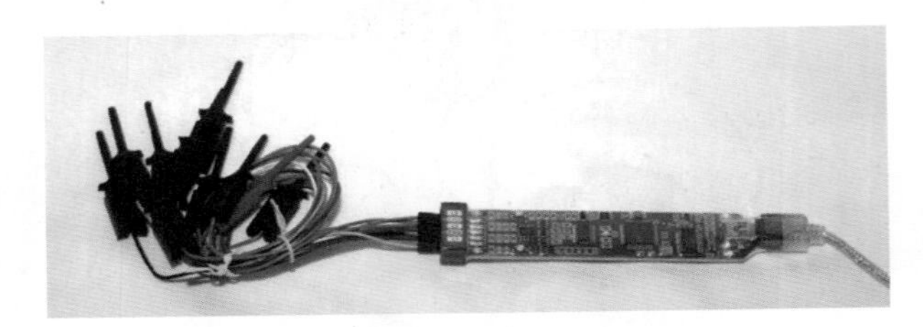

图 10－11　带有测试线的 BitScope

图 10–12 所示的是在 Raspberry Pi 上运行的软件窗口，它正在测试一个方波。

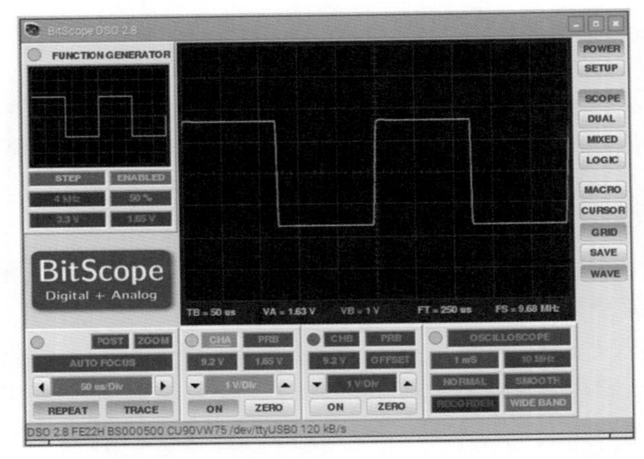

图 10－12　在 Raspberry Pi 上运行的 BitScope DSO 图形界面

本章小结

本章主要介绍了如何进行焊接作业，将原本使用面包板实现的电路转移到洞洞板上。当刚刚开始学习时，使用带有“预先连线”类型的洞洞板会让工作简单不少，最直观的例子就是前文所提到的“红外接收器电路”和“LED 条 MOS 控制电路”的对比，由于前者所使用的洞洞板带有和面包板布局类似的“预先连线”，最后的效果整洁许多。使用兼容 Raspberry Pi 布局的洞洞板还可以在完成后直接插入 GPIO 接口。

除了焊接外，本章还介绍了如何为电子作品制作外壳，让它们看起来更加专业。最后介绍了最为常用的两种电路调试测试工具——万用表和示波器。

在下一章中，读者将会学习到如何自己设计、制作电路，包括如何使用 Frizting 绘制印制电路板。

第十一章

开始创新：设计自己的电路

本章将会向读者介绍如何设计自己的电路。虽然设计电路相较于之前按照已有的设计连接电路是一个巨大的飞跃，但有了本书前面章节的知识铺垫，设计电路所需要做的只是将不同的基础电路进行组合。不论再复杂的电路，归根结底都是由一些基础的电路模块构成。如 CPU 这样的超大规模集成电路也不例外，虽然它含有上百万个晶体管电路，但它最基础的电路模块却是和第四章中所提到的 MOS 管开关电路一样。

在设计电路时，不必考虑所有的功能都自己实现，有一些特殊的功能完全可以直接通过相应的芯片实现。在开始设计工作之前，可以在供应商的官方网站搜索一下，首先看看有哪些合适的芯片可供使用。

本章的主要目的是让读者学会如何查找关于电路和电子元器件的信息、如何使用软件工具设计电路、如何绘制 POB。最后将会以一个 Raspberry Pi 电源为例，将这些知识整合到一起。

设计流程简述

电路设计通常由很多步骤组成。首先需要有一个关于电路的构想，然后可以开始查找合适的电路元器件，决定使用哪些不使用哪些后，开始设计电路，将元器件的连接关系确定。在正式定型电路之前，需要制作一个原型测试电路。最终的定型电路可以使用洞洞板焊接，也可以是 POB，这主要取决于电路的复杂程度和预算是否充足。

以上所提到的每一步都可重复，直到获得满意的设计为止。由于每次遇到问题都需要重复设计环节中的确定步骤，所以时间和金钱的投入也会随之增加。在实践中，越早发现问题，越能够尽量地降低解决问题的成本。如果在设计中发现问题，最好的办法是解决后继续，不要带着问题推进设计工作。

在完成设计后，制作原型电路的过程是非常有用的，它能够帮助验证电路是否能够按照预期的状态工作。在这个环节，重要的不是测试每一个独立的元器件是否工作正常，而是它们所组成的整体电路的工作状态是否正常。例如，在第四章的“迪斯科”舞灯案例中，只测试了 1 组 MOS 开关的工作状态，而其他 3 组由于是相同的电路设计，所以没有必要再进行测试。测试的过程越细致，就越容易发现问题。

在专业的电路设计流程中，除了以上步骤之外还会有电路仿真环节。仿真主要是利用计算机来模拟各个电子元器件，看它们之间是否能够协调工作。这是一项非常专业的工作，在电子爱好者制作电路时不是必须的。

一千个读者有一千种关于电路设计的方案与构想，所以本书的目的在于启发读者并向读者介绍一些合适的工具与方法来设计电路。

查看数据手册

在设计电路时，需要对某些电子元器件的工作特性有所掌握。虽然一些电子元器件的外观看起来并没有什么不同，但也许它们有着完全不同的工作方式。为了能够更加了解这些信息，电子元器件的生产厂家都会提供其元器件所对应的“数据手册”。在设计电路的过程中，读懂数据手册是一项重要的技能，它所提供的信息直接决定电路的设计方式。

不同电子元器件的数据手册可能会截然不同，但是总的来说它们都由几个相似的部分组成。为了让读者对数据手册有更加深入的认识，以下会通过不同的案例来全方位说明。我建议读者能够自行下载一些真实的数据手册，这样能够更为直观地了解它的组成方式。下载数据手册最好的地方是电子元器件的供应商网站，如易络盟等都会在网页上提供相应的下载链接，有一些还会提供专门的使用教程和案例，但也有一些供应商的网站不提供这些信息。如果在一家供应商网站无法找到所需要的元器件数据手册，可以直接在搜索引擎中搜索元器件的型号。

一般来说，数据手册包含描述性的标题、元器件型号和制造商信息。在元器件相关的段落，会使用图文的方式对元器件进行描述，这类信息非常有用。在一些情况下，多种同系列元器件可能会共用一个数据手册（如 TSOP2438 红外接收器和其他 23 种类似接收器）。

在数据手册中，通常有一个图用于说明元器件的引脚布局。这个示意图根据元器件的外观不同也会有所不同，如晶体管和芯片。对于晶体管一类的电子元器件可能会采用 3D 的图示进行说明，而对于芯片来说，通常是平面图片，如图 11-1 所示。

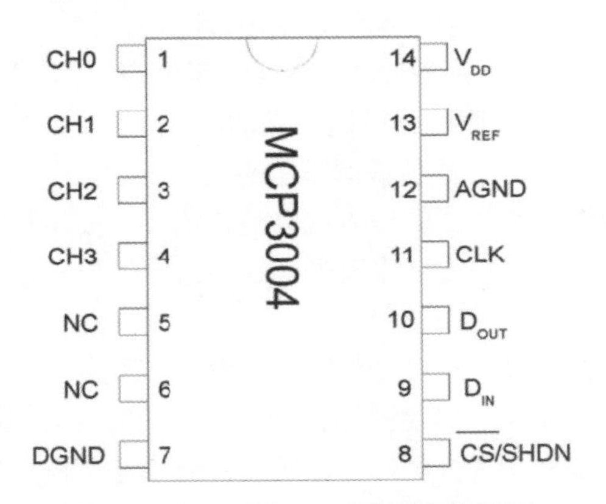

图 11-1　MCP3004 的引脚布局图

这是第五章中所使用到的 MCP3004 模数转换器的引脚布局图。这个例子中的引脚标识非常具有代表性。

标在引脚后方的数字是引脚号，如 1 号引脚是图中左上方的引脚，在芯片的壳体上，通常也会用圆点的形式标出 1 号引脚的位置；CH0 到 CH3 用来说明 4 个模拟输入通道；NC 表示内部没有连接，这种引脚通常在电路设计中不连接任何连线，使之悬空；GND 用来表示芯片的负极（公共端），在连接时需要接地。在这个例子中数字接地和模拟接地分别是两个独立的引脚。除了使用 GND 表示接地，有的制造商也会使用 Vss 来表示。

标记有 CS/SHDN 的引脚为芯片的片选信号，另一种标识方式是使用 EN，代表使能信号。可以看出在 CS 标识上方有一个横线，这说明该信号低电平有效，而在高电平时，芯片的功能被关闭。

D_{in} 和 D_{out} 引脚表示数据输入和数据输出，它们用于与 Raspberry Pi 的 I^2C 通信；CLK 是时钟引脚，用来同步通信信号；V_{REF} 用来设置 ADC 的参考电压，输入电压信号将会与这个电压进行比较；V_{DD} 是芯片电源输入的正极，有一些数据手册也会采用 V_{CC} 标识。

同样的电子元器件的引脚标识由于封装形式的不同可能会有所不同，如表面贴装型（SMD）和直插型。如果想要在洞洞板上焊接电路，请尽量避免使用表面贴装型元器件，它们会很难焊接固定。

接下来的部分一般是电气参数范围表，在实际使用元器件的过程中，需要严格遵守表内的上限值，在规定范围外使用会造成元器件的非正常工作或烧毁。

图 11-2 所示的是 IRL520 MOS 管的电气参数。

绝对参数最大值（T_C = 25°C 除非另有证明）					
参数			符号	限制	单位
漏极电压			V_{DS}	100	V
栅极电压			V_{GS}	± 10	
持续漏极电流	V_{GS} at 5V	T_C = 25°C	I_P	9.2	A
		T_C = 100°C		6.5	
漏极脉冲电流			I_{DM}	36	

图 11-2　IRL520 MOS 管绝对电气参数最大值

这个表显示了该 MOS 管不同极之间所能承受的最大电压、持续最大电流以及峰值最大电流，任何超过规定范围的行为都会烧毁 MOS 管。还需要注意的是，有一些最大值是有特定的条件限制的，比如这个表中的漏极电流随着温度的升高最大值会有所降低。

除了这个表格外，还会有一些其他的表格提供更多关于元器件工作状态的信息。对于逻辑电路而言，电气参数表会给出高低电平的电压范围；对于晶体管而言，会给出放大倍数；对于 LED 而言，可能会给出亮度等信息。对于一些特定的元器件，也可能会有特别的专门信息，如时序表或有效电容值。

有一些表中的参数与输入信号或者温度的相关程度很高，这种类型的参数一般会使用图表或者以时序图的形式给出。

数据手册中另一个重要的部分是芯片内部的电路原理图。在决定外围所搭配的电子元器件时通常需要参考此图，如一个电路如果是“开集”设计，如图 11–3 所示，在连接在逻辑电路时，它的漏极通常需要连接一个上拉电阻来保证下一级的输入在晶体管关闭的时候不会浮空。

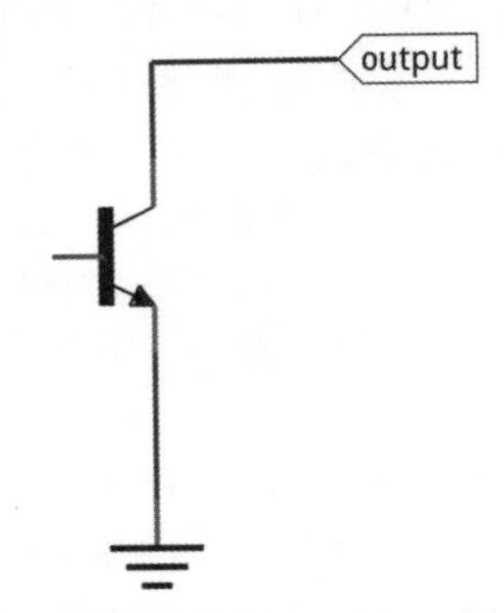

图 11 – 3　芯片内部的“开集”晶体管电路

图 11–4 所示的是 SN754410 H– 桥芯片，它展示了输入电路及二极管保护电路的设计。

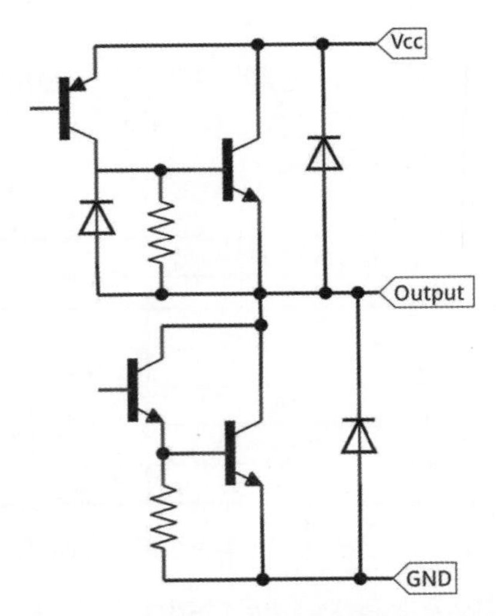

图 11 – 4　SN754410 H –桥芯片数据手册中的电路原理图

有的元器件的数据手册还会给出典型的应用电路和 PCB 焊盘的设计规格。

不同的元器件有不同的数据手册，它们中有的信息丰富，有的简单，但都为电路设计提供了必不可少的参考。

使用 Fritzing 设计电路

读到这里，读者可能会开始思考本书中的电路原理图和面包板布局图是如何绘制的。本书中的绝大多数电路原理图及布局图是采用开源软件 Frtizing 绘制的，它提供了 Linux、MAC 和 Windows 的多平台版本，能够用来绘制电路原理图、面包板布局图和 PCB 图。在其官方网站可以下载到不同平台的版本，在下载时网站会询问需不需要捐款以表示支持，但不捐款也是完全可以下载的。在 Raspberry Pi 2 或 Raspberry Pi 3 上，可以直接下载源代码后自行编译运行，但如果选择已经编译完成的版本会更加简单。

设计电路图 / 原理图

尽管在 Fritzing 中的第一选项是绘制面包板布局图，但还是推荐从绘制电路图开始，在 Fritzing 中也称之为原理图（Schematic）。在原理图中可以从逻辑上将不同的电子元器件连接在一起，这个原理图在后续绘制面包板布局图和 PCB 图时都是必不可少的参考。绘制原理图的界面如图 11-5 所示。

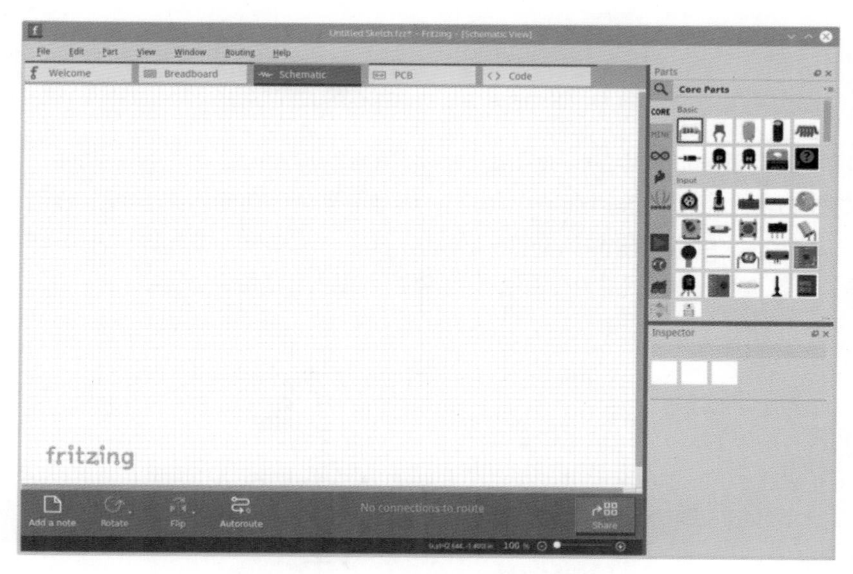

图 11－5　Fritzing 原理图编辑界面

从图中可以看出，最大的白色网格背景区域就是编辑区。右上角的元件框中有可供使用的电子元器件，而右下方的指示栏则可以用来修改选定元器件的参数。

在元件选择区域，大部分的标准元器件都包含在 CORE 标签下，它包含了电阻、常用 PCB 模块、标签、连线和 Raspberry Pi。元器件可以从选择框拖动到主编辑区域中，如果当前元器件有参数可以设置，可以在指示栏中做相应的修改。这些参数包括电阻的阻值，不同的封装类型如 THT（直插型）或 SMD（表面贴装型）。当备选元器件有两种不同的封装类型时，尽量首先选择 THT 类型，它们的引脚可以插入 PCB 过孔或者直接安装在面包板上。SMD 封装的体积一般都很小，一般只能够焊接在 PCB 上，而且没有特殊工具的帮助焊接会比较困难。图 11-6 所示的是一个电阻的指示栏信息。

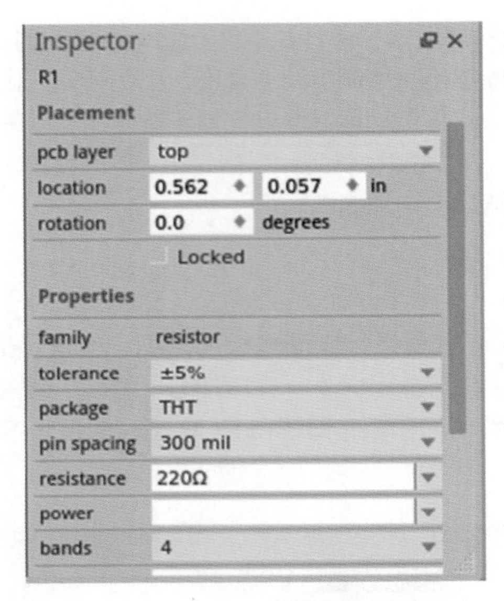

图 11－6　Fritzing 中电阻的指示栏信息

连接元器件时只要拖动其中的一个引脚到需要连接的点即可。每连接一条线，就会构成一个网络。如果想要将多个元器件连接在一个网络中，则需要在已有的网络连线上右击，选择“添加拐点”。除此之外，还可以选择添加同样的网络标签（在 CORE 类元器件中）将不同的连接点接入相同网络。图 11–7 所示的是一个完整的晶体管控制 LED 电路原理图。

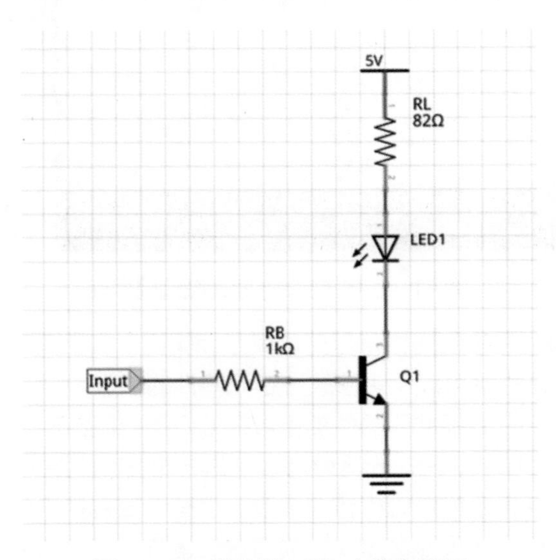

图 11－7　晶体管 LED 电路原理图

在此图中没有包含 Raspberry Pi 的部分，但如果想要连接，则可以直接从 CORE 类元器件中将 Raspberry Pi 拖入到主编辑界面，然后在 GPIO 端口处添加“Input”网络标签即可。

设计准则

在设计电路原理图时（不论是使用 Fritzing 还是其他软件），有一些基本的准则需要遵守。这些规则不是一成不变的，但在情况允许时应当尽量遵守。这些规则为：

- 电源正极一般放置在电路原理图的上方。
- 电源的负极（地）一般放置在电路原理图的下方。
- 输入标签一般朝向右放置，这样数据的流向在图形上是从左到右的。
- 如果使用了电池，可以使用电池的符号表示，也可以在电源线上添加特殊标识。
- 连线一般都是横竖垂直的，在换向时需要 90° 转弯。在连接两个元器件时，应当保证连线尽量走最短距离。
- 在情况允许的时候尽量不要交叉导线。如果两个导线交叉并连接，则会有一个交点；如果只是交叉并不连接，则没有交点。
- 每一种元器件一般都使用特定的字母或字母组合标识，这些字母说明了元器件的类型，例如：
    - R 表示电阻。
    - D（或 VD）表示二极管。
    - Q（或 VT）表示晶体管。
    - BT（或 B）表示电池。
    - C 表示电容。

创建面包板布局图

有了电路原理图就可以方便地绘制面包板布局图。在绘制该图时，元器件之间的关系可能看起来有一点乱，如图 11-8 所示。

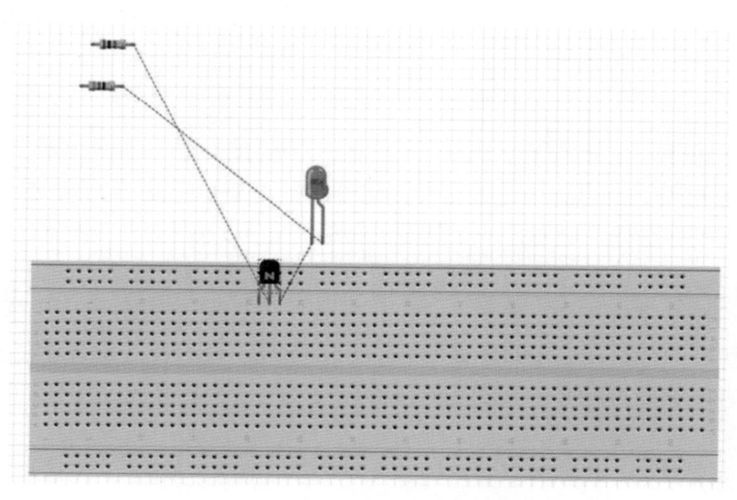

图 11－8　Fritzing 面包板布局图编辑界面

由于已经有了电路原理图，所以在创建面包板布局图时元器件会被自动导入而导致重叠在一起，这是正常的。首先单击面包板，在指示栏的属性中修改大小，一般较常使用的大小为 half+。

设置完面包板尺寸后，可以拖拽元器件到相应的位置，如果需要可以旋转。当元器件摆放就绪后，在内部连接在一起的小孔会呈现绿色。预先连接不同元器件的虚线表明了网络信息，单击引脚后可以将之转换为导线。在元器件连接完成后，需要将电源正极和负极也引出，请将导线颜色正确地设置成蓝色和红色，以区分不同极性（不是所有的面包板都包含带颜色的导线）。最终的布局图如图 11-9 所示。

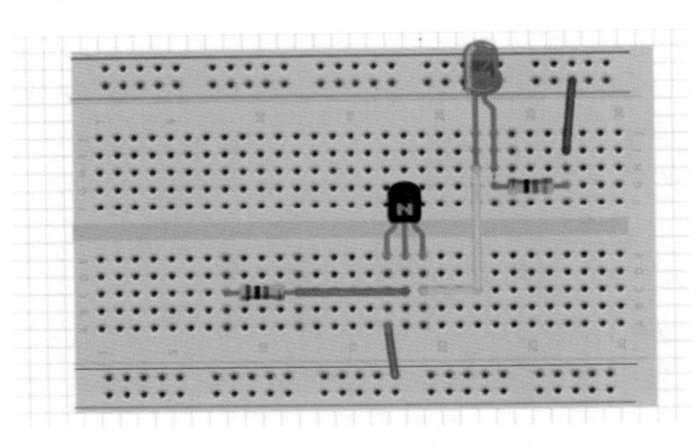

图 11-9　Fritzing 完成的面包板布局图

创建洞洞板布局

如果想要创建“预先连线”的洞洞板的布局图，则只需要将面包板布局图保存后，删除面包板，然后在元器件库中找到合适尺寸的洞洞板替换即可。可供选择的洞洞板尺寸不多，但可以自行设置板大小。如果想要断开某两个已经预先连接的过孔，单击中间的覆铜区域即可。

设计 PCB

相比于之前的洞洞板和面包板，设计 PCB 的知识更加专业。不要小看 PCB，它的制作价格相较于前者更加昂贵，但它的稳定性和专业化程度都更高。PCB 的价格主要取决于制造商、电路复杂程度以及制作数量。数量是一个重要的指标，如果只是打样（小于 5 片），单位电路板的价格十分昂贵。但如果想要大批量制作，如成百上千张，则单位成本会降低很多。

对于前面所介绍的简单电路，制作 PCB 并不是一个理性的选择。所以这里仅以此为例，讲解设计 PCB 的基本流程。单击 Fritzing 中的 PCB 标签，显示在主屏幕中的灰色部分是 PCB 设计区域。所有在电路原理图中使用到的元器件会按照相应的封装自动加载，它们被层叠堆放在上方。

首先需要做的是确定 PCB 大小并将元器件摆放到相应的位置上。在开始连线前，需要添加一个接口，使电路能够连接到 Raspberry Pi 和电源。对于电源连接，可以直接使用 GPIO 中的

5V，所以可以使用一个 40 针的排座来转接 GPIO。但由于这个电路的体积很小，只用到电源和 1 个 GPIO 接口，使用 40 针的排座有点小题大做、浪费空间，所以这里使用了一个 3 针的排针连接器替代，其中两根针是电源，另一根用于连接 GPIO。在设计的 PCB 中，可以焊接 3 针的排针连接器，也可以直接将导线焊接在过孔中。

在 CORE 类元器件中找到“General Femal Header-2Pin”，拖拽进入编辑区，然后在指示栏将针脚数量改为 3 即可。现阶段的 PCB 图如图 11-10 所示。

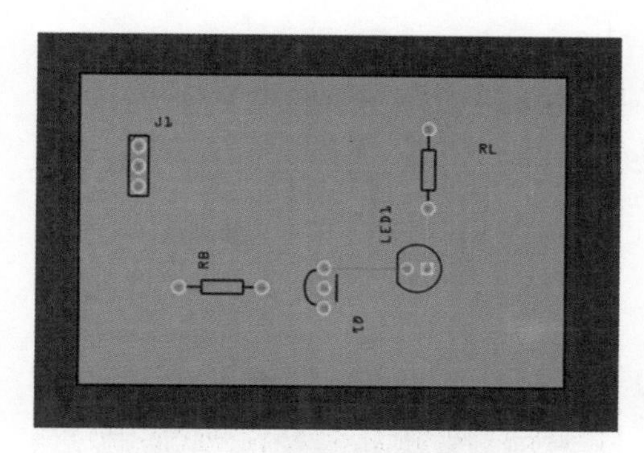

图 11-10 没有布线的 PCB

接下来需要连接不同的元器件引脚，这个过程也称为布线。在软件中，有一个自动布线的选项，但同样可以手动完成。由于排针连接器是后来添加的，所以没有与现有的电路连接的网络，这个也需要手动添加。

在开始布线之前，首先需要指定布线的层。对于双层板来说，虽然在技术上将导线布放在上层和下层没有太大区别，但我个人倾向于全部尽量走下层，因为我以前在单层板布线上积累了一定的经验。找到窗口下方的“双层”按钮，将底层设置为激活。这样所有的布线都会出现在底层并以橘黄色显示，而如果在顶层布线，连线的颜色则为黄色。

尽管两个引脚可以通过倾斜的导线连接在一起，但最好能够水平和竖直布线，在必要的地方 90° 转弯。

图 11-11 所示的是布线完成后的电路板。

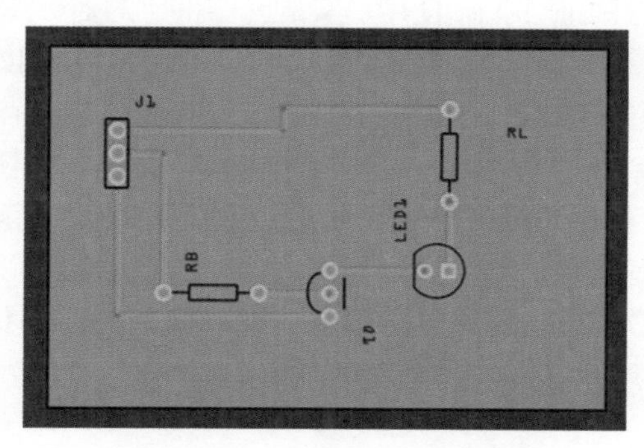

图 11-11　布线完成后的电路板

如果此时切换回电路原理图编辑界面，会发现多出来了一个 3 引脚排针连接器，它被虚线连接到电源引脚和 RB 电阻。这是 Fritzing 软件的一个特性，可以在不同类型的设计图中添加元器件，而后元器件会被自动同步到其他视图中。如果想要保持电路原理图的美观，可以将这个连接器和原有电路连接在一起，如果不想则可以通过 Delete Rastsnest Line 选项关闭默认的虚线连接。但在关闭时请注意，这个功能在检查导线有没有正确连接时十分重要。

在布线完成后，可以适当调整元器件的说明字符，添加 LOGO 和必要的说明信息。更新后的电路板设计如图 11-12 所示。

图 11－12　添加信息后的电路板

以上已经基本完成了一块 PCB 的设计工作，但最后还需要一个步骤——覆铜。这个步骤主要是将电路板上空置的部分覆盖上铜层，通常会将这个铜层接入地线，这样可以让电路板获得更好的抗干扰性能。Fritzing 有自动覆铜的功能，但最好还是能够自己手动操作。

右键单击灰色网格区域，选择“设置接地填充种子”，然后在布线菜单中选择“接地填充”，选择了对应的层后软件会自动将空置的部分填充为接地覆铜。如果仔细查看覆铜后的底层布线，晶体管 Q1 的地线会自动接入覆铜部分。

现在的 PCB 文件已经完成，可以发送给 PCB 制造商。但在正式发送文件之前，最好能够对文件做一些检查。首先运行布线菜单中的 DRC（设计规则校验），这个过程会检查当前设计文件中的所有细节，然后列出潜在的问题。校验通过后，可以单击文件 -> 导出 -> 为了生产 ->PDF。打印该导出后的 PDF 文件，使用真实的元器件比对各个焊盘间距是否符合组装要求。

当一切检查都通过后，在发送前再仔细核查一遍所有细节，否则如果生产中产生问题，是不可逆的，重新制作会产生额外的成本。如果使用 Fritzing Lab（由 Fritzing 的开发团队提供的加工服务）制作，则可以直接单击文件菜单中的“获得一块 PCB”按钮，然后在弹出的网页中上传 Fritzing 文件。这个的好处是可以直接使用 Fritzing 工程文件，而且在上传后他们的团队会对设计文件再次进行检查。

如果想要使用其他 PCB 制造商提供的服务，则需要首先将设计文件导出为“Extended Gerber”文件。这种情况下可能需要根据制造商的要求微调设计文件，尤其是它们所期望的“.txt”文件必须正确提交。

和前面所提到的一样，对于这个案例中简单的电路设计文件来说，是不值得使用 PCB 这种昂贵的技术的。但是为了更形象地结束这个案例，我将更为复杂的“迪斯科”舞灯案例所需要使用的电路制成了 PCB，如图 11-13 所示，该电路板将直接用于控制射灯。

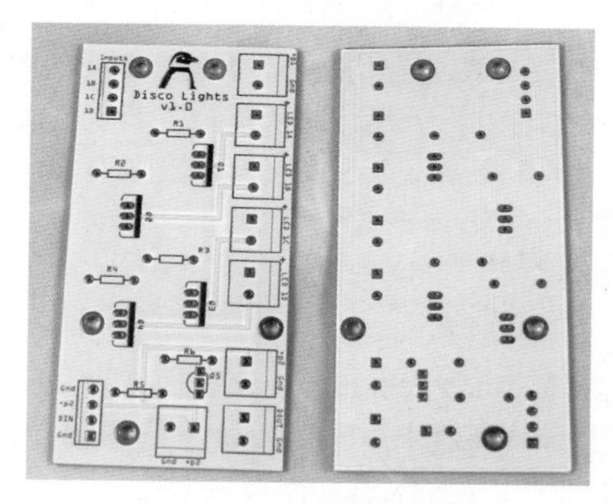

图 11-13　制造完成的 PCB

为 Raspberry Pi 供电

为 Raspberry Pi 供电的一般方式是使用一个带有 Micro-USB 接口的电源适配器。在大多数适用场合，这样做是没有问题的，但如果想要把 Raspberry Pi 集成在一个已经有供电电源的电路之中时，就没有必要再额外使用适配器供电了。例如，在“迪斯科”舞灯案例中，供电电源为 12V，如果不想要再添加一个 5V 的电源适配器，就需要使用另外的方式为 Raspberry Pi 供电。本小节将会介绍如何在电路中设计所需要的供电电源，并且在后面还提供了一种供电效率更高的方案。

78xx 系列线性电压调节器

78xx 系列线性电压调节器体积小且易于使用，可以非常方便地集成到 PCB 或洞洞板之中。该调节器可以将较高的输入电压转换成为恒定的低压输出，在本案例中，输入电压为 12V，输出电压为 5V。所需要使用到的额外元器件为两个电容，分别并联在输入和输出端，用来将电源噪声最小化。图 11-14 所示的是该方案的电路原理图。

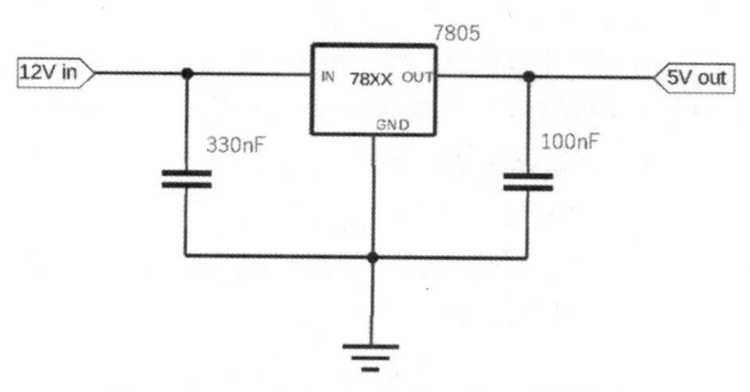

图 11-14　7805 电压调节器电路原理图

该系列电压调节器根据型号不同，输出电压也不尽相同。一般78后两位数字表示输出电压值，如适用于 Raspberry Pi 供电电压的 5V 输出型号为 7805。对于此型的电源芯片而言，输入电压需要高于输出电压，7805 所要求的最低输入电压为 7.3V。

78 系列电压调节器的一个最大缺点是转换效率不高，多出的电压以热量的形式浪费。假设如果输出电流为 600mA（Raspberry Pi 运行时所需要的典型电流值），使用一个 12V 的主电源作为输入，则会有 4.2W（7V 压降乘以 0.6A 电流）左右的功率被浪费，除此之外，该功率产生的热量会影响到其自身工作，还需要考虑散热问题。

斩波降压器

斩波降压器是一种效率更高的电源转换方案，它也被称为 DC-DC 转换器或者直流开关调节器，在12V供电的情况下使用该降压器来为Raspberry Pi供电，能够减少电压差所带来的能耗。一般的斩波降压器是以模块的形式销售的，在电路模块上有一个电位计可以用来调节输出电压，如图 11-15 所示。

图 11-15　斩波降压器

这种类型的降压器在网络上很容易购买，但是相比于 78xx 系列线性电压调节器成本更高，也会占用更多的空间。

本章小结

本章主要介绍了自己设计电路时所需要用到的一些知识。首先是关于如何阅读电子元器件的数据手册，如何从中提取关键信息来帮助设计电路。接下来是如何使用 Fritzing 绘制电路原理图、面包板布局图和专业的 PCB。

关于 Fritzing，本章只做了基本介绍，是一些非常浅显的知识，建议各位读者能够在 Fritzing 软件的使用上投入更多的时间和精力。对于 PCB 设计，除了 Fritzing 之外还有诸如 KICAD（开源免费软件）和 Eagle PCB（商业软件，小型电路设计免费）可供使用，但这些都是专业化程度较高的软件，没有提供面包板布局绘制的功能。

通过本书各位读者了解到什么是电子电路、如何将不同的元器件 / 电路连接到 Raspberry Pi 和如何设计属于自己的电路。有了这些知识，读者可以自行发散，把它们组合应用到自己的电子实践之中，使用 Raspberry Pi 实现与真实世界的交互。

经常观察别人的电子作品，吸收改进后产生自己的想法并亲自实践，这就是电子制作的乐趣所在。

附录 A

所需的工具和元器件

本附录主要包含每一章中所需要使用到的工具及元器件的详细信息。对于一些章节中所使用的元器件也提供了多样化的选择。我还以个人经验，提供了一些工具选择方面的参考信息。对于初学者而言，在开始时最好能够从最简单的工具入手，在学习和实践的过程中逐步扩展自己的工具包。在有了一定的经验后，可以更换一些质量更好功能更强大的工具。

工具

在开始阶段，有一些基础的工具是必须的。这些工具包括：用来构建电路的面包板、一副剪切导线的斜口钳。

在制作洞洞板电路时，所需要的工具有所增加。这些工具对一些读者而言是十分常用的 DIY 工具，也有一些是在家里就可以找到的。

基础面包板电路

第一章到第七章（包括后面章节）所推荐使用的工具如下：

- Raspberry Pi（最好能够选择 Raspberry Pi2）
- 面包板（全尺寸）
- 斜口钳（小号）
- 鳄鱼夹及导线
- 杜邦线 / 实心导线
- 小螺丝刀（一字头、十字头或多功能）
- GPIO 转接板（选配）
- 实验平台安装板（选配）

压线钳和焊台

第三章会使用到压线钳，剩余的工具会在第十章和第十一章中用到。

- 带有剥线功能的压线钳
- 烙铁和适当的烙铁头（一字焊头比较实用）
- 烙铁架及清洁器
- 焊锡（最好是无铅）
- 多芯导线（区别于面包板所使用的实心导线）
- 热缩管
- 洞洞板
- PCB 刻刀

制作外壳所需的工具

本书中的大多数电路都是可以直接裸露使用的，除了第三章中的街机模拟器。但对于一些案例来说，如果读者想要将它们变得更加实用可靠，就需要将它们装进合适的外壳，如第五章中的问答游戏机。使用合适的工具，可以让外壳制作变得更加简单、安全。

- 护目镜
- 电钻
- 小型钢锯
- 小型锉刀
- 笔刀
- 电钻

测试工具

虽然不是必须，但一个价格适中的万用表会让电路检查变得简单很多。电子数字示波器相对而言功能比较高级，但在更为专业的电路中非常实用。第十章使用到了两种不同的测试工具。

- 万用表
- 数字示波器（选配）

电子元器件

简单的电子元器件和工具适用于简单的电子项目，随着经验的积累电子元器件的种类也会变得更加丰富。以下元器件根据其所使用到的案例列出，但如果各位读者想要一个合适的套件方案，可以参考附录 C，那里列出了不同的电阻包、晶体管和 LED。在日后的电子制作中，读者可以根据自己的需要，不断扩充自己的常备电子元器件库。

第一章：简单的 LED 电路

- 9V PP3 电池
- 9V 电池座（带线）
- LED（5mm 任意颜色）

- 轻触开关
- 470Ω 电阻

第三章：Raspberr Pi – LED 灯电路

- 5mm 红色 LED
- 220Ω 电阻

第三章：开关输入电路

- 这些是除了以上 LED 电路中的元器件外额外需要使用到的
- 12mm 轻触开关
- 可选配开关帽

第三章：机器人守门员

以下不包括前面所列出的面包板。

- 5mm 红色 LED
- 5mm 绿色 LED
- 220Ω 电阻（2 个）
- 12mm 轻触开关（2 个）
- 可选配开关帽

第三章：火星登陆

- 以下部分不包含 Raspberry Pi
- 用于安装按钮的塑料盒（推荐使用 4L 容量）
- 摇杆（微动开关型）
- 大按钮
- 面板型轻触开关（案例中使用了 5 个）
- 面包板（选配）
- 26 引脚或 40 引脚 GPIO 转接板（选配）
- 冷压端子（红色，母头）

第四章：高亮 LED

- 10mm 白色 LED
- 2n2222 或 BC548 三极管
- 82Ω 电阻
- 1kΩ 电阻

第四章：使用达林顿管的高亮 LED

- USB LED 头
- 5V USB 电源适配器
- BD681 达林顿管
- 220Ω 电阻
- 12mm 轻触开关

第四章：“迪斯科”舞灯

- PAR 16 射灯（4 个）
- MR 16 LED 泡（4 个）
- 12V 电源适配器
- IRL520MOS 管（4 个）
- 470Ω 电阻（4 个）
- 5A 自恢复保险丝

第五章：PIR 传感器和 Pi 摄像头

- Raspberry Pi 摄像头
- PIR 红外热释电传感器（HC-SR501）

第五章：红外发射器和接收器

- TSOP2438 红外接收器
- TSAL6400 红外发射器
- 2N2222 三极管
- 68Ω 电阻
- 100Ω 电阻
- 220Ω 电阻
- 0.1μF 电容
- 红外可调色 LED 配套遥控器

第五章：I^2C LCD 显示屏 – 问答游戏

- 双向电平转换器
- LCD 显示屏
- I^2C LCD 显示屏适配器
- 轻触开关（3 个）

第五章：SPI 模数转换器

- MCP3008 SPI 型模数转换器
- 1μF 电容
- 10kΩ 电位计（可变电阻）

第六章：红外乐高火车模型

- 红外发射器和接收器部分与第五章中所介绍的相同
- 乐高火车或类似可被红外遥控设备
- 68Ω 电阻
- 220Ω 电阻
- 2N2222 三极管
- TSAL6400 红外发射器
- 干簧管

第六章：NeoPIxels 彩色灯条

- 5V 电源适配器
- 470Ω 电阻
- 2.2kΩ 电阻
- 2N7000 MOS 管
- NeoPixel2

第七章：拍摄动画

- 红外接收器电路与第五章中所介绍的相同
- TSOP238 红外接收器
- 100Ω 电阻
- 0.1μF 电容
- 乐高积木人
- 背景图片

第八章：基于面包板的机器人

- 带有电机的机器人底盘
- SN754410 H 桥芯片
- GPIO 转接器
- 电池组（4 节 AA 电池或 5V 电源适配器）
- 可用于 Raspberry Pi 的 Wi-Fi 适配器

第八章：使用 Ryanteck 电机控制器的机器人

与“基于面包板的机器人”案例相同，只是使用了带有 SN754410 芯片的控制模块而没有 GPIO 转接器。

第八章：CamJam 机器人

- CamJam 教育套件 3（机器人）
- 可用于 Raspberry Pi 的 Wi-Fi 适配器

第八章：带有超声波传感器的机器人

- 前面的任何一款机器人
- 超声波传感器
- 39kΩ 电阻
- 68kΩ 电阻

第九章：Minecraft 硬件

Minecraft 游戏使用到了第三章所制作的街机摇杆控制器。

- 220Ω 电阻（7 个）
- 三色共阴极 LED（3 个）
- 红色 LED
- Minecraft 砖块（选配）

如果没有三色 LED，可以使用共阴的彩色 RGB LED 替代。

第十章：焊接电路板

所需工具在本附录的开头列出

- 适配于 Raspberry Pi 的洞洞板
- PCB 端子（选配）

在制作过程中，根据电路不同，会使用到与之相应的电子元器件，它们已在前面列出。比较推荐制作的案例是 NeoPixel 控制器和红外发射 / 接收器。

第十章：问答游戏机

以下元器件是第五章问答游戏案例所需之外的元器件

- 外壳
- 用于安装电路板的螺丝螺母

第十一章：为 Raspberry Pi 供电

- 7805 线性电压调节器
- 330nF 电容（也可称为 0.33μF）
- 100nF 电容（也可称为 0.1μF）
- 散热片（取决于产生热量的大小）

或者

- 斩波降压器

附录 B

电子元器件快速参考

本附录提供一些常用的电子元器件的快速参考资料。对于每一类电子元器件，资料提供了一些常见特性，但对于具体型号元器件，请参考其数据手册获得更多准确的细节信息。

电阻

电阻在电路中起到限制电流的作用，它可以保护其他元器件不被大电流烧坏。除此之外，电阻还可以用于分压。

电阻的大小用欧姆表示，单位符号记为 Ω。在色环电阻上，阻值的大小通过阻身的颜色带来表示（详细的识别规则请见附录 C）。在产品级的电阻中，阻值不是任意的，而是有其标准值。在实际的使用中，应当取与理论值最近的标准值电阻接入电路。

可变电阻（电位计）

可变电阻顾名思义，就是其电阻可以改变。一般的可变电阻有三个端口，其中两个端口分别连接在电源正负极两端，其电阻固定，另一个端口为可变端，通过调节该端口的触点与其余两个端口的相对距离可以改变实际电阻的大小。

一般的产品中，有的可变电阻可以让用户直接操作，如音响上的音量调节旋钮。但也有一些产品中，可变电阻只用于校准，被集成在机箱内部，用户无法直接操作。

开关

开关用于改变电路中两点间的通断状态，它可以用于切断电路或将电路的两点间短路。

开关的类型有很多，常用的有轻触开关、钮子开关、旋转开关和微型开关等。

开关的主要参数为动端（也称之为“刀”）和不动端（也称之为“掷点”）数量，常见的例子为：

- 单刀单掷开关：只能控制一组信号开关

- 单刀双掷开关：可以在 A 和 B 两个输出间切换
- 双刀双掷开关：可以控制两组信号开关

轻触开关通常是一种“单刀单掷”开关，在按下时开关接通，松开后开关断开，这种开关常常用在门铃按钮上。自锁开关也是一种典型的“单刀单掷”开关，在按下后将会保持接通状态，再次按下后才会松开。

二极管

二极管具有电流单向导通的性质，换而言之，它只有一个方向允许电流通过，反向则截止。它的作用像是一个单向阀门，在其封装上，通常用白线标识阴极（负极），而另一端则是阳极（正极）。

发光二极管（LED）

发光二极管是一种特殊的二极管，在电流通过时会发出光芒。它和其他所有二极管的特性一样，只有一个方向允许电流通过。阴极应当连接在电源的负极，阳极连接在电源正极。

直插型的 LED 一般会有两个长短不一的引脚，其中较长的一个一般是阳极，而其塑料壳有磨平的一端通常为阴极。

LED 自身是没有限制电流能力的，在使用时为了避免电流过大烧坏二极管，通常会串联一个限流电阻。

多色 LED

大多数的 LED 只能够发出一种颜色的光，为了让一个 LED 珠能够发出不同颜色的光，通常会在其内部集成 2 个或 3 个不同颜色的 LED。这样的话，通过控制每个独立 LED 的电流即可混合出不同的颜色。多色 LED 内部的多个独立 LED 通常会将阳极或阴极连接在一起，这个引脚被称之为公共端，根据具体型号的不同，有的多色 LED 为共阳极型连接，有的则为共阴极型连接。

对于共阳极型 LED，由于独立 LED 的阳极连接在一起，所以可以通过独立控制它们的阴极来达到控制整个 LED 的效果。共阴极型 LED 的控制方式相反，阴极连接到电源，而独立控制独立 LED 的阳极。

多色 LED 有时会采用驱动芯片进行控制，如第六章中所提到的 WS2812 控制器，它通过接收数字序列来独立控制红色、绿色和蓝色 LED。

三极管（双极结型晶体管）

晶体管在电路中可以实现以较小的电流控制较大的电流。双极结型晶体管也称为三极管，三个极分别被称为集电极、基极和发射极（在电路原理图中分别使用字母 C、B 和 E 表示）。当一个较小的电流流经“基极 - 发射极”时，会触发“集电极 - 发射极”之间的一个大电流。三极管是一个模拟器件，所以改变输入电流，输出电流也会随之发生变化。

三极管有两种不同的类型，NPN 型和 PNP 型。这两种类型的主要区别是构成三极管的半导体材料排列不同，而导致极结组成不同。NPN 型三极管需要基极电压高于发射极电压才能够导通，而 PNP 型则需要基极电压低于发射极电压才能够导通。

达林顿管

三极管可以起到放大电流的作用，但有时需要将放大后的电流再次放大，甚至多次放大。为了实现此功能，需要将多个三极管串联在一起，形成不同的放大级，这样的电路结构就称为“达林顿接法”。

有时也可以将两个三极管级联集成在一个封装内，这种类型的元器件就称为达林顿管。达林顿管在电路中可以直接替换三极管，让电流获得更大增益。

MOS 管

MOS 管是另一种类型的晶体管，它和三极管不同的地方在于它是电压控制的元器件。它也有三个极，分别被称为漏极、门极和源极（在电路原理图中分别使用字母 d、g 和 s 表示）。MOS 管有两种不同的类型，N 沟道型和 P 沟道型。对于 N 沟道型 MOS 管而言，在门极施加一个较小的正电压可以导通漏极和源极。与之相反，P 沟道型 MOS 管需要在门极施加负电压才能够导通漏极和源极。

电容

电容是电路中用来存储电荷的元器件。它像是一个微型的充电电池，在电路中可以充电和放电。电容在模拟电路中的用途十分广泛，其中一个重要的用途就是作为带通滤波器。

在数字电路中，电容通常用来平滑电源输出，去除电源噪声。

电容的单位是法拉，单位符号记为 F，但法拉是一个非常大的单位，所以常用的单位是微法（$1\mu F=10^{-6}F$）和纳法（$1nF=10^{-9}F$）或者皮法（$1pF=10^{-12}F$）。

晶闸管

晶闸管是一个半导体元器件，在门极收到信号后允许电流单向导通。它的特性和二极管相似，但需要触发信号。一旦晶闸管被导通，无法通过信号再关闭，只能够等待流经的电流反向后才能够关闭。这个特性导致该元器件一般用于控制大电压的交流电路，这种电路中强大的反向电流会烧坏 MOS 管或三极管，而晶闸管的反向耐压值很高。如果想要保证交流电的双向控制，则可以使用双向晶闸管。

双向晶闸管

双向晶闸管是两个反向并联的晶闸管，共用 3 个端口。如果门极施加电压，则晶闸管导通。如果门极信号消失，导通电流反向（或称之为反相），则晶闸管关闭。

附录 C

元器件标识

许多的电子元器件上都会有数值标识，也有一些元器件采用颜色标识或者编码标识来说明其数值大小。编码标识的方式常见于尺寸较小的元器件上，如贴片电阻，如果直接标识其数值将会很难阅读。本附录介绍一些典型性的元器件数值的标识方式。

色环电阻

直插型电阻的阻值标识通常采用色环的方式。前三个色环一般用来表示其阻值大小，最后一个用来表示电阻的精确度。一般用来标识精确度的色环为银色或者金色，而如果其颜色为与前面三个色环类似的标准颜色，通常会与前三个色环有较大间隔。如图 C–1 所示的是一个典型的四色环电阻。

图 C－1　使用色环标识阻值的大小

色环的解读方式如下：

- 第一个环：电阻权重最高位
- 第二个环：电阻权重次高位
- 第三个环：乘数 10 的指数（用来乘以前两位数组成的值）
- 第四个环：精度（如果没有此环，默认精度为 20%）

前三个色环有 10 种可供选择的颜色，分别表示数字 0~9 表示。精度环的颜色一般为金色或者银色，但有时也会使用其他颜色。不同颜色所代表的数值及含义在表 C–1 中给出。

表 C–1　色环电阻颜色对照表

颜色	数值	乘数	精度
黑色	0	$\times 10^0$	–
棕色	1	$\times 10^1$	± 1%

续表

颜色	数值	乘数	精度
红色	2	$\times 10^2$	± 2%
橘黄色	3	$\times 10^3$	–
黄色	4	$\times 10^4$	–
绿色	5	$\times 10^5$	± 0.5%
蓝色	6	$\times 10^6$	± 0.25%
紫色	7	$\times 10^7$	± 1%
灰色	8	$\times 10^8$	± 0.05%
白色	9	$\times 10^9$	–
金色	–	$\times 10^{-1}$	± 5%
银色	–	$\times 10^{-2}$	± 10%

在图 C-1 中的电阻色环分别为绿色、蓝色、黑色和金色。

在表中找到对应的数值分别为 5（绿色）、6（蓝色）、$x10^0$（黑色），所以最终的电阻为 56Ω。

在数字电路中，电阻的精度不是首要考虑的参数，但是如果对电阻数值准确度要求高，则需要关注此参数。

产品级的电阻有标准的阻值大小，所以在实际的情况中可能很难准确地选择到理论计算值所需要的电阻阻值，这时需要在上下范围内使用差值最小的可用电阻。例如，如果计算一个电阻使用的是电路允许的最大电流值，则在选择的时候需要选择第一个阻值大于该计算值的标准电阻而不是低于。

常用的 E12 系列电阻有 12 个标准基值，在此基础上以 10 为倍数扩展。常用的 E6 系列电阻有 6 个标准基值，在此基础上以 10 为倍数扩展（见表 C-2）。如果想要购买一些常见电阻作为储备，E6 系列是不错的选择。在日后使用中可根据需要，不断补充非常用阻值。

表 C-2　E6 系列电阻

10Ω	15Ω	22Ω	33Ω	47Ω	68Ω
100Ω	150Ω	220Ω	330Ω	470Ω	680Ω
1kΩ	1.5kΩ	2.2kΩ	3.3kΩ	4.7kΩ	6.8kΩ
10kΩ	15kΩ	22kΩ	33kΩ	47kΩ	68kΩ
100kΩ	150kΩ	220kΩ	330kΩ	470kΩ	680kΩ
1MΩ					

E12 系列电阻基值更多，阻值请参见表 C-3。

表 C-3　　E12 系列电阻

10Ω	12Ω	15Ω	18Ω	22Ω	27Ω	33Ω	39Ω	47Ω	56Ω	68Ω	82Ω
100Ω	120Ω	150Ω	180Ω	220Ω	270Ω	330Ω	390Ω	470Ω	560Ω	680Ω	820Ω
1kΩ	1.2kΩ	1.5kΩ	1.8kΩ	2.2kΩ	2.7kΩ	3.3kΩ	3.9kΩ	4.7kΩ	5.6kΩ	6.8kΩ	8.2kΩ
10kΩ	12kΩ	15kΩ	18kΩ	22kΩ	27kΩ	33kΩ	39kΩ	47kΩ	56kΩ	68kΩ	82kΩ
100kΩ	120kΩ	150kΩ	180kΩ	220kΩ	270kΩ	330kΩ	390kΩ	470kΩ	560kΩ	680kΩ	820kΩ
1MΩ											

贴片电阻

与直插型色环电阻相对应的还有贴片电阻，它的阻值标识方式通常采用编码。最常见的编码由 3 个数字组成，前两个数字用来表示权重最高位数字和权重次高位数字，最后一位用来表示乘数 10 的指数。

例如，编码 180 表示电阻值为 18Ω，编码 221 表示电阻值为 220Ω。

电解电容

电解电容具有较大的电容值，元器件尺寸也相对较大，它的容值通常以 μF 为单位标注在外壳。如图 C-2 所示的是一个电解电容。

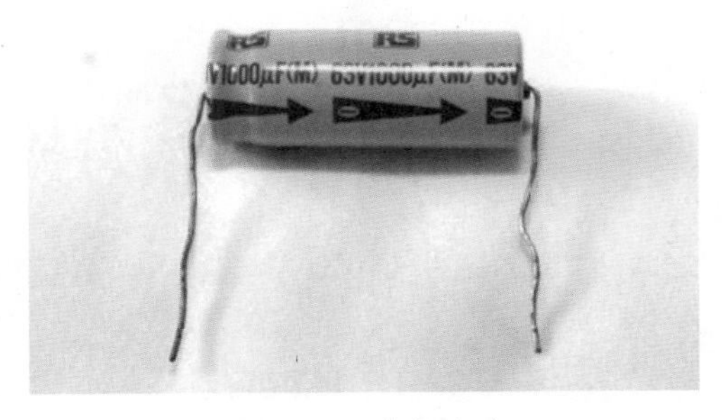

图 C-2　电解电容

除了电容值外，电解电容还有一个耐压值，该参数同样标在外壁，有时也和电容值组合在一起，如标识为：

```
63V1000μF
```

这个表示该电容能够承受至高 63V 的电压，电容值为 1000μF。由于电解电容是极性元器件，所以在电路连接时应当注意方向，负极一端通常会使用“箭头指向零”的方式指出。

聚酯电容

如图 C-3 所示为聚酯电容，一般电容值会直接标注在外壳。有时电容值的单位没有标注，这种情况下单位默认为 μF。

图 C-3　聚酯电容

例如该电容外壳上标注的值为：

```
0.01
```

这意味着该电容值为 0.01μF 或者 10nF。

陶瓷电容

陶瓷电容一般体积都比较小，所以容值的标注方式也采用了编码的形式，如图 C-4 所示的是一个陶瓷电容。

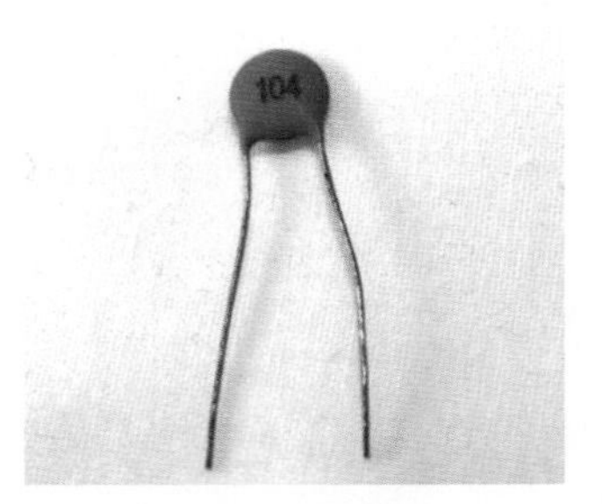

图 C-4　陶瓷电容

最常用的编码为 3 位码，单位为 pF（皮法）。前两个数字用来表示权重最高位数字和权重次高位数字，最后一位用来表示乘数 10 的指数。

如一个标注有 104 的电容值为 10×10^4=100 000pF 或 100nF。

有的电容值编码中会出现字母 n 或 p，用来表示 nF 或 pF。如一个电容的编码标注为：

```
1n0
```

则该电容值为 1nF。

附录 D

GPIO 快速参考

本附录提供了 Raspberry Pi 上 GPIO 引脚的功能分布的快速参考，更多详细信息及解释请参考本书第二章内容。

GPIO 引脚功能分布

在不同版本的 Raspberry Pi 上，GPIO 引脚功能的分布不尽相同。初代 Raspberry Pi 的 GPIO 有 26 个引脚，而初代又有两个版本，版本 1 和版本 2 的引脚排布有略微差异。Raspberry Pi B+ 之后的版本使用 40 引脚 GPIO。如图 D-1 所示的是几种不同版本的引脚功能分布图。

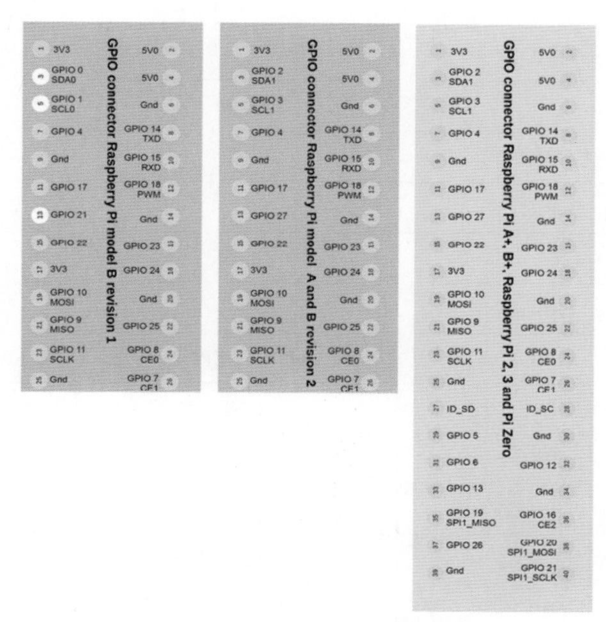

图 D-1　GPIO 引脚功能分布图

GPIO 引脚功能复用

表 D-1 所示的是 Raspberry Pi B+ 版本后的 GPIO 引脚功能复用参考。

表 D-1　　GPIO 引脚复用参考

引脚号	GPIO 端口号	复用功能	备注
1		3.3V 电源	
2		5V 电源	
3	GPIO2	SDA1（I2C 数据线）	不同于版本 1
4		5V 电源	
5	GPIO3	SCL1（I2C 时钟）	不同于版本 1
6		GND	
7	GPIO4		
8	GPIO14	串口 / 终端 TXD	串口发送
9		GND	
10	GPIO15	串口 / 终端 RXD	串口接收
11	GPIO17		
12	GPIO18	PWM	脉宽调制波
13	GPIO27		不同于版本 1
14		GND	
15	GPIO22		
16	GPIO23		
17		3.3V	
18	GPIO24		
19	GPIO10	MOSI（SPI）	SPI 主机发送从机接收
20		GND	
21	GPIO9	MISO（SPI）	SPI 主机接收从机发送
22	GPIO25		
23	GPIO11	SCLK（SPI）	SPI 时钟
24	GPIO8	CE0（SPI）	片选信号（从机选择）

续表

引脚号	GPIO 端口号	复用功能	备注
25		GND	
26	GPIO7	CE1（SPI）	片选信号（从机选择）
27		ID_SD	用于 HAT EEPROM
28		ID_SC	用于 HAT EEPROM
29	GPIO5		
30		GND	
31	GPIO6		
32	GPIO12		
33	GPIO13		
34		GND	
35	GPIO19	SPI1_MISO	
36	GPIO16	CE2(SPI)	片选信号（从机选择）
37	GPIO26		
38	GPIO20	SPI1_MOSI	
39		GND	
40	GPIO21	SPI1_CLK	

关于科技评论员

Chaim Krause 现居于堪萨斯州的莱文沃斯，是一名仿真学的专家。在业余时间中，他喜欢玩电脑游戏，并在偶然的机会下，他开发出了自己的电脑游戏。现在的他着迷于高尔夫运动，因为他想要更多的时间来陪伴他的妻子 Ivana。

尽管 Chaim 毕业于芝加哥大学的政治学专业，但他在计算机编程和电子制作方面有着非同寻常的天赋。他曾使用 Tandy I 型计算机编写了他的第一个电脑游戏，那时的程序还是存储在磁带软盘上的。

“业余无线电”也被称作火腿电台（ham radio），是供业余无线电爱好者进行非盈利信息交换、无线通信技术实验、自我训练、个人娱乐、无线电运动、竞赛以及应急通信的一项使用无线电频率的无线电业务，这点燃了他对电子制作的浓厚兴趣，而 Arduino 和 Raspberry Pi 的出现，使他的计算机编程和电子制作的爱好得以融为一体。